U0181617

极简宇宙史

THE UNIVERSE IN YOUR HAND

[法] 克里斯托弗·加尔法德 著
童文煦 译

北京联合出版公司
Beijing United Publishing Co.,Ltd.

新经典文化股份有限公司
www.readinglife.com
出　品

献给马里乌斯和奥诺雷

目　录

Contents

第三部分 快

第四部分 跃入量子世界

第五部分 到达空间与时间的源头

第六部分 意料之外的谜团

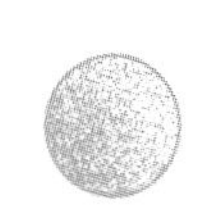

第七部分 迈向已知世界之外的第一步

前 言

在开始之前，我想与你们分享两件事。

第一个是承诺，第二个是愿望。

我的承诺是，在这整本书中将只出现一个方程式。

就是这个：

$E=mc^2$。

而我的愿望是，在这本书里，我将不会放弃任何一个读者。

在这本书里，你将会开启一段旅程，去探访我们今天的科学所认识的宇宙。在我内心深处，我坚信我们每一个人都能看懂这些东西。

这段旅程开始于一个离家很远的地方，世界的另一边。

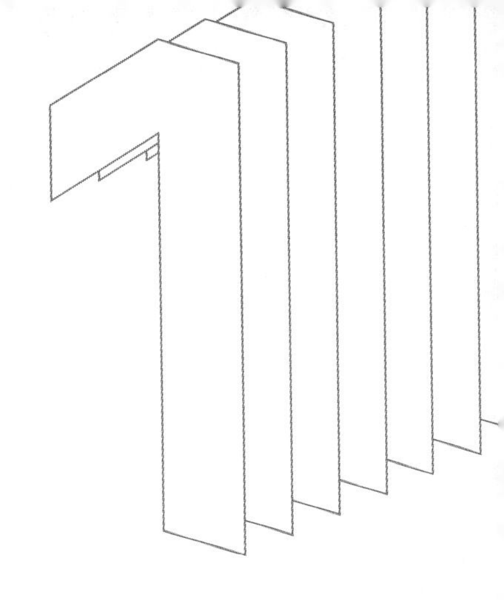

第一部分

宇宙

第 1 章　安静的爆炸

想象现在是一个温暖无云的夏夜，你在一个遥远孤独的火山岛上，围绕在你周围的海面风平浪静，如同内陆的湖泊，只有极小的波浪冲刷着白色沙滩。周遭一切都是那么宁静。你躺在沙滩上，闭着眼睛，被白天阳光烘烤过的温暖细沙将热量缓缓地传递给空气，空气里弥漫着香甜迷人的异域气味。

万籁俱寂。

突然，远处传来的一声动物尖叫让你一跃而起，你紧张地注视着眼前的黑暗。

什么都没有。

刚才那个发出尖叫的不明生物现在已经安静下来。说到底，你并没有什么可害怕的。对某些动物来说，这个小岛可能隐藏着危险，于你却完全不同。你是人类，所有捕猎者中最强大的一种。你的朋友马上就会过来与你喝一杯，你们正在度假，所以你躺回沙滩，继续自己那些作为人类成员的思考。

广阔的夜空中有无数光点在闪烁。它们是星星。只靠裸眼，你就能在各个方向上看到它们。你小时候就有的疑问再次出现在脑中：

这些星星都是什么样的？为什么它们不停闪烁？它们离我们多远？现在的你还增添了疑惑：我们真的了解这一切吗？一声叹息后，你再次躺回沙滩，放松自己，把这些愚蠢的问题扔到一边：这些想法与我有什么关系？

一颗小小的流星静静地滑过你头顶的天空，你正要许愿，一件不可思议的事发生了：就像要回答你刚才的问题似的，你一下子穿越了50亿年时光，你意识到自己不再躺在沙滩上，而是处于外太空，漂浮在真空里。你的视觉、听觉和感知力都在，但身体却不见了。你已成仙，只剩下灵魂，你甚至还来不及回想自己到底经历了什么或喊声救命，因为你现在正处于一种非常特殊的状态。

在你眼前几十万英里的地方，一个球状物正从遥远的星空背景下飞过。它带着深橙色的光芒，旋转着朝你飞来。你很快就意识到这个球体的表面是熔化了的岩石，你所面对的是一颗行星。一颗液态的行星。

震惊之余，你不由发问：什么样的能源可以提供这么多的热量熔化这整个世界？

然后，在你的右边，出现了一颗星球，非常巨大。与那颗行星相比，这颗星星的体积大得超乎想象。它也在旋转。它也同样在空间移动，而且看起来它还在变得更大。

那颗行星虽然离你近许多，现在看起来却像是一个微不足道的橙色玻璃珠儿童玩具，被放在一个体积已经十分巨大却还依然以惊人速度变大的球体边上。与一分钟前相比，那颗巨星又大了两倍。现在，它散发着红色光芒，如暴怒的怪兽般吐出有几百万度高温的巨大等离子火舌，以接近光速的速度掠过星际空间。

你所看到的一切都带着一种怪异的美感。事实上，你正经历着某个宇宙中最剧烈的事件，诡异的是这整个过程没有一丝声音。一切都那么安静，因为声音无法在真空中传播。

当然，这颗恒星无法维持这么大的膨胀速率，但事实却是现在它还在变大。它已经大到了你无法想象的地步，行星已被它熔化，摧毁一切的能量正源源不断地从那颗巨星上袭来，吹向虚空。那颗星星依然不管不顾地继续膨胀，直到它原先正常大小的约一百倍，然后，突然之间，它爆炸了，把组成它自身的所有物质送入太空。

冲击波穿过你幽灵般的身体，然后是尘埃，现在剩下的只有飘往各个方向的星尘。星星已经不见了，变成了一片壮观而多彩的尘埃云，以可与上帝媲美的速度向星际真空中扩散。

慢慢地，非常缓慢地，你恢复了意识，明白了刚才所发生的一切，你的大脑终于对这可怕的现实有了清晰的认知。那颗死去的星星并不是天边任意一颗普通星球，而是太阳。我们的太阳。而那颗在阳光里熔化了的行星就是地球。

我们的星球，你的家园，没有了。

你所见证的是我们的世界末日。这并不是一个想象中的终结，也不是玛雅文明所作出的牵强附会的毁灭暗示。这是真实景象，早在你出生之前，你所见到的事件发生的 50 亿年之前，人们就已确信这是终会发生的真实景象。

在你试图理清思绪时，你的意识又被瞬间送回现在，再次回到了你躺在沙滩上的身体之中。

你的心脏狂跳不止，坐起身来环顾四周，如同从一个怪梦中醒来。

树木、沙滩、大海和微风依然在那里。你的朋友们正走过来，出现在你的视线之中。刚才发生了什么？你睡着了吗？你看到的一切只是个梦境吗？一种不安的感觉开始在你身体里弥漫，你不禁自问：这可能是真情实境吗？太阳真的会在某天爆炸？如果真的发生，人类又会怎么样？有人能够从这种大毁灭中幸存吗？我们的所有记忆，甚至关于我们自身存在的印迹都会湮没在浩瀚宇宙之中吗？

再一次抬头看着星光照耀下的一切，你竭力想要给自己一个答案。内心深处，你知道自己所经历的不仅仅是一个简单的梦境，虽然你的意识已经回来，与自己躺在沙滩上的身体合二为一，但你的确经历了一次超越时空的旅行，去了一个非常遥远的未来，窥得了一些本不该示人的秘密。

深呼吸慢慢地让你平静下来，你开始听到一些奇怪的声音，似乎微风、细浪、小鸟和星辰都以只有你能听到的声音向你轻声吟唱，突然之间，你听懂了它们的歌词。那是一种警告，也是一种邀请。它们喃喃地告诉你，关于人类所有可能的未来，只有一条小道，能够指引人类在太阳终将到来的死亡以及其他许多可能降临的巨大灾难之后依然存续。

这条小道就是知识、科学。

它是只有人类才拥有的旅程。

也就是你将要走上的那条。

又一声尖叫划过夜空，但这次它几乎没有引起你的注意。如同在你内心播下的种子正在发芽，你迫不及待地想去了解自己所在的宇宙。

你再一次抬起你谦逊的视线，以一个孩子的目光注视着满天星辰。

宇宙是由什么构成的呢？地球周围是什么？再远些呢？我们可以看多远？我们对宇宙的历史知道多少？宇宙真有历史吗？

波浪轻拂沙滩，和大多数人一样，你怀疑人类是否能够真正了解这些宇宙秘密，那些闪烁的群星似乎将你的身体带入一种半催眠状态。你能听到那些正在走近的朋友们的交谈，但奇怪的是，你感觉到这个世界变得与几分钟前不一样了。周围的一切都变得更加丰富和深刻，你的心灵和身体似乎成为某种巨大存在的一部分。这种存在远大于以前你所能想象的一切。你的手、腿、皮肤……物质……时间……空间……围绕在你周围的互相纠缠的各种场……

一层你从未意识到的面纱显然已被揭开，展现在你眼前的世界显出了神秘而出乎意料的真实。你的意识迫不及待地想再次飞往星空，你感觉到一次非凡的旅行正要把你带到那离你家园很远很远的地方。

第 2 章 月亮

如果你还在阅读本书，说明你已穿越进入了 50 亿年后的未来。无论用什么标准看，这都是一个不错的开端。所以你可以自信地说自己的想象力很好。这是至关重要的一点，因为想要了解在 21 世纪初期我们理解宇宙真相的视角，就需要穿越时间、空间、物质、能量，而实现这种穿越所需要的全部技能，就是想象力。

虽然你没有主动要求，但你还是在偶然间看到了人类，以及地球上一切生命所终将面临的命运。如果我们不努力了解自然运行的规律，这个命运将成为现实。为了不被残暴的濒死太阳所吞噬并得以长期生存，了解如何才能将自己的命运掌握在自己的手中将是我们仅有的机会。要实现这一点，我们必须揭开自然所遵循的法则，并学会如何利用它们。客观地说，这是一项艰巨的任务。但在本书接下来的篇幅中，你将会看到至今为止我们已经积累起来的所有知识的大概。

通过在我们的宇宙里穿行，你将会了解什么是引力，原子与其他粒子如何在互不接触的情形下相互作用，你会发现构成我们宇宙的各种谜团，而这些谜团带给了我们新的物质与能量。

在你看过所有已知的知识之后，你将跃入未知世界，看看几位当今世界上最聪明的理论物理学家所研究的课题，以及他们为了解释我们碰巧所在的宇宙中非常奇怪的现实所作出的努力。平行宇宙、多元宇宙和超维度将出现在那里。随后，你的眼睛会被从这些奇迹所激发出来的、人类历经千年所积累的知识与智慧点亮。你应作好准备。过去数十年的发现改变了我们曾经确信的知识：我们所在的宇宙不仅比我们期待的深邃广阔许多，更有着超越我们所有祖先所有想象力的美丽。还有一个好消息：我们所了解到的知识已经让我们——人类——不同于地球上曾经存在过的任何其他生物。这是一件好事，因为其他生物中的大多数都已经灭绝。恐龙曾经统治了地球表面约两亿年，而我们的时代才过去区区几十万年。它们有足够时间对环境提出问题并作出一些解答,但它们没这么做。它们灭绝了。今天，我们人类至少有希望可以提前探测到威胁地球的小行星并使其转向。因此，我们已经具有了恐龙所不具备的力量。虽然这么说有些事后诸葛亮，不太公平，但我们多少可以把恐龙的灭绝与它们缺少理论物理学知识联系起来。

现在，你依然躺在沙滩上，尽管那个关于死亡太阳的记忆还在你的脑中栩栩如生。老实说，你还没有太多知识，夜空中闪烁的星辰与你自身的存在看上去毫无关联。尘世间物种的生死对它们也毫无影响。看上去那些在外太空流逝的时间所作用的尺度远不是你的身体所能感受到的。地球上一整个物种的存在时间在那些遥远闪亮的天神眼中不过是弹指一瞬……

300 年前，从古至今最出名同时也是最出色的科学家之一，那位发现万有引力的英国物理学家、数学家艾萨克·牛顿，就以下述方式看待时间：他认为，有一种人类的时间，被我们感知，并以钟表计量；还有一种上帝的时间，是瞬间而非流动的。人类时间这条无限长直线，向前也向后延伸到无穷，在牛顿的上帝眼中，却只是一个瞬间。他只在眨眼之间就已看到一切。

当然，你不是上帝，你观看星空时，你的朋友在一旁为你静静地斟酒，你却因巨大的使命感而无所适从。所有这一切都太大、太遥远、太怪异……从哪里下手呢？你并不是理论物理学家……但你也从不轻言放弃。你有眼睛，也有好奇的大脑，所以你选择从你能关注到的东西开始。

天空一片黑暗。

有星光闪耀。

在群星之中，你的裸眼可以感觉到一条黯淡的光带泛着白色微光。

不管这白光到底是些什么，你知道这条光带名叫银河。它的宽度大概是满月直径的十倍。年轻时你就已多次看过银河，近来它却很少被你注意。你现在注视着它，感到它在夜空里如此明显，你的祖先们一定早就注意到了银河的存在。你猜对了。不过想起来颇具讽刺意味——虽然在人们对银河本质到底是什么争辩了几百年之后，我们现在已经知道了答案，但现代的光污染却让我们在绝大多数人类聚居之处无法看到银河。

然而，从你所在的热带小岛上看去，它真切地挂在空中，显现着自己。随着地球的自转与时间的流逝，银河由东向西移过天空，就像白天运行的太阳一样。

未来人类的可能生存地或许就在其中，在那远在地球上的天空之外的某处，这一想法在你的脑海中逐渐清晰，并深深根植心中难以摆脱。你聚精会神，想用肉眼看穿整个宇宙。终于，你还是摇了摇头放弃了这个野心。你知道太阳、月亮，一些行星如金星、火星和木星，你看得见的那几百颗恒星，[①] 还有那条模模糊糊发着白色微光的灰尘般的银河远远不是宇宙中的一切。宇宙中还隐藏着许多无法看见的奥秘，或许就在那些星星之间，等着我们去揭示……如果你能够观察一切，你会怎么做？当然，你会从地球近处开始，然后……然后你会飞向远方，越远越好，然后呢……你的思维已无法想象！

看起来不可思议，但你的意识的确开始离开你的身体，向上，朝着星空飞去。

看着小岛以及躺在上面的自己的身体迅速向下离去，一种天旋地转的感觉向你袭来。你的意识如同灵魂出窍，正在向上和向东飘升。虽然你还不知道这一切怎么可能发生，却已经升到了比地球上最高峰还高的空中。一个带着异乎寻常红光的月亮进入你的视野，挂在远处的地平线上，在你还来不及想好该如何描述这件奇事的片刻之中，你的意识就已经朝着月亮飞去。你发现自己已经飞离了地球大气层，飞行在位于我们所居住的行星和它唯一的自然卫星之间的 38 万千米的虚空之中。从地球之外看去，月亮如同太阳一般发着白光。

你的知识之旅开始了。

---

① 或许你觉得自己能在一个黑暗的夜晚看见几百万颗恒星，但实际上在城市中，人类肉眼大约能看到几百颗恒星，在没有光污染的乡村，这个数字大约在 4000 到 6000 之间。

在你之前，只有十几位人类成员到达月球，现在你虚幻的身子也成为他们中的一员，与他们一样行走在月球表面。地球早已消失在月球的月平线下。你的意识带着你进入了所谓的“黑暗面”，那个从未朝向过地球的一面。月球上没有蓝天，也没有风，在月球上你能看到的星星比在地球上任何一个地方看到的都多得多，而且它们还不闪烁。所有这一切都是因为月球上没有大气层。

在月球，地面之上 1 毫米就是太空了。遍布月球表面的伤痕从未被气候的变化抹平。到处都是陨石坑，都是那贫瘠的土地遭受撞击的冰冻记忆。

当你准备走向月球朝向地球的那一面时，月球的历史猛地涌入你渴求的大脑，你看着脚下的月球大地，目瞪口呆。

这是一种什么样的暴力！

大概 40 亿年前，我们年轻的行星与另一颗行星撞在一起，后者大概有火星那么大，这次撞击从地球上扯了一块物质下来，被带入太空。在随后的几亿年时间里，所有那次撞击产生的碎片聚到一起，形成了一个球体绕着地球运行。等这一切尘埃落定之时，就是你现在置身其上的月球的诞生之日。

如果这次撞击发生在今天，其剧烈程度足以将地球上的一切生命抹去。而当时，我们的地球上还是一片荒芜，没有生命。有趣的是，如果没有这次灾难性的碰撞，就不会有月亮照亮我们的夜晚，没有潮汐变化，而地球上可能也不会出现如我们现在所熟悉的生命形式。当那颗蓝色的地球跃过月平线，出现在你眼前时，你意识到这场宇宙级的灾难事件所带来的创生与破坏一样伟大。

从这里看出去，你所居住的行星，大小大概有在地球上看月亮时的四个月亮之大，它像是漂浮在有着星光闪烁的黑暗背景之上的一颗蓝色珍珠。

从太空中观看我们所在的世界是一种让自己谦逊的方式，现在如此，将来也一定会如此。

你继续在月球漫步，看着地球在月球的天空中升起，虽然一切看起来都宁静安全，你还是知道自己没有被这种表面的平静所蒙蔽。在这里，时间又有了另一层含义，地质年代中以往和现在的宙（地质年代中最大的年代单位）中发生的一切都被完好保存。宇宙中的暴力无时不在，伤痕累累的月球表面那些陨石坑就是这些暴力的最好提醒。在漫长的时间里，那些漂浮在太空里数以万计的大山般的巨石不停地击打着月球。它们也同样击打地球——只是地球上的伤痕已经愈合，因为我们的世界有生命，用不停变化着的土壤将自己的过往深深掩盖。

尽管如此，你忽然意识到，在这个残酷的宇宙里，尽管地球有着自愈的能力，但依然如此脆弱，几乎毫无防卫……

几乎没有。

不是完全没有。因为它有我们。有你。

那种创造了月球的撞击大体来说只会发生在过去。因为今天已经不再有大的行星到处乱跑来威胁我们的世界，只剩下一些小行星和彗星了——而且月亮也承担了一部分从这些威胁中保护我们的责任。然而，还是处处都有危机潜伏，当你注视着挂在黑暗天幕中的蓝色地球时，一团明亮的光球在你身后突然升起，提醒你未来地球的命运。

这个东西是一颗恒星，是我们所居住的行星附近最亮最狂暴的天体。

我们称它为太阳。

它距离我们居住的世界 1.5 亿千米。

它是我们所用一切能量的来源。

这盏非凡的天体灯泡所发出的强光让你目眩神迷，你发现自己已飞离月球，向着我们自己的恒星飞去，去探寻它的秘密。

第 3 章　太阳

如果人类能够以某种方式收获太阳在一秒钟内辐射出的所有能量，它就足以满足我们全世界 5 亿年的能量需求。

你已离我们的恒星越来越近，意识到现在的太阳比你在 50 亿年后看到的小很多，那时的太阳已濒临死亡。然而，即便如此，现在的它依然很大。直观地说，如果把太阳缩小到一个大西瓜那么大，我们的小小地球将会处于 43 米之外，而且你需要放大镜才能看到它。

你已经飞到了离太阳表面几千英里的高处。在你身后，地球已成为一个小小的亮点，隐藏于一片星光背景之中。在你前面，太阳占据了一半天空。到处都是等离子体泡泡在喷发。几十亿吨红热的物质就在你的眼前爆发，看上去就像被太阳磁场打开的随机圆环，穿过你幽灵般的身体。即使以最苛刻的标准来看，这也是一种无与伦比的景象，看着这种巨大的能量，你不解是什么让太阳这么独特，与地球完全不同。恒星是怎么成为恒星的呢？这些能量从何而来？而这样一个庞然大物又怎么会有死去的一天？

为了回答这些问题，你飞向最险恶的地方：日核，太阳的心脏，太阳表面之下50多万千米的深处。对比一下，地核大约只有6500千米深。

你头朝下跃入这个明亮的火炉，还记得我们所呼吸、看见、触摸或检测到的，甚至构成你自己真正身体的所有物质，都由原子构成。原子是建造一切物质的基本构件。你可以把它们看成是你所在环境的乐高积木。与乐高积木不同的是，原子的形状不是长方体。它们主要呈球形，具有一个紧密的球状原子核，还有一些微小的电子在远处高速旋转。与乐高相同的是我们可以依据原子的大小将它们分类。它们中最小的一个被称为氢原子。第二小的被称为氦原子。这两种原子加在一起构成了已知宇宙的98%的物质。的确很多。但与以前比，这个比例现在已经变小了，大概138亿年前，这两种原子几乎构成了宇宙中所有的已知物质。今天我们可以看到的除了氢与氦之外的原子还包括氮原子、碳原子、氧原子、银原子等。它们显然是后来才出现的。这个过程是什么样的呢？你要去寻求答案。

随着你在太阳中越潜越深，温度会变得越来越高，热得难以想象。当你来到日核时，温度大概是1600万摄氏度，甚至更高。到处都有足够多的氢原子，虽然它们都已被周围的高能量剥光：它们的电子已经被松开，只留下孤独的原子核。这儿的压力非常高，原子核们被整个恒星加于自己核心的重量压迫着，几乎无法动弹。这还不够，它们还被迫彼此融合，变成一个更大的原子核。这一切就活生生地在你眼前发生：热核聚变，一个用较小的原子核产生较大的原子核的过程。

原子核们一旦生成，在离开诞生它们的火炉时，这些较重的原子核就会与那些被剥离氢原子核而独自作着自由运动的电子们结合到一起，成为新的更重的原子：氮原子、碳原子、氧原子、银原子……

热核聚变反应（以小原子创造大原子）能够发生的一个必要条件是巨大的能量，太阳压倒一切的自身引力就是这种巨大能量的来源。这个引力将一切物质拉向太阳的核心，以巨大的压力挤压它们。热核聚变反应无法在地球表面（或内部）自然发生。我们的行星体积太小，而且不够致密，因此自身引力不足以让其内核达到足以触发热核聚变反应的温度和压力。这就是行星与恒星在定义上的主要差别。两者都是大致呈球形的天体，行星的体积和质量基本上都比较小，有着岩石内核，有时候外面包裹大气。而恒星可被视为巨大的热核聚变反应工厂。它们的引力能量大到可以凭借自然的力量在其内核将物质压缩以产生新的物质。地球上所有的重原子，生命所必需的所有重原子，包括构成你身体的所有重原子，都是在某颗恒星内部被创造出来的。当你呼吸时，你吸入它们，当你触摸自己的皮肤或者别人的皮肤，所触到的都是星尘。你早先疑惑为什么像太阳那样的恒星在寿命将终时会死亡和爆炸，答案就在这里：如果没有这种结束，构成我们的物质将无法被释放。地球也无法诞生，生命无法形成，世界中将只有氢原子与氦原子存在，被锁定在永不死亡的恒星内部。

从另一个角度看，因为构成我们的并不只是氢原子和氦原子，我们的身体、地球和周围的一切都含有碳原子、氧原子和其他原子，所以我们能够以此推断太阳是一颗第二代甚至第三代恒星。第一或第二代恒星已经爆炸过，它们的星尘才变成太阳、地球和我们。那么，是什么原因造成了它们的死亡？为什么那些恒星会以这种惨烈爆炸的方式结束自己闪亮的一生？

核聚变反应有一个神奇的特点，不管反应开始时需要多少能量——整个恒星的重量！——反应一旦开始，就会释放出更多能量。

这背后的原因看起来让人难以相信，实际上它就发生在你眼前，除了相信，你别无选择：当两颗原子核融合在一起变成一个更大的原子核时，它们的一部分质量消失了。聚合而成的新核比创造它的两颗旧核的总质量更轻。这就像你将 1 千克香草冰淇淋与另 1 千克同样的冰淇淋混合在一起后，你得到的不是 2 千克冰淇淋，而是少了一些。

在日常生活中，这种现象不会发生。然而，在原子核的世界，这是寻常事儿。对于我们来说幸运的是，这些质量并没有凭空消失，而是转化为能量，爱因斯坦著名的质能方程 $E=mc^2$ 给出了这种转化的兑换率。[①]

在日常生活中，我们对兑换率的概念更多被用于不同货币之间，而非质量与能量。所以，要理解 $E=mc^2$ 这个自然界的兑换率是否公平，就要把它想象成在纽约肯尼迪机场将英镑（最初的质量）换成美元（用质量换来的能量）。兑换率就是 c^2，c 代表光速，c^2 代表将光速乘以它自己。1 英镑可以换到 9 亿亿美元。我觉得这是一个很好的生意。事实上，这大概是自然界里最好的兑换率了。

显然，在每次核聚变反应中两个原子核融合后失去的质量非常小。但在太阳内部，许许多多原子同时发生融合，这样释放出来的

① 我猜想你或许已知道，但我还是解释一下，以防万一：在公式 $E=mc^2$ 中，E 表示能量，m 表示质量，c 表示光速。所以这个你在本书中所能看到的唯一方程式，表示的是你可以用这种方式将质量转换成能量或将能量转换成质量。

能量就相当巨大。这些能量必须找到一个出口，因此它们往外扩张，以各种可能的方式离开日核。最后，这种核聚变产生的向外扩张的能量，与将一切向内压缩的引力平衡，令我们的恒星拥有一个稳定的大小。如果没有这种能量释放，只有引力作用，太阳就会塌缩，变得很小。

核聚变释放出巨量的光和粒子，这些光与粒子又将它们周围的一切都剥离成原子核与电子。这种原子核与电子分离的物质状态被称为“等离子体”。

这种光、热与能量的大规模释放就是恒星之所以发光的原因。

作为恒星的太阳并不是一个巨大的燃烧火球——火焰燃烧需要氧气，虽然太阳会创造出一些氧原子以及其他重原子，但外层空间里没有足够的游离氧气来支撑哪怕最小的火。在太空里，你永远擦不着一根火柴。与天空中所有的恒星一样，太阳是一大团闪闪发光的等离子体，一个由电子、失去了部分电子的原子（它们被称为离子）、失去所有电子的原子（仅剩下原子核）所组成的炽热混合物。

只要太阳核心处还有足够多的微小原子核可以压缩融合，太阳的引力与聚变反应能量之间就能维持平衡，我们就能足够幸运地生活在一个处于这种状态的恒星边上。

事实上，这和运气也没什么关系。

如果我们的太阳不处在这样的状态，我们也将不复存在。

现在你已知道，太阳不会永远处于这种状态：我们恒星的内核有一天会用光它的聚变燃料。当那天到来时，内核不再有足够的向外辐射来对抗引力。引力将打破平衡并引发我们恒星的一系列最终反应：太阳将塌缩而变得更紧密，直到核聚变再次被点燃，但这次核聚变发生的场所将不再是内核，而是发生在离表面更近的地方。这时再次开始的核聚变将无法与引力平衡，而是超过引力，太阳表面将被推开，令恒星体积变大。你已经在通向未来的旅程中见过这一幕。能量的最后释放预告着你已见过的恒星死亡的开始，太阳将自己一生所创造的各种原子喷向太空，同时，还创造出更多、更重的原子，如金原子。最后，这些原子与周围其他死去的恒星残骸混合在一起，变成星尘，形成巨大的星云，或许，在很远很远的未来，又成为产生新世界的种子。

科学家们通过估算太阳内核中氢原子的含量来推测这次爆炸将会发生的时间，计算结果是：太阳的爆炸将发生在50亿年后的某个星期四，前后误差各三天。

第 4 章　我们的天体家庭

现在你对太阳的了解已经超过了所有生活在 20 世纪中期的人。每一天照射在你身上的阳光来自太阳内核那些原子的融合，以及因此被转化为能量的部分质量。但是，地球并不是接受太阳能量恩惠的唯一天体。

眨眼之间，你的意识回到了热气腾腾的太阳表面，你环顾四周，如同老鹰。远处群星看起来似乎是固定在天空里的背景，纹丝不动，但其中有八个亮点在明显移动着。这些亮点就是行星，它们也是圆球状，但体积太小，无法成为恒星。离太阳最近的四颗，看上去像小小的岩石世界，而更远的四颗则主要由气体构成。那四颗气体构成的行星与太阳相比依然微小，但与地球相比却如同巨人，虽然地球已经是那四颗岩石行星里最大的一颗。这些行星与地球一样，都诞生于同一片早已死去的恒星所留下的星云，但它们以及上百颗围绕这些行星旋转的卫星们都不能够在将来成为人类的庇护所。它们都被太阳的引力所束缚，也都会随着太阳最终的爆炸而毁灭。如果我们想要寻找避难所，一定要去更远的地方。

这种紧急感让你发力一蹬，意识以最快的速度离开，想去看看太阳控制之外的世界。在这旅程中，你将顺道拜访一下你的远房表兄弟，那些我们太阳系里的巨人们。

你现在离太阳的距离大约是地球离太阳距离的三倍。水星、金星、地球与火星是四颗较小也是离太阳最近的岩石状行星，它们已经被你甩在身后。从这里看过去，我们的恒星太阳是一个闪闪发亮的圆点，大约就像伸长手臂看你手中拿着的一个一分钱硬币的一半大小。如果地球处在这个位置，英国一个典型的炎热的七月中午，一年中最热的时候，在气温上也会给你比南极洲的严冬更寒冷的感觉。①

当你离它越来越远时，阳光就会变得越来越稀少。

你又飞过一些石块，它们是太阳系诞生初期留下的遗迹。大多是些土豆形状的小行星，这些漂浮转动着的石块一起构成了一个围绕太阳旋转的巨大圆环，即天文学家所称的“小行星带”。小行星带将四颗较小的类地行星与巨人的世界间隔开来。这些石块分得挺开，当你飞越小行星带时，你意识到自己撞上它们的可能性微乎其微。许多人造卫星都曾飞越其中，毫发无损。

离开小行星带后，你又飞越了木星、土星、天王星与海王星。这些都是气态巨行星，只有一个相对很小的岩石内核深深地隐藏在巨大而骚动的大气层下。这几颗行星都有着美丽的星环，土星环尤其出色，不管从大小上还是美丽程度上，其他几个行星的环加起来都及不上它。

你一个个地飞过它们，满怀崇敬地看着这一个个巨大的世界，

---

① 2013 年，美国国家航空航天局（NASA）的一颗气象卫星记录到地球表面的最低气温：南极大陆，−94.7° C。但你现在所处的外太空更冷。

虽然它们不能孕育生命，也不适合人类居住。

海王星是离太阳最远的太阳系行星，你或许以为在它之外一无所有，但实际情况远远不是这样。这里还有一个环带，里面满是各种种类和大小的脏雪球，很可能也是太阳系以及它的成员们从很久以前死去的恒星留下的星云中形成时的副产品。这个环带被称为柯伊伯带。从这里看，太阳就像黑幕上的一个小针孔，与别的恒星没什么两样。几乎没有什么热能会传到这么遥远的地方，但这里并不孤寂，还是会有些热闹事儿发生。

时不时地，因为碰撞或其他某种扰动，某个或某些脏雪球会脱离它们原本安静而遥远的绕日轨道。当它们朝向太阳飞行时，会慢慢来到较暖的环境，并在太阳的辐射下融化，留下长长的尾巴，这条尾巴里是微小的冰块或石块，在黑暗的背景下被阳光照得闪闪发光。这就是我们称之为“彗星”的天体。欧洲航天局在 2014 年 11 月将一个坚固的探测器“菲莱”号降落在一颗彗星表面进行研究，而带着这个探测器过去的“罗塞塔”号太空飞船则依然围绕这颗彗星旋转，观察这颗彗星在接近太阳时其表面和最外层如何被气化……

可怜的冥王星——最近它被剥夺了行星资格，降级为矮行星——也是那个冰雪柯伊伯带的一名成员，与至少两颗类似的矮行星（妊神星和鸟神星）一样。冥王星与它的卫星卡戎离太阳实在太远了，从冥王星被发现并被称为太阳系第九大行星到这个称号被剥夺、归于矮行星的 76 个地球年里，它们绕太阳一周都没走完，也就是这一切都发生在冥王星上的一年时间里，想想也算是有趣。在地球上，天文学家花了几十年才找到它，因为其大小只有我们月亮的 1/4。当然，这种地位变化丝毫没有影响到这颗你刚飞过的土棕色星球。很快，你就把它抛在身后，接着向更远的地方飞去，仍然在我们闪亮的恒星太阳的保护之下。[1] 你与路上更多的矮行星及更多彗星擦肩而过，甚至看到了更多人类尚未发现的冰雪世界。但你的注意力迅速转向了这个包含了你至今所见到过的所有东西的巨大球体。

你所看到的所有的行星、矮行星、小行星和彗星几乎都处在一个扁平的圆盘之中，太阳在圆盘的中心闪闪发光。但你现在看到的景象却又有所不同。一个储存着几千亿亿亿个潜在彗星的彗星库形成一个巨大的球状云，看起来似乎占据了太阳与其他恒星系之间的所有空间。这个彗星库被称为“奥尔特云”。

它大得难以想象。

它标示着我们这颗恒星的地盘，包含了我们这个宇宙家庭的所有成员，这个宇宙家庭被称为太阳系。

再远处，你进入了尚未被了解的空域，朝着离我们最近的恒星飞去。那颗恒星发现于 1915 年，在一个世纪之前，正是我们刚开始了解宇宙的时候。它的名字是比邻星。

---

① NASA 的“新地平线”号太空飞船于 2015 年 7 月到达冥王星，历史上第一次从近处观察它。

第 5 章　太阳之外

你的身体依然躺在我们这颗行星的某个沙滩上，但你的意识已经飞到人造物体所到过的最远处。[①] 当你穿过奥尔特云的边际时，就已离开了太阳系，进入了另一颗恒星的领地。你穿过这条模模糊糊的界线时，已经见证了这个分界线的意义，因为你看到太阳系最远处的几颗彗星改变了轨道，从以太阳为中心的曲线远点，进入另一条曲线远点，那条曲线的中心是另一颗恒星，那颗你正要飞去的恒星：比邻星。

比邻星属于一类被称为红矮星的星星。它比太阳小很多（只有太阳的大约 1/7 大），色调偏红。这也是红矮星名字的来源。红矮星非常普遍，天空里大多数恒星都属于红矮星。

当你离它越来越近时，它的亮度会产生剧烈变化，并将巨量炽热的物质随机抛出。

① 走得最远的人造物体是 NASA 的“旅行者一号”太空探测器。它发射于 1977 年，于 2013 年到达太阳系的边界。它依然在向地球传回数据，也依然能对地球发去的新指令作出反应。它的电池应该可以持续工作到 2025 年。在 2014 年，从“旅行者一号”发来的信号以光速前进也需要 18 小时才能到达地球。随着探测器越走越远，未来的信号传输会费时更久。

好了，那么有没有行星围绕这颗疯狂的红矮星旋转？你找不到。

真可惜啊，你觉得就算在围绕比邻星旋转的行星上生活不太容易，至少这颗恒星能活很长很长时间。我们的太阳爆炸时，它也依然年轻。就我们现在所知，从宇宙诞生开始算起直到现在，哪怕再过三百倍这么长的岁月，比邻星也将依然如现在一样闪耀。无论以什么标准看，这都是一个相当长的时间。

因为比太阳小，它微小的内核里原子聚合的速度比太阳慢好多好多。对恒星来说，大小，的确至关重要：体积越大，寿命越短……而对于那些围绕它们旋转的行星来说，距离才是至关重要的因素。要想在其表面拥有液态水（因此能够让我们已知的生命形式生存），行星必须不太冷，也不太热。为了满足这个条件，它的轨道不能离它所围绕的恒星过远或过近。对于一颗恒星来说，有一个特别的距离范围，在这个范围内运行的行星将有可能在自己表面保持液态水，这个距离范围被称为“宜居带”。所以，如果你能找到另一颗红矮星，并且在它的宜居带中又恰好有一颗类似地球的行星转动，那么它就有可能与我们温柔的家园相似，并且基本上可以永远存在……

对有这样的想法，你有些负罪感，于是你转过身来，看着你的家——太阳系，原以为太阳会比天空中所有其他恒星看上去更亮一些，但事实令你失望了。你突然真正感觉到了宇宙尺度上的距离。

你不禁思考如果自己不是意识，而是一个真正的空间旅行者，将一个信号发回家需要多久？

如果你有一台星际移动电话，你可以尝试在每一站致电你的朋友，告诉他们你的见闻。移动电话能将你的声音转换成以光速前进的信号，在地球上的两地之间传递，这看起来就像是毫无延迟的通信工具。在外太空，距离通常很远，不再有什么能够瞬间传递而没有延迟的通信了。从月球发出的光需要大约一秒到达地球，然后再花一秒返回。如果你问你在地球上的朋友能否用望远镜看到你自己，你只能在两秒后才能听到他的回答。

太阳就更远了。光需要八分二十秒才能到达地球，对话变得有趣起来，因为一方要等超过十六分钟才能听到对方对自己问题的回答。但在宇宙中，太阳到地球的距离只能说是近邻。如果现在你从比邻星边上致电地球，电话铃声将在四年两个月后响起。你所提问题的任何回答最快也要在八年四个月后到达。

而你不过还是在除了太阳以外离地球最近的恒星那里罢了，这就已经让你觉得离家很远，所以你开始寻找某样东西帮你定位自己，不要迷了路。

你想起了自己在那个小岛沙滩上见到的美丽银河，你环顾四周，想看看那如云雾般的白色光带现在在哪里。你大吃一惊，因为现在它一点都不像一条粗粗的直线，而像是一个斜放的圆环，有些地方比另一些地方亮些，而你正身处其中，你意识到之所以在地球上它看起来像一条线，是因为在你脚下的地球本身将它遮掉了大半。

既然在比邻星边上没有找到行星，你不假思索地朝着银河中最亮的部分飞去。

你自己还不知道的是，你飞去的地方是一个由至少 3000 亿颗恒星组成的庞大集合的中心。那个集合被称为星系。

第 6 章　庞然大物

只要仔细想想，你就应该明白一个有着 3000 亿颗恒星的星系中心一定会有些不同寻常之处。以地球为例，它的中心是（地球上）最致密、最炽热、最严酷的地方；以太阳系为例，其中心是太阳，又是（太阳系里）最致密、最炽热、最严酷的地方。当然这未必可以证明什么，但它多少提示着银河系的中心也应该不同寻常，或许藏着什么特别的东西。

你的念头一起，就已飞过了几千万颗恒星。有一些比太阳大好多，注定寿命很短，另一些则很小，寿命长得让人无法想象。你还飞过由成千上万颗已爆炸的恒星残骸所产生的星云构成的恒星摇篮，以及一些刚死去的恒星的墓地，它们的物质正等待着融合以成为恒星摇篮。你终于来到目的地，接近了我们银河系的中心，不管那是个什么东西，你突然停了下来。

就在你眼前，又出现了一个环。一个不停旋转着的彩色圆环，里面分布着各种物质。你更仔细地观察，发现这个圆环由气体、上亿块岩石和彗星组成，它们都围绕着一个厚厚的甜甜圈形状的东西旋转，那个东西还放射出明亮炽烈的光线。

这是怎么回事？这些石块和彗星围绕着的是什么东西？你又往四周的远处看去，几乎无法相信自己的眼睛……随着这个圆环旋转的不仅仅是那些巨石，还包括恒星。所有的恒星——不是行星——本身在旋转，而且速度还很快。

到 2015 年为止，人类已知的宇宙中移动最快的天体就在其中。科学家给它取名为 S2，或 Source 2。从地球上看，科学家们发现它可在十五年半的时间里绕那个甜甜圈一圈。考虑到这一圈的长度，它的运行速度是惊人的每小时 1770 万千米。这怎么可能？什么样的怪物可以拥有如此强大的引力将以这么快速度运行的天体束缚在自己身边？实现这一切的力是否可能存在？

想象一颗玻璃珠和一只大碗。

你让玻璃珠贴着碗壁旋转，如果转速太慢，玻璃珠会马上落到碗底。如果转速太快，它就会沿着碗壁上升并最后飞出大碗，打破你厨房里的某样东西。如果速度刚刚好，它就会在碗壁稳定旋转一会儿，位于碗底与碗口之间，既不飞出去，也不落下去，直到摩擦力将它的速度变成热能，减慢它的转速。

现在，想象那颗玻璃珠就是这速度惊人的 S2，还有一只看不见的碗提供它围绕这甜甜圈里的神秘物件旋转的轨道。在太空中没有摩擦力，所有恒星都不会损失它们的动能。[①] 从 S2 的转速上，我们可以想象出这只巨碗的形状及其底部所具有的质量。

科学家们已经多次进行这种比较简单直接的计算，每次答案都

① 对于正在阅读本书的我的科学家同行们：在这本书才开始的地方，我有意略去了所谓引力波。

让人难以置信：要 S2 保持这种速度旋转而不被甩出去，所需要的质量要超过 400 万颗太阳。这会是一颗巨大的星星。

但我们碰到了一个问题，在S2的轨道中心，我们看不到任何星体。不管你怎么费力寻找，但还是什么都找不到。

从地球上，为了了解这个有着 400 万颗太阳质量，束缚 S2 不让它飞走的天体到底是什么，科学家们专门建造了可以探测到我们眼睛看不到的光线的望远镜，这些光线包括紫外线，而且为了得到更壮观的图像，用上了所有光线中能量第二高的一种——X 光。使用这样的望远镜依然没有找到任何星体，不过他们还是看到了圆环中有高能光线喷出，源头是个很小的位置。抓住S2的不仅不是一颗恒星，甚至远远没有它所应该具有的体积。根据这一切，科学家给出的唯一可能的解释是：躲在那里的是一个黑洞。一个质量惊人的黑洞。

科学家们称其为人马座 A* (念成“ A 星”)，但他们无法在地球上仔细研究它，因为位于它与我们的行星之间的各种恒星、星云、气体掩盖了它的细节。[①] 但是，现在的你正站在它的边上，如果你想知道地球上的望远镜探测到的高能光线爆发是什么引起的话，现在正是寻找答案的好机会。

可以理解，站在一个看不见的巨兽边上让你感到不安。谁知道黑洞的脾气？你的意识会不会被它吞噬，永远无法回到你的身体里面？它会不会被黑洞捕获，永远离开这个你熟悉的世界？或者那里有一个秘密通道，一个通往另一个宇宙、另一个现实的大门，就像你曾听人提起过的那样？

---

① 历史迷们或许想知道，人马座 A* 是在 1974 年 2 月通过射电望远镜被首先探测到的，发现者是美国天文学家布鲁斯 · 贝里克 (Bruce Balick) 和罗伯特 · 布朗 (Robert Brown)。

犹豫不决中，你盯着那由数十亿微小灰尘和石块构成的明亮圆环。

突然之间，一颗巨大的土豆形状的小行星以每小时 100 万千米的速度从你身边飞过，你仔细地看着它。它飞速穿过圆环，熔化成一块微小的东西，被圆环上的星尘摩擦而燃烧发光。就像小石块进入地球大气层会变成流星，在降落到地球表面之前就会燃烧殆尽一样，这颗小行星远未到达那个甜甜圈中心，就已消失不见了。

你转过头去看还有什么会发生，这次冲你而来的不是一大块石头，而是一颗恒星。一颗巨大、闪亮、狂暴的恒星，与 S2 一样，而且更大。它也会被烧掉吗？能穿过去吗？你看着它以一个角度朝向自己的终极命运——那个甜甜圈飞去。现在它已进入圆环，被圆环本身遮住了，但在旋转了半圈之后迅速再现，不过现在它已经发生了奇特的形变，就像某种古怪的力量扭曲了它，产生了一个幻影。它继续朝下飞去。看上去正承受巨大的压力。行星般大小的物质从恒星表面撕裂飞出。你试图保持平静，祈祷这其实没什么可怕的，但你的意识还是不由自主地感觉自己变得疲惫而沉重，准备迎接巨大的灾难……

到现在为止，你一直只是缥缈无形的，不受任何规范宇宙的力量所影响，但这次似乎不同了。满心沉重，你成为引力作用的对象，被推到了这个巨物面前。虽然不愿意，你还是被拖着往下掉，被吸引着，如同身处一个看不见但又光滑的斜坡往下滑去。你穿过充满酷热物质的圆环，离那颗同样向下掉去的恒星越来越近。那颗恒星现在已经被完全撕裂，喷着白热的等离子火舌盘旋下降，也带着你，朝着依然不可见的黑洞跌去。

不用说，你理所当然地感到恐惧。数万亿吨的等离子体与你一同下坠。随着你越来越快地盘旋下坠，你的心脏已跳出了胸腔，直到……直到一个巨大的力将你弹出。那颗恒星的残骸似乎变成了威力无比的急流，而这个急流的组成看起来似乎是从质量转换来的纯能量。你满心疑惑，怀疑自己是不是滑入了一个位于黑洞中心的平行宇宙，但很快你就意识到自己没有穿越，而是离那个怪物越来越远，你被这个质量怪兽拒绝并抛弃了。银河系的巨大圆环再次变得清晰起来，在很远的地方。

就像孩子的玻璃珠在碗壁转得太快，你和那颗已经解体了的恒星的星尘在到达那个真正构成黑洞的核心之前就被抛了出来……你跌下去的速度太快，在到达那个看不见的怪物之前就已被甩出，那颗恒星也一样，它的质量被转化成人类所知能量最高的两种光线——X 光与伽马射线——所构成的两道激流，一道朝上，一道朝下，就像两道灯塔的灯光，射向银河系恒星间巨大的空间，以及更远、更大的虚空。

这两条激流的速度惊人，你也一样。你被它带着飞过几百万颗恒星，就像有一根手指将银河系当作戒指戴着，而你正沿着这根手指所指的方向飞驰。

或许现在还不是你跃入黑洞的时候，或许老天想让你在被死神抓住之前见证更多我们宇宙的美景……

不管是基于什么理由，你的心脏恢复正常跳动，你的思维再次变轻，你的意识又摆脱了引力的作用。你已来到远处，恢复了自由移动的能力。你还趁此良机多跟了一会儿激流，看看它会带你去哪里。没过多久，你就又见到一些奇事：周围的恒星看上去不那么多了。

很快，你的前面已经没有星星了。很远处还是有些光源，但那里与你目前已经见过的地方相比实在是太遥远了。奇怪的是，银河系的圆环也已经不见了。你正纳闷它们去哪儿了，低头一看，眼前是你所见过的最壮观的景象。没有一个人类或人造物体曾有幸见过这个景象。地球上的观察曾经瞥到过你刚逃脱的那个黑洞附近几眼，但你现在所见到的景象则完全没有被记录。如果你在现在这个地方打电话给地球，回复——如果有的话——得在 9 万多年之后才能被你接收到。

　　你在银河系，你的星系之上。

　　当你在那个沙滩上抬头看着夜空时，认为银河系一定是伸展到了宇宙的尽头，现在你已经看到事实并非如此。银河系远远不是宇宙里的一切。银河系不过是散布在尺度远为巨大的黑暗之中的一个恒星群岛而已。

第 7 章　银河系

最初进入太空的人们在回来后都表示，在一片黑暗海洋中看到我们地球的美丽及渺小让他们满怀谦逊之感。但这只是开端。你现在看到的景象让你更为谦逊。

你现在切实看到了真正意义上的作为星系的银河系。从上面看（或下面也一样，没有差别），那个在地球的夜空里看起来像白云的银河一点也不像白云，而更像一个由气体、星尘和恒星构成的厚厚圆盘。现在它就在你下面，向着远方延伸，规模如此巨大，光线也要经过几万年才能从一边传到另一边，3000 亿颗恒星被引力束缚在一起，围绕着银河系明亮的中心转动。

如果你把太阳系，以及其中的行星、小行星和彗星看成我们在宇宙里的家庭，把比邻星当作我们的邻居，那么银河系就是我们在宇宙中的大城市，一个由 3000 亿颗恒星构成的繁华都市，而我们的太阳，只是其中的一颗。

在虚空的包围下，在巨大的距离尺度上，这些恒星们相互围绕，加上星尘与气体，科学家们称其为星系。就像我们的恒星被称为太阳，银河系是我们给这个星系——我们的星系——所起的名字。

四个巨大明亮的螺旋状旋臂被黑暗分开，围绕着中心转动，它们交汇而成的中心是一团更明亮的气体、星尘和恒星，光芒掩盖了一切，包括那个你刚逃脱出来的黑洞，在你所处的地方，只有那从中心喷出的高能物质的激流，那个刚才你搭乘的激流，清晰可见。

如果你无法想象 3000 亿颗恒星各自漂浮在太空里是什么景象，不用太担心，没有人能够想象。如果你在回到你的热带小岛后想向你的朋友们描述在这里所看到的景象，数字也没多少用处。你不如让他们找一个 1 米见方的纸箱，将它用你所在的海滩上的沙子填满。再用同样的沙子装满 300 个同样的纸箱，我们的银河系里恒星的数量就和这 300 个纸箱里沙粒的数量差不多。现在，礼貌地告诉你的朋友们飞回伦敦，将这 300 个箱子里的沙子倒在特拉法尔加广场上，铺成盘状，分出四条旋臂，然后让他们坐上纳尔逊雕像的肩膀。这就是你现在看到的 3000 亿颗恒星组成的银河系景象。如果你让你的朋友在将一切混在一起前给某粒沙子打上黄色标记，然后再在沙堆中找出这颗沙粒，他们就能体会到你在银河系上方想要找出太阳时的内心感受，更不要提寻找那个比太阳还小 100 倍的地球了。找出一颗恒星就已如此困难，但行星寻找者依然有着那个艰难的任务在身。

位于银河系上方试图找出太阳的你与你面对沙堆的朋友相比还是有一些优势的：你可以想象人类在地球和太空所拍过的所有夜空照片，将它们与你现在看到的景象对比。多年以来，在不需要离开银河系的条件下，科学家们就已经建立了银河系的恒星星图，并且对于太阳（和地球）在银河系中的位置也有了相当精确的了解。

为了与夜空照片对比，你首先将注意力放在星系的中心，靠近那一片有着明亮、美丽和有力的突起和黑洞的地方。我们这么重要的生命不就应该在那独特的位置，或者在那附近繁衍生息吗？我们的独一无二不正应该让我们所在的太阳和地球对应着这星系最壮观的地方吗？

可惜，事实并非如此。太阳系位于从中心的黑洞到银河系边缘约 2/3 距离的地方，四条明亮旋臂中的一条之内。一点儿也看不出有什么特别。[①] 再给你心灵的伤口上抹一把盐，你很快就会看到，不管我们觉得银河系有多大，实际上从整个宇宙的角度看，银河系作为星系也不过是普普通通的一个。

你转过身来深吸一口气，看向银河系之外的地方，那里有一些闪亮的光团，照亮着极为遥远的宇宙。你在思考：它们是孤独的恒星吗？那些光团？它们看起来有些模糊不清……而且很远……它们会不会也是星系？在地球上你能用肉眼看到它们吗？

最后一个问题的答案是不能。

在地球上，你每次抬起头看向夜空，每一道你能看到的微弱星光都来自银河系，来自那个你刚才看到的螺旋圆盘。所有的星星都如此，哪怕是夜空中那些看起来离白色带子很远的星星。银河系不是无限大的球状，而是一个区域有限的圆盘，地球也不在圆盘的中心，而更接近边缘。天空中不同的方向所看到的恒星分布颇为不同，就像地球上不同地方看到的夜空也不一样，它们都朝着银河系不同的方向。

而且地球的自转轴碰巧与公转平面有个夹角，这个角度让南半

① 但是我们的存在的确让太阳系与众不同。

球一直对着银河系的中心，而北半球总是对着边缘的方向，恒星数量也少许多。因此，北半球的星空与南半球相比无趣很多。

从你那个小岛沙滩上看到的所谓银河只是你所在星系的一小角，那几千亿颗恒星离你太远，无法单独看见它们，但它们所发出的星光合在一起，形成了一条云状光带。你现在将目光投向更遥远的未知世界，让你的意识在不同的方向上寻找最为神秘的目标，你忽然意识到，所有这些光团的星光就如你当初看银河系时的星光一样模糊。

它们肯定也是星系。

你正这么想着，就在那里，从某个角度，另一个星系突然升起。这是一个令人惊叹的场景。它的边缘从银河系下面露出，以很快的速度变大。它是仙女座星系，我们的近邻星系大哥。它大到让人难以相信人类为什么过了这么长时间才发现它的真相。

从地球上看，仙女座星系占据了大约六个满月那么大的夜空，但人类也有理由为自己辩护，它实在太远了，虽然它含有几万亿颗恒星，但只有它中心的突起能被肉眼看到，而且很小。人类第一次注意到它（根据保留至今的文字记录）来自杰出的波斯天文学家阿卜杜勒 - 拉赫曼 · 苏菲（Abd Al-Rahman Al-Sufi）。他的观测发生在公元的第一个千年结束时，一千多年之前，当时全世界许多人将自己短暂的一生投入到互相征战、发明各种折磨人的精巧刑具以及对于即将来临的世界末日的巨大恐惧之中，而他却坚持观察星空。苏菲是巴格达黄金时代最伟大的天文学家之一，虽然他把仙女座星系中心突起描述成只是一片微弱的光云，他不可能知道那是另一个星系。他甚至不知道星系是什么东西。事实上，直到大约一千年后人类才有了星系的概念。20 世纪 20 年代通过爱沙尼亚天文学家恩斯特 · 奥匹克（Ernst Öpik）与美国天文学家埃德温 · 哈勃（Edwin Hubble）的观测工作，人们才知道星系是许多恒星的集合。他们第一次指出银河系与其他恒星集团之间有着巨大空间，那些恒星集团被认为是独立的另一实体。[①]

仙女座星系是证明银河系并非整个宇宙的最近实体。

看着它，你意识到银河系与这个带有一万亿颗恒星的巨大漩涡互相绕着对方旋转，你还认识到宇宙中所有的星系都互相影响着共跳宇宙芭蕾，参与者都是那些由几十亿颗恒星在黑暗的虚空中构成的孤独而闪亮的小岛。

看着宇宙地平线，一种异乎寻常的宏大感觉涌上你的心头，它开始包含银河系、仙女座星系与其他或远或近的星系。

在这纯净美妙的瞬间，你忽然看到了一切，数十、数百、数千、数百万、数亿的星系。到处都是，形成大大小小不同的分组，形成奇怪的纤维状结构，蜿蜒穿过你目所能及的整个宇宙。

谁能想到会是这样？

几分钟前（或几小时？）你还躺在沙滩上度假，而现在整个可见的宇宙展现在你的意识里。你已经来到这样一个观察点，从这里看去，宇宙中一个个闪亮的小点已不再是单独的恒星，而是星系群，每个群又含有上千个星系，每个星系又含有数亿或数十亿颗恒星，银河

① 在他们之前就有人猜测过这种可能性，其中最早的似乎是 18 世纪英国天文学家、数学家托马斯 · 莱特（Thomas Wright），几年之后，德国哲学家伊曼努尔 · 康德还详述过他的观点。

系也只不过是这样的星系之一。

当你拥抱这整个画面、看着这些世界时，你不由自主地发现你现在再一次面对同样的困难：找出自己的家园所在的星系，就像刚才你要在银河系中找到太阳，或者从特拉法尔加广场上那堆沙中找出某一粒一样难。然而，你还是放任你的意识以你思想的速度自由飞行，看着星系们转动、起舞、飞旋，被撕裂，又撞到一起，你看到那些微小的星系消失，被它们巨大的邻居完全吞噬。

等等。

你不应为此担忧吗？

眨眼间，你又回到银河系附近。仙女座星系就在你的头上，体形巨大。会不会有一天，仙女座星系与银河系融合？两个星系显然绕着对方转动，但除此之外还有别的……仔细观察后你大吃一惊，因为你意识到仙女座星系与银河系的确正互相接近，而且速度高达惊人的每秒 100 千米，按这个速度，40 亿年后两个星系将撞在一起。

它们将在太阳爆炸前 10 亿年就融合到一起。

你痛苦地咽了口口水，想着怎么能够将人类从这个灾难中拯救出来，突然你意识到：星系太大了，其所含的恒星之间有着巨大的空隙，星系的碰撞很少会引起恒星之间的碰撞……风险当然总是存在，现在你也只能接受了。

在这个阶段，感受到哥白尼哲学抑郁是一种很正常的反应。你甚至宁愿自己依然生活在几千年前，那时的世界是平的，出于显而易见的原因，我们人类认为自己很特别，位于宇宙的中心。相信一切天体围绕我们旋转，天使们通过转动特殊钟表上的齿轮来控制着宇宙时间以及太阳星辰的移动。这是一种多么令人舒坦的想法！为什么那个15世纪的波兰数学家、天文学家哥白尼一定要毁灭这一切，宣称太阳并不绕着地球转动？为什么17世纪的数学家、天文学家伽利略要看到木星有着卫星，而这些卫星并不围绕地球旋转（它们甚至不能算绕着太阳旋转，因为它们轨道的真正中心是木星）？为什么奥匹克和哈勃要发现其他星系？为什么？他们是罪魁祸首！

除了他们作出了正确的观察这一事实之外，如果没有哥白尼、伽利略以及其他许多同他们一样的科学家们，人类将会灭亡，而且——可能更糟的是——我就无法写这本书。你也无法以意识进入我们的宇宙近邻，更不要说更远（那个旅程马上就要开始）。私下里说说，那些隐藏在宇宙深处的美景如果无人欣赏或探索或——更糟的是——只能留给其他智慧生物[①]从他们遥远的宇宙视角来欣赏，不是一种罪过吗？

既然我们已经提起这个话题，当你的意识已经适应了我们可见宇宙的巨大之后，面对的又一个问题是，还有其他生物存在吗？在黑暗的宇宙中闪亮着的那亿万个星群中，有没有类似比邻星那样的红矮星，同时又有自己的行星环绕？有没有一个世界被两颗太阳照耀着，上面有生物居住？会有另一个地球吗？

相信我们是这个巨大宇宙里的唯一总有些不太可能：“如果只有我们，这看起来就像空间的巨大浪费。”美国天文学家、宇宙学家卡尔·萨根（Carl Sagan）在1985年写道。然而，三十年后，地球人对此问题依然一无所知。外星生命的存在仍然是一个令人兴奋的可能

---

① 我的确在这里用了“其他智慧生物”。但英国理论物理学家、宇宙学家史蒂芬·霍金常常开玩笑说（或者他没在开玩笑？），就算在地球上我们依然在寻找智慧存在的证据。

性（当然，同时也是令人恐惧的），然而直到现在，一切还只是：可能性。在不久的将来，这个问题可能会有答案，因为我们的望远镜正在发现地球外越来越多的世界。而我，无论如何都很期待这个问题的答案。

即使在人类混乱的历史上最黑暗的日子里，也有些人勇敢地挑战宗教权威，坚信其他世界的存在。意大利天主教教士乔达诺 · 布鲁诺就是其中的一个，因为公开宣传这种异教思想，他在 1600 年的意大利罗马被活活烧死。他宣称“有无数太阳与无数的地球存在，这些地球围绕着各自的太阳旋转”。他因这些信念而痛苦地死去。

今天，在我看来，有更多人（甚至在最发达的国家），宁愿对科学已经揭示的事实视而不见、听而不闻，而我们所处的时代已经不再有宗教裁判所。类似地球的行星尚未被发现，但类似布鲁诺的人们却已经被定罪许多次，有些就在不久之前。

的确，人类很久以前就已知道木星或金星等行星的存在，但人类历史上第一次真正看到围绕着太阳以外恒星旋转的行星不过是在二十年前的 1995 年。两位瑞士天文学家米歇尔 · 麦耶（Michel Mayor）与戴狄尔 · 魁若兹（Didier Queloz）看到了一个巨大的世界，围绕着一颗距我们大约 60 光年的恒星旋转。

麦耶与魁若兹所发现的行星虽然已被证明无法居住，仅仅是因为它离恒星太近。但它真真切切是一颗行星。随后，每个月都有几个这样的世界被发现，后来人类发射了专为探测太阳系外行星设计的人造卫星。2009 年 NASA 发射的开普勒望远镜就是其中之一。到今天为止，已经有超过 6000 个潜在世界被我们探测到，其中约 2000 个已被证实是围绕遥远的太阳旋转的行星。有一些还是双星系统（行星绕着两颗太阳转)，未来肯定还有更多惊奇出现。为了与太阳系内如金星、木星及其他行星相区别,那些遥远的世界被称为“系外行星”。顺便说一句，那2000个已被证实的系外行星中大约有十来个可能与地球类似。其中甚至有一个，在2014年被证实与我们的地球具有令人吃惊的相似性（它的名字是开普勒186f)。

当然有可能这些都是无生命的世界，但它们也有可能会孕育生命。事实上，我愿意打赌地外生命存在的直接或间接迹象将在未来二十年左右被发现。或许来自这几个可能的世界，或许来自其他等待被发现的星球。探测那些遥远世界的大气中生物存在的迹象的技术已经快要出现。我们能生活在见证这种发现的时代难道不是一件幸事?

现在，所有探测到的系外行星都在银河系内，因此离地球还不算远。对于我们现在的望远镜来说，可能存在于其他星系里的行星实在太远了，现在还无法被看到，尽管那里可能存在着几千亿颗这样的星球。

仙女座星系就很有可能孕育生物，它是我们周围最大的星系，而且离得很近——当然这是在星系尺度上说，而不是人类尺度。如果现在从地球上拨出一个打往它1万亿颗恒星之一的电话，那么要在250万年后才能到达目的地。假如真的要建立联系，我们最好问一个聪明些的问题，并选用合适的语言。

第 8 章　宇宙尽头的第一道墙

我们的可见宇宙有多大？

如果你向着自己能够看到的方向直线飞行，直到尽头，会遇到什么？

它有没有尽头？

好吧，反正有人早晚会在你的意识回到肉身之后问你这个问题，你最好还是现在就搞明白答案。

你信心满满地随便挑了个方向，开始飞向你的目标。

当你开始飞离你家园所在的银河系，你马上就意识到原来银河系属于一个由 54 个不同星系通过引力相互纠缠而构成的一个小小星系群。科学家把这个星系群命名为“本星系群”。它的区域覆盖了宽度大约 840 万光年的球状区域。银河系是其中第二大的成员，大王是仙女座星系。

再外边就是另一个星系群的地盘了，有一些星系群可以有多达好几百个星系。这些巨大的星系集合，比我们的星系群大许多，称为“星系团”。再往前去，你遇到了巨大的星系团，被称为“超星系团”，它们含有几万个由无数恒星构成的闪亮漩涡或椭圆状圆盘，互相以引力束缚延伸到整个时空。

这些超星系团是一种大得无法想象的结构。

你已飞离了一切你熟悉的东西，从一个不同的尺度观察宇宙，你意识到，要比较这些结构，你需要再次缩小你的比例尺。你睁大自己意识里的双眼，回过身去，环顾四周，从所有可能的角度收集一切可以收集到的光线,寻找这一切的尽头。你无法区分上面和下面，左边和右边也没什么不同，现在你已离地球超过 10 亿光年，几万亿的闪光星系散布在难以置信的广袤黑暗之中。在你周围，远远近近，星系、星系群、星系团和超星系团被更大的空间分隔，那些空间甚至比你至今已经走过的所有距离都大。

银河系只是所有这些小点中的普通一个。这一切几乎已经到了你想象的极限，但你知道你所面对的并不是幻觉，而是人类已知的事实。

不管你看到的是真正的事实还是幻觉，关于拯救地球的想法现在看上去完全没有意义。为了什么？谁在乎？可以理解，放空一切让自己飘荡在这超越了美丽的真实之中变成了一个引人入胜的美梦。为什么不在这里度过余生？这是不是就是科学家们的生活？每天在自己的实验室里做白日梦？

在你正玩味着永远不再回到自己的日常生活中去这一想法时，突然一种奇怪的感觉抓住了你，给你的意识注入了新的能量：你现在所见到的一切，你所经过的一切，都是人类对于宇宙的想象。你所通过的宇宙是它在人类头脑中的图景，因此，这种巨大必然有着界限，至少受到了人类大脑的限制。不管这种想法听起来多么怪异，它都是一种安慰，让你知道自己还是人类的一员，一种可以将自己的思想投射到目之所及以及更远的地方的生物。你以狂喜的宇宙舞姿拥抱这次太空之旅，继续好奇：宇宙的尺度还能比这更大吗？你的意识还能拥抱更多东西吗？你发现自己最终还是想知道地球的终极命运。你的虚拟心脏为这再次升起的好奇心而激动，迫不及待地向前飞过亿万个星系。同人类在通常情况下一样，你很快就熟悉了我们宇宙之大，几秒钟前还是绝望，现在已变成高兴。

星系们在你眼前碰撞，此起彼伏，恒星们爆炸成为超新星，在一眨眼间亮度超过了它数十亿的兄弟恒星。在整个宇宙里，一切东西都绕着另一些东西旋转，你幸运地目睹这自然却又规模惊人的美丽演出。

一路向前，无暇回头，你已距离地球 100 亿光年。

你的意识接着向前方更远的地方飞去。

你已经到了离地球 110 亿光年处。

120 亿。

130 亿光年之外。还在飞。

你现在感到越来越兴奋，寻找着宇宙的边缘，依然什么都看不见，但你的意识放慢了一些，周围的星系变得不那么密集了，而构成它们的恒星好像更大一些。事实上，这令你吃惊。你看到有些恒星比今天的银河系恒星的平均大小大了几百倍，你放慢速度，接着前进，面前闪亮光源的数目明显变少了，当你到达离地球大约 135 亿光年的地方时，前面几乎已经没有光了。

你停了下来。是不是你已经到了你要找的地方？宇宙是不是真的有尽头？

你记得在与朋友们一起出发去小岛之前，你们喝酒聊天时好几次提到过这个问题，不过你从来没有真正思考过它。现在，你好奇自己是不是可以以地球为原点将宇宙的比例尺一直缩小下去，永远能够看到更远处的星系。

因为你所游历的是我们从地球上观察到的宇宙，让我这么说吧，我们的望远镜给了我们限制。有一种极限，限制着我们通过光线所能够、将会和可能看到的东西。你的意识还没到达这个限度，但已经很接近了。现在，它已经到了一个在时间与空间上都很遥远的地方，在那里，第一颗恒星都还没有诞生。因为这个原因，你所穿过的地点与时代被称为“宇宙黑暗世纪”。我们看到的从那里发出的光都已经在宇宙中走了135亿年。就是在那个时期,大概持续了8亿年，第一颗恒星开始将氢与氦这些小原子聚合成后来构成我们以及其他行星和恒星的重原子。这些是第一代恒星。而我们的太阳则是第二或第三代恒星。

你还在向前飞，期待着黑暗占据一切，突然，你来到了一个光穿不过的地方。

这是一道时间与空间的墙。

在这道墙后，宇宙并不是黑暗，而是不透明。你停在这道墙前，伸出你虚拟的手，轻柔地感触墙后的世界。

你那并不存在的肌肤上起了一身鸡皮疙瘩，你所触到的似乎是一种巨大的能量。这些能量如此密集，你忽然明白为什么光线无法透过，就像是在墙里点了一个火炬，虽然光线就在里面，但它被束缚其中，没有运动的自由。

你所到达的地方不是你想象力的产物，而是我们的望远镜所能看到的最远处。就是在这个空间与时间，我们的宇宙变得透明。更远的地方，更早的时间所发出的光不可能以直线到达地球。比这更远地方传来的光线无法被我们任何一台望远镜捕捉到。

理论物理学家们花了好几十年才了解这一点。总之，如你在下一部分中所见，他们想出了一个聪明的想法解释它，这个想法就是大爆炸理论。

现在，你只能接受这个现实，也就是你已到了我们可见宇宙的尽头。我们的望远镜已经探测到并且绘出了这道墙。这个尽头，这道光线无法透过的墙被称为“临界最后散射面”。

就在你开始意识到这一切听起来多么怪异和令人意外时，你发现周围的一切都消失了，自己依然躺在你那孤岛沙滩上，向上看着星空。星辰们依旧挂在天空里，树木大海也一样在那里。还有你的朋友们，他们正以一种奇怪的眼神看着你。

你坐起来告诉他们自己所经历的不同寻常的旅行。太阳正在死去——我们需要为此寻找对策——宇宙那么大，简直疯狂——还有那道墙！就在那里，那道标记着黑暗世纪及隐秘世界之界限的墙！

朋友们奇怪的眼神变成了担心。当他们扶你起来走回你的小屋时，你听到他们在猜测是不是烧烤用的虾不够新鲜，要不就是今晚的酒太烈了。

“听着，伙计们，”你试图坚持，“我不可能编出这些东西，你们知道的，对吗？”

在东方，几个小时后，正在升起的太阳发出的蓝光被地球大气中所含的尘埃来回反射、散射，将太空掩盖。你躺在床上，被鸟儿的晨鸣包围，睁开眼睛，你见到一个朋友站在你床边的剪影。显然，她一整夜都陪在你身边。看着窗外的蓝天，你怀疑，是否一切都是梦境？你的意识真的穿过广袤的空间去旅行了？

你的朋友递给你一杯水，询问你是否觉得好一些了，早晨清爽的微风正轻拂你的额头，你微笑起来，觉得无论真假，能够回到地球真好。

你笑得更深，因为内心深处，你知道自己经历了一个奇迹而不是一场梦，一切都是真实的，不用经过长年的学习和研究却能亲眼目睹这一切，真是三生有幸。缘于某种你尚不了解的原因，你的确看到了我们今天所了解的宇宙。

你的微笑让你的朋友放下心来，她站起来去给你拿早餐。她一离开，你就开始回忆自己经历的一切，而且觉得这只是一场非常奇特的探险的开端。

坐在由棕榈叶编成的床上，看着海浪冲刷着海岸，你想起了自己在太空见到的地球，一个微小的蓝色小点，围绕着太阳运行。你想起了其他恒星，几十亿颗，围绕着隐藏在银河系中心的那个黑洞旋转，这是我们的星系。然后你又记起了仙女座星系，以及其他四五十个构成了我们本星系群的星系们，接着你又想起了延伸到远处，直到无限甚至更远的其他星系群和星系团，以及超星系团。

不对。

不是无限。

而是宇宙黑暗世纪和那道墙。那个在它外面光线就无法自由传播的界限——临界最后散射面。

而且你还知道，不管你的意识朝着哪个方向开始你的旅程，最后都会碰到那道墙。

这听起来就像是在一个大得超过任何人想象的尺度上，有一个圆球，地球就处在这个圆球的中心，这个球体的表面就是那道墙。球体之内就是可能被人类所接触的可见宇宙的全部。

你沉浸在自己的思考里，茫然地注视着自己的前方——那道地平线。

如果临界最后散射面包围着地球，那地球就一定是那道墙所包围的球体的中心。

一切都合乎逻辑。

那么，地球就真的位于它可见宇宙的中心。

震惊之下，你难以相信自己，你摇摇头，喃喃地说这完全不对头。

完全不可能。

但是，你清晰地记得自己所见到的一切，突然，你希望自己可以再次回到上面仔细看一次。

很快，你就会再看一次，但是从另一个角度。

作为预告，让我先透露那个你所见到的墙，那个临界最后散射面，还不是故事的大结局。在它之外，至少还有两道墙。第一道被称为大爆炸本身，第二道藏着造成大爆炸的原因。

在你读完这本书前，你会一路旅行到第二道墙，甚至更远。

但现在，先慢慢来。

毕竟，你在度假，而你的朋友端来了你的早餐。

在你用餐时，我会帮助你整理一下你刚才的经历，试着让一切变得容易理解。

第二部分

理解
外部空间

第 1 章　定律与秩序

你尝试过跳下悬崖吗？或者从摩天大楼顶楼的一个窗户里跳下？

或许没有。

为什么？

因为你会死。

我也会，所有人都会。

那么，我们是怎么知道这一点的呢？

答案既简单又神秘深奥。其中包含了人类之所以能征服地球和一小部分天空的原因，也包含了我们为什么能在本书第一部分送你上天观看星星的原因。它与自然界及其定律有关。

不管我们有多少知识，在学校时是否喜欢科学，是否是科学家，如果我们仔细考察内心，我们都有这样一个直觉，认为自然界是有规律的，而且这些规律无法打破。任何人从太高的地方跳下都会摔得血肉模糊、粉身碎骨，这就是其中的一条。

在将我们同狩猎采集为生的祖先们区分开来的几千年时间里，

有许多人不停地搜寻这些定律。他们也成功地找到了一些。今天，依然热情不减地继续这种搜寻并进一步揭开大自然秘密的学科被称为理论物理学，它就是那个对你打开大门迎接你入内旅行（并且永远处于建造之中）的王国。

英国天文学家、物理学家、数学家、自然哲学家艾萨克·牛顿创造了一种全新的语言——数学分析法（微积分）——使自己能够描述人类所感觉到的任何事物。我们可以说，这个王国是伴随着这个发明开始建造的。某人或某物如何跌下悬崖而非在空气中行走，就可以通过他的公式描述，只要有人知道这个跌落如何开始，牛顿的公式就能告诉你这个跌落将在哪里、以多快的速度结束。同样的公式还告诉你，在忽略了空气带来的摩擦力后，无论从悬崖上跌落的是人、海绵还是一块石头，都没什么差别。它还告诉我们月亮会在围绕地球运行的轨道上每隔近 28 天的时间转一圈，地球绕着太阳每年转一圈。这个独特的公式被称为牛顿的万有引力定律，因为这项成就，来自英国剑桥大学的牛顿在今天依然被认为是历史上最伟大的学者之一。

你不需要成为科学家就能猜到发现这样的定律一定感觉很妙，牛顿也一定对自己的发现欣喜万分。奇怪的是，他没有夜夜笙歌地庆祝这一发现（换作我，一定是这样），而是要确认自己没有搞错。因此他首先检查自己的引力公式是不是真当得起“万有”这一称谓。尺度才是关键，如同你在本书第一部分中已经感受到的，与宇宙相比，地球再怎么看都实在微不足道。在一个微小尘埃上正确的规律或许未必在整个星系的尺度上依然正确。

在地球上，在牛顿生活的年代，没有任何实验可以证伪他的公式，哪怕提出怀疑。例如，射出去的箭，永远落在它应该落的地方。如果有人能够抛起大山，它也一样会遵循牛顿的公式。

那么，那些更大的东西呢？那些引力比我们所在星球更强的地方呢？要回答这些问题，我们必须放眼地球之外。既然你已经周游了附近的宇宙，你知道，明显最方便开始检验的地方也就是最明亮的地方：太阳。

第 2 章　讨厌的石头

我们恒星的表面重力（那个往下拉住你并让你留在星球表面的力）大约比地球上强 28 倍，但太阳还不是你在本书第一部分周游外部空间时遇到的引力最强的天体。黑洞，就是一个强大得多的引力提供者。但是，太阳至少比地球强一个数量级，而且与黑洞相比，观察和试验起来也容易得多。那么，牛顿的公式在我们的恒星周围与在行星周围一样好用吗？我们应该如何检验？

你已经知道，太阳系里有八大行星，从远到近，它们是海王星、天王星、土星、木星、火星、地球、金星。或许我们可以仔细看看它们如何在空间里运行，检查太阳是不是以牛顿公式所描述的那样把它们拖向自己。感谢那些放弃了自己家庭生活与夜生活而坚持观察星星的天文学家们，即便在牛顿时代，人类也已经有了对某些这样的轨道的精确描述。[①] 答案几乎过于完美：如果考虑到行星们互相之间的引力作用，所有上述行星 [②] 都严格按照牛顿的公式运行。真是个好消息……这个公式真的是万有的，宇宙普遍适用。牛顿的妈妈

① 天王星与海王星是后来才被发现的，而且实际上还是牛顿的公式帮助发现了它们。

② 包括天王星与海王星。

一定对此感到自豪。

但是，等等。那些眼神好的读者无疑已经注意到上面的单子里少了一颗行星。我们只提了太阳系里八大行星中的七个。我们漏掉了一个。离太阳最近，受到太阳引力作用最强的那个：水星。

在水星这里，出了一点点问题。一点点不符。不大。差别实在很小，肯定，这没什么大不了。实际上，这点误差很重要。牛顿的工作完成后又过了几百年，这一点点误差改变了人类对于空间以及时间和与之相关的一切事物的认知。

水星看起来很普通，只比我们的月亮大了一点点，是太阳系八大行星中最小的一个。它是岩石质地，表面满是陨石坑，相当长的时间内都不会消失。水星没有大气层，因此也就没有气候变化来抹平它不规则的形状和伤痕。总之，水星不会是一个可能被选作度假目的地的行星。它自转一周需要 59 个地球日，也就是说水星上的一个夜晚相当于地球上的一个月，紧接着是同样漫长的白昼。水星上的白昼与黑夜都同地狱一般残酷，白天的温度可以高达 430° C，到了晚上，又低到 −180° C。牛顿不知道这些细节，他也不可能猜到水星世界如此糟糕。但今天，我们知道了这些事实，我们还知道了按照牛顿公式计算出来的所有围绕太阳公转的行星轨道看上去都像一个略微压扁的圆形。我刚才已经说过，对于所有其他行星，牛顿的计算在当时（也包括现在）都与观察结果完美吻合。如果那些行星转动时可以在身后留下印迹，所有的行星都会在天空里画出一个鸡蛋的外形，一个被压扁的圆环，一条年复一年不断重复的轨迹，就如牛顿所预言的。但水星例外。水星那个鸡蛋状的轨道自己会旋转，因此水星每次画出的轨迹并不与上次重合。这几乎都是其他行星造成的——每次靠近时它们都将这微小的水星拉向自己——牛顿就已经考虑到这种影响。然而，“几乎都是”不是“全是”。虽然误差很微小，但确实存在。想象一下手表上一秒钟的角度差距（我指的是老式的，有一根长针、一根短针的那种手表），然后再把那个角度除以 500。现在你得到的就是水星实际轨道与牛顿的计算在一个世纪后产生的角度误差。

科学家们不用等个几十万年就发现了这么微小的误差，这本身就令人难以置信，但事实如此。更糟糕的是，我们知道牛顿的公式无法预言这种误差，更不要说解释这种误差了，因为这种误差来自牛顿不可能想象得到的引力的某种特质。

牛顿的公式给物体如何互相吸引定了量，但它没有解释引力到底是什么东西。可怜的牛顿（以及许多别的科学家们）花了自己生命中相当多的时间试图理解引力来自何处。物体之间互相吸引是来自物质本身的某种特性吗？那么是不是宇宙中所有的物体都互相联系？如果是的话，这种联系是通过什么建立的？我们从来没有在我们的脚与地面，或者月亮与地球之间检测到可见或不可见的弹力绳。那么是磁力联系吗？但我们脚底没有磁铁，而且我们的身体是电中性的，所以引力肯定不会是电磁力。那么，引力是什么？为什么那个固执的水星，最小的行星，一定要与众不同？

牛顿终于迎来了自己生命的最后一刻，去世了。那一年是1727年，他依然没有找到解释。188 年过去了，有个人突然提出了一个很奇怪的新想法。

第3章　1915年

物理学研究的一个优点就是，当观察与理论不符时，大多数时候我们首先觉得肯定是观察的错。然后我们试图重复实验，如果实验不为所动地重复给出错误答案，我们就会查查看，有没有某个不知名的人，曾经碰巧利用另一种理论预见过这种结果。如果答案还是否定的，基本上我们可以认为对于自然界的这种行为我们目前没有任何解释。最保险的办法就是尝试一切可能。显然，这个“一切可能”包含最疯狂的想法，我不得不承认，这是一件很好玩的事。我们在后面会看到，我们提出了各种现代理论来解释我们的宇宙如何诞生，这些理论完全可以与最佳科幻小说媲美（如同皇家天文学家、拉德罗男爵马丁·里斯所说，好的科幻小说胜过差的科学研究）。通常情况下，那些想法完全错误。但没有关系，重要的是探索，并看看结果如何。至今为止，这种方法的效果相当不错。

牛顿的公式已经使用了两百多年，没有任何问题，公平地说，水星的例子对大多数人的生活没有什么影响。但是，有一个科学家提出了一个完全疯狂的想法来解释引力。想象一下在太空里，有一个太阳，还有一个绕着它旋转的水星，不用管其他任何东西。整个宇宙里就这两样东西。一个小小的石头行星绕着巨大的发着光的太阳转动，其余就只剩下虚空。

现在，拿走水星。再拿走太阳。

(提醒一下：现在宇宙里什么都没有了。)

如果引力来自“什么也没有”,也就是说,来自宇宙的基本构造(不管所指何物)，会是什么情况?

如果的确如此的话会有什么后果?让我们先把太阳放回去想想。如果我们可以先假设宇宙的构造是可塑的，那么太阳对它最简单的影响就是让它弯曲。这是怎么样的情景?让我们想象一个很重的球被放在一张被拉紧了的橡皮膜上。橡皮膜会在球的周围向下弯曲。如果你在橡皮膜上涂上肥皂，任何在橡皮膜上行走的东西——比如说，一只蚂蚁——如果走到弯曲的部分，就会滑向那个球，向下滑。对于那只蚂蚁来说，这种效果就如同引力。

显然，如果恒星与行星都在一张涂满肥皂的橡皮膜上，我估计我们早就注意到了。因此，宇宙的构造不可能真是一张水平实在的橡皮膜。但是，它或许是一个三维，甚至四维的不可见的膜呢?先不管这充满空间的巨大的膜是用什么做的，为什么不能想象它会在其包含的物体周围弯曲呢?当然，不只是在一个平面上，而是在所有方向，就像一个浸在海洋里的球令周围的水弯曲。

仔细考虑一下这种想法，引力就仅仅是这种弯曲的结果，当一个人跌落时，并不是有一个往下拉的力让他跌落，而是他沿着宇宙构造中一个不可见的斜坡滑行而已(直到他撞到地上或其他类似地方阻止了他进一步跌落)。

一个疯狂的想法，是的，但是，无论如何，试试又有什么关系?

在这样的宇宙里物体是如何运动的呢?

对除了水星之外的所有行星，使用这种“弯曲”理论进行几何计算的结果与牛顿公式给出的完全相同。这让人既兴奋又放心。那水星怎么样?

那个想出这种疯狂的“弯曲”理论的人发现，在他的宇宙中，水星那被压扁的圆环轨道会绕着太阳转动。多快呢?大概是每100年转1秒钟角度的1/500。不可思议。牛顿死后150多年里，没有人能够解决的问题，他解决了。他是对的。突然之间，引力不再神秘了。引力原来是宇宙的构造被它所含的物体弯曲引起的。牛顿没有看到这些。在此之前，没有人看出来，直到今天，我们依然在试图了解这种看法带来的各种后果。

史蒂芬·霍金常常说:“我不会拿发现的快感与性快感比较，但它持续得更长。”看一眼这个解决水星问题的人的照片，你就会同意霍金的话。

他的名字叫阿尔伯特·爱因斯坦，我们刚才介绍的理论——那个将物质与宇宙的局部几何性质联系起来并用以解释引力本质的理论，称为广义相对论。

此理论首次发表于 1915 年，一百多年以前。科学家们花了一些时间才意识到爱因斯坦捎带着改变了我们对所有事物的看法。与在他之前的人们所相信的相反，他发现了我们的宇宙不仅可能有形状，而且这个形状还是动态的，也就是说会随着时间而变化。当恒星、行星以及其他一切东西运动时，它们在我们宇宙构造中造成的弯曲也随之改变。适用于这些物体周围的规律同样适用于整个宇宙。换句话说，虽然爱因斯坦自己并不相信，但他发现了我们的宇宙会随时间而变化，它有未来。如果某个东西有未来，它就应该有过去，有历史，甚至有开端。

在爱因斯坦之前，根据牛顿看来，我们的宇宙一直“如此”。现在我们知道它并非如此，至少不是如我们所经历的方式。我们已经知道这个事实一百年了。所以，就从知识上来说，我们生活于其中的宇宙，我们的宇宙，才一百岁。

第 4 章　过往层层

本书第一部分中，你在已知宇宙中的游历，就像是在你那小岛上绕着树林散步并惊叹树木的美丽。散步结束后，你肯定会回到小屋，邀请你的朋友小酌并告诉他们外面风景多么美丽，海风多么清新。而你的朋友也有足够的理由问你为什么这里长着这么多树，它们的叶子为什么是绿色的，以及为什么这些植物长成现在的样子……

如果宇宙就是我们的树林，我们需要了解些什么？除了质疑你吃进去的虾的新鲜程度，你那些朋友又应该对大场景提出哪些问题？除了看看，还能理解到什么？还有就是，严肃地说，你是不是真的有可能像这样出去旅行？

最后一个问题的答案很简单：如果是你的身体，或者是乘坐宇宙飞船，答案是否定的。就我们所了解——至今为止——除了你的意识之外，没有任何其他方式或物体可能这样在空间与时间中穿行。没有任何带有信息的东西可以以比光速更快的速度旅行。所以，你的意识在第一部分里所做的是飞过一个按照今天所知道的宇宙做出的三维冻结图画，一个依据地球上建的所有望远镜拍到的所有照片拼接而成的宇宙再现模型。你或许会反驳说你看到物体在运动，不是一个静止的画面……没错。让我修正一下，这是一个“几乎”冻结的画面。那，我们可以从中推断出什么？是不是有某种定律可以决定所有东西的演化？

你以意识进行旅行之后的第二天早晨，在你那位彻夜照顾你的朋友离开小屋替你取早餐的时候，你的直觉告诉你她就在外面某个地方，虽然你看不到她，对不对？你没有想象她忽然化成一团烟雾穿越到过去去猎杀恐龙，割下恐龙的一条腿来做早餐，再带回来给你吃。我同意，那样的确很酷，但依据跳下悬崖或窗户不是一个好主意的同样理由，你的想象不会发生。为什么这不会发生的根本理由很难在此阐述或证明，但我们必须在试图揭开我们宇宙谜团的过程中假定一些事情。而这正好就是我们要作的第一个假定，或者“基本原理”：为了了解大自然，我们必须超越我们的感官告诉我们的感知，而为了实现这一点，我们必须假定，在相似条件下，大自然在任何时间与空间都遵循同样的定律——无论在此处还是彼处，在现在还是过去或未来，在我们看到的时候还是没看到的时候。我们把这个称为**宇宙学第一原理**。我用了粗体字，因为它很重要。如果没有这个假定，我们就完全丧失了推理能力，无法对于我们没有看到的地方、离我们太远的地方或过去的事情作出任何猜测，你的朋友说不定就真的进行时光旅行猎杀恐龙去了。

事实上，有很多东西暗示这个第一原理是正确的，至少在我们通过望远镜所能看到的宇宙中是正确的。

以太阳为例。

我们知道太阳会释放什么微粒、以什么频率发光和释放什么样的能量。我们在它们从太阳表面飞出到达地球时探测到它们。那么其他更远的恒星呢？它们是依照同样的核聚变反应发光，还是有着完全不同的机制？它们是像点燃的木块似的燃烧火团，还是像太阳一样的等离子体？我们没有很多工具帮助我们回答这些问题。我们只有一个：光。从这些恒星发出的光。恒星们的许多秘密被写在里面，其中我们已经解开的一个秘密就是物理学的定律在各处都适用。因为光是我们了解宇宙的关键，让我们先看看光到底是什么。

光，别名电磁辐射，可被认为既是微粒（光子），又是波。你在后面将会看到，两种描述不仅都适用于描述宇宙，而且要了解我们的世界，两种描述缺一不可。在这里，我们暂时只把它看作波就够了。

要描述海洋里的波浪，你需要说明两点：它们的高度以及相邻两个波峰之间的距离。高度在描述中的重要性不言而喻：面对离你越来越近的50米高的巨浪，或2毫米高的小浪，如果你足够聪明的话，会作出完全不同的反应。对于光波，道理也是一样：光波的高度代表着我们所称的强度。

现在让我们再来看看波峰之间的距离。同样，海洋里相隔几百米的波浪与非常接近的波浪之间有着很大差别。这个距离有着很贴切的名字：波长。波长越长，在一个固定的时间段里到达的波浪数目就越少，这个数目又称为波的频率。直观地说，波长越短（频率越高），波所带的能量就越大，你可以让你朋友在一分钟里以每秒一次或每秒一百次的频率打你。或许你的朋友会选前者，因为他不想累死，但我想你最好还是不要这么要求。对于光，也是如此。波长越短，光线所带能量越高。

与我们祖先想象的不同，我们的眼睛是光的接受器，不是发射源。而且它们并不能够探测到所有种类、强度和波长的光线。如果光线太强，会伤害你的视网膜，几秒钟就能让你变盲。你直视太阳、激光或任何太强的光源，就会如此。我们仅能看见那些既不太强也不太弱的光线。

我们眼睛与光线波长相关的缺陷则更微妙一些。百万年来，我们的祖先（这里包括了远远还没有展现出作为人类的特质时就已存在的那些）在进化过程中，他们的感光器官适应于他们生存所最需要的光线。为了采摘果实，或者发现自己面前的剑齿虎，看清绿色、红色或黄色比看到掉落到远处黑洞里的恒星所发出的 X 光重要得多。因此我们的眼睛对于自己每天生活中必需的光线更为敏感。如果我们只能探测 X 光，估计早就在地球上灭绝了。

因此，与所有存在的自然光相比，我们的眼睛所能见到的只是很小一部分。但宇宙不管这些，照样发出各种光线。我们又给它们取了个贴切的名字，我们称能够被眼睛看到的光为“可见光”，我们还给它们分了组，取了各自的名字：颜色。区分两种颜色的标准通常比较随意，但的确存在着一种严格的数学定义，基于距离，也就是它们波长的定义。

有些动物的眼睛进化得略有不同，有一些动物能够看到的光线比人类所能看到的略多。[①] 例如，蛇可以看到红外线，而一些鸟类能看到紫外线，两者都在人类可见光范围之外。但没有一种动物具有能够看到一切光线的器官。只有我们。而且我们在这方面做得相当出色。

包围着我们的各种光线，从最低到最高能量依次是：无线电波、

① 事实上，最近的研究显示，我们的眼睛可以感受到一些（通常情况下不可见的）红外线。我们的大脑如何处理这些信号尚不清楚。

微波、红外线、可见光、紫外线、X 光和伽玛射线。无线电波有着很长的波长，波峰之间距离可从 1 米到 10 万千米或更长，而伽玛射线，其波长短于 1 毫米的 $1/10^9$——但它们都是光线。我们建造的所有望远镜都是为了捕捉它们，无论它们来自何处，强度如何，我们能通过各种技术从各个不同窗口观察宇宙。当你观看天空时，无论是肉眼还是使用某种望远镜，你都能捕捉到并处理从外太空某个遥远的光源所发出的光波。我先前已经说过，你在本书第一部分所访问的是以我们所拍摄到的所有照片构建的一个三维模型。但那时你可能还没有注意到，虽然它首先是一个穿越空间的旅行，但因为光线的传播也需要时间，不是即刻到达，因此你的旅程同时也是时间上的穿越。

现在你那些小岛上的朋友或许会问一个有趣但沉重的问题：我们是不是都曾经在某个地方，比如晚饭桌上或别的场合，听到过某个人说起，我们在天空中所见到的星星实际上都已经死了？

是真的吗？那些恒星都已死去？

肯定不是。至少不是我们所看到的所有恒星都已死去。

让我们看看。

假设你有一位阿姨，那位喜欢在圣诞节送每个人一只丑陋的水晶花瓶作礼物的远亲，她住在悉尼。她多少有些老派，从不告知任何人自己的近况，只会在每年一月自己生日的那天，站在自家门前信箱边拍一张照片，随信寄出。在明信片的背后，她永远这样写：

今天是我生日，

祈愿听到您的声音，

爱你的阿姨。

又：希望你喜欢我送你的花瓶。

虽然每次你都提醒自己一定要记得她的生日，但问题是你总是忘记。等你收到明信片时，对她来说已经不是“今天”了，甚至一月都已经结束了。同往常一样，你希望她没有一直坐在电话边等到现在……

不管怎样，这个故事的要点是，现在你拿在手中的，她在寄出卡片前一分钟所拍的照片，未必反映了她现在的样子。她甚至可能已经死了，你无法知道，就如天上那些恒星一样。别担心，你的阿姨一切都好，你还能收到好几次花瓶，你也还可以作出几次努力让她使用电子邮件而不是明信片。那样肯定会快许多。但依然不会即刻，也不可能即刻。就算是电子邮件，你也只能在她发出后一秒不到的时间中收到。所以，依然有可能在你收到信息前，她就已经死去。

讨论这些的目的不是要将你变成偏执狂，觉得任何人（或任何事物）都已经死去。我们的目的是说明对于空间中所发生的事，最快的通信方式是利用光。而光，尽管很快，却也远远不是即刻到达。在外太空，光的传播速度超越一切，可以达到惊人的每秒299 792.458千米。在你读完这句话的时间里，光走过的距离可以绕地球26圈。它很快，是最快的旅行者，但与我们考虑的星系间距离相比，却显得慢得出奇。

任何恒星发光的时刻，它所发出的光线都带着自己的信息。这些信息以光速穿越空间，经过很多时间后才能被我们看到。这意味着我们在天空中看到的那些最远的恒星可能已经死了。但不是所有的恒星都死了。比如太阳就没死，或者更准确一点：此刻无人知晓，但在八分二十秒之前太阳还没死。

你在第一部分中已经看到，太阳发出的光线要花八分二十秒才能走完我们与它之间的1.5亿千米的距离。意味着如果太阳从现在起不再发光，我们也只有在八分二十秒之后才知道这个（相当大的）灾难。这还意味着，在地球上，你只能看见八分二十秒以前太阳的样子。永远不可能是当下的样子。在一个晴朗的白天闪耀的太阳事实上永远不会是你看到它时的样子。甚至它都不在你看到它在的地方。在它的光线到达你的皮肤所需要的八分二十秒时间里，太阳在它绕着银河系中心旋转的轨道上移动了大约117 300千米。

我们所探测到的最遥远星光在到达我们的望远镜的旅途上走了138亿年时间，出发于宇宙黑暗世纪，当宇宙开始变得透明之时。

100亿年是一个很长的时间，虽然它们发出的光到达你这里，让我们看得到它们，但那些发光的巨大恒星基本上已不会存活到现在。

位于从太阳到宇宙边缘之间的恒星也一样如此。

例如，在2014年1月24日，天文学家在夜空中看到位于遥远星系里的一颗恒星爆炸，他们看着爆炸发生，其光芒到达了他们所用的望远镜。在我们看来，这颗恒星死于2014年1月24日。但任何居住在它边上的人会在爆炸发生的彼处见证这一事件：1200万年以前。

从地球上研究宇宙，现代技术没留给我们多少选择：我们需要使用光。没有人能够旅行到宇宙的另一边。没有人能够心灵传送。最终，观察夜空就如同接收来自各处的明信片。大量明信片。发自我们宇宙历史上的各个时间与地点。将这么多明信片拼接起来，我们可以重建从地球上观察到的，你的宇宙的一小段历史。

你在本书第一部分中所旅行的就是宇宙的这样一个切片。

第 5 章　膨胀

重复一遍:我们对于遥远宇宙的一切了解,都来自我们见到的光。

要解开它所携带的信息,理解其背后所隐藏的秘密,我们就需要知道光究竟能够携带什么信息,以及它如何与它在太空旅途中遇到的物质及其基本构件——原子——相互作用。

在本书后一部分,你将进入原子,去看看我们所知道的一切物质的基本构件是什么样子的,但是现在,让我们把原子描述成一个球形的原子核,周围是绕着它转的电子就行了。这些电子不是随机散布的,而是分成电子层。

人们很容易把这幅图景想象成行星围绕恒星的旋转运动,但这是错误的——在英语里,明显是为了加以区分,电子绕着原子核旋转的轨道是 orbital,而非行星轨道的 orbit。

只要速度合适,理论上行星可以在任意距离的轨道上围绕其恒星运行,但对于电子来说基本上不是这样。与行星轨道相反,电子轨道被电子禁入区所分隔,在这些区域内电子无法存在。不过,电子可以轻易地——甚至是自发地——跨越这些禁入区,从一个轨道跳跃到另外一个轨道。

然而，电子实现跃迁并不是不付出代价的。

电子从一个轨道转换到另一个轨道，必须要么吸收能量，要么释放能量。

电子离原子核越远，所携带的能量就越高。因此当一个电子从离原子核较近的轨道跳跃到另一个较远的轨道时，它必须吸收一些能量，就像一只热气球必须加足火焰以供应更多热气才能升到天空更高的地方那样。相反，要移到离原子核更近的轨道，电子需要释放一些能量，就像热气球释放一些热气以便飞得离地面更近一些。

那么，这个能量从何而来呢?

它来自光，电子通过吸收或释放光来实现从一个轨道跳跃到另一个轨道。但并不是任何光都行。

电子需要吸收或释放特定数量的能量，也就是特定的光射线，才能够跨越电子禁入区，从一个轨道转换到另一个轨道。如果光的能量不够，那么电子就无法实现跃迁，只能待在原来的轨道。如果击中电子的光能量太强，电子就有可能跨越多个禁入区，甚至逃逸它们原本属于的原子。

人类在20世纪初终于认识到了这一点。

这个发现看似不具有开创性，其实不然。

爱因斯坦（他真的是无处不在）因为在研究不同金属原子时发现了这一点而获得了1921年诺贝尔物理学奖。[①]

① 金属只有在“恰当的”光的照射下才能够放出电子。这就是所谓的光电效应。爱因斯坦给出的解释涉及我刚刚向你描述的内容（电子只有通过爬上或爬下不同的能级，才能够从一个轨道转换到另外一个轨道），以及光可以被描述为类似粒子一样的小小的能量包。在本书后文中，你将了解到更多有关光的这方面的内容。写到这里，我再补充一句，诺贝尔奖原本应该至少再授予爱因斯坦两次的，但他只获得了这一次。

通过几十年对于所有能找到的原子种类进行实验（与思考），科学家们精确地了解了某种原子内电子从一个轨道跳跃到另一个轨道所需要的能量值。这对我们来说真的是非常非常幸运，因为不同的能量值对应不同的光源，并且利用望远镜，我们自然能够获得来自任何地方的光。

根据这些知识，科学家们可以不用身临其境就推断出遥远的恒星或气态云甚至行星大气的成分。

他们是如何做到这些的呢？让我们来看看。

想象一个理想的光源，其向各个方向释放的光线中含有从最低能级的微波到最高能级的伽玛射线中所有的波长。这个光源产生了一个球状亮团。如果在离光源某个距离处存在着一个原子，它的电子笼罩在所有波长的光线之下，会疯狂地吸收它所能吸收的能量，从自己所在的轨道跳跃到一个更高能量的轨道上去。如果这种跳跃发生，这个电子就变得兴奋起来。

兴奋？

是的，在英语里“激发”与“兴奋”是同一个单词：excited。

电子就像是在派对中得到了糖果的小孩。要在事后找出孩子们喜欢哪些糖果并不难（只要看看还剩下些什么），同样的道理，你能找出那个原子都吸收了哪些波长的光，只要看看它的影子里少掉了哪些波长就行。那些没有被吸收的光线都顺利通过，你能够相当容易地检测出它们的特征波长。另一方面，在由各种颜色和其他光线组成的连续彩虹中有几小块颜色变暗，就对应了被原子吸收的波长。

这个图表被称为光谱，暗淡的部分被称为吸收线。

科学家们只需要看一眼光谱中缺少了哪些光的波长，就能够知道位于你与光源之间的是哪种原子。

这样，你就有了一种方法，通过光线来了解远处有什么物质，而无需亲临其境。

至今为止人类使用的所有望远镜都告诉我们，宇宙中所有的恒星的成分都与太阳，与地球乃至与我们相同。整个宇宙中，一切物质所含的原子与我们的一样。

如果不是这样，我们的望远镜会告诉我们。

统治大自然的定律因此可被认定在各处都成立。

这就是人人认可宇宙学第一原理的原因。

多么令人放心！

事实上，这是一个很好的消息，我们可以再看一眼远处的星系，了解它们由什么构成。漂亮吗？它们那些美丽的光谱，充满了缺失的线条，对应着氢、氦，以及……

现在，等一下。

等等。

有些地方不对……

仔细检查一下光谱，发现从远处恒星过来的光谱中的确缺失了线条，但它们不在原本应该在的位置……

地球上某些化学元素吸收蓝光激发它们的电子，同样的元素在遥远的星系里，吸收的光线稍微偏绿色一些。

而地球上喜欢黄色的原子在宇宙的其他地方似乎更爱稍带些橙

色的光。

这里喜欢橙色的，在那里却喜欢红色的。

为什么？怎么可能这样？

在太空里颜色移动了吗？

还是我们搞错了？

你又看了一遍。这次是另一个遥远的光源。没错，所有的颜色都往红色那边移动。

而且更糟的是，光源离我们越远，它们颜色的偏移就越明显……

该死！原先想得多好！

到底发生了什么？

是不是大自然的定律在宇宙的不同地方终究还是不同的？如果你能在一个类似地球的行星上漫步，而且这颗行星围绕着的恒星也与太阳相似，只是位于 10 亿光年之外，那里的天空、海洋和蓝宝石是不是绿色的？那里的植物和祖母绿是黄色的，柠檬却是红色的？

不是。

如果你真的旅行到了那里，你会发现那个地球上的景象与我们这里一样，也是一个柠檬是黄色天空是蓝色的世界。我们所观察到的颜色移位不是因为那里的自然定律与我们的不同。真正的原因比这个怀疑更深刻。它甚至改变了整个人类两千多年以来的信念。

你给吉他调过音吗？或者其他弦乐器？你有没有注意到当人们转动调音旋钮时，弦上发出的声音会变化？弦绷得越紧，音调越高，对不对？

你刚才在天空中见到的与调音是同一种现象，只是用光线代替了声音，而音弦也不再是音弦。在太空里，光线并不通过音弦传播，而是通过宇宙构造本身。为了解释你观察到的颜色移动，我们必须考虑宇宙的构造。

为什么？

因为以完全相同的方式影响所有颜色的光线，估计不是光本身的问题，而是它赖以传播的介质。

用调音旋钮拉紧音弦能让它发出声音的音调移向“更高”，这不是因为某一个声音本身发生了变化，而是因为音弦被拉紧了，而且这种效应对于所有泛音都有同样的作用。

现在，想象你能将我们宇宙的构造像吉他弦一样拉紧，每拉紧一些就会让在其中传播的光的波长立刻变“高”。为什么？因为光可以被认为是一种波，拉紧能够增加连续两个波峰之间的距离，也就是波长。蓝色变成绿色，绿色变成黄色，黄色变成红色，依此类推。

在光谱中，这意味着宇宙远处所产生的颜色往红色方向移动，它们被“红移”了。

如果宇宙的构造不是被拉紧一次，而是因某种原因永远处于连续稳定的拉紧状态中，那么光线传播得越远，它到达地球时红移得就越厉害。从很远的地方传来的光线，蓝色会渐渐变成绿色，然后又渐渐变成黄色，再变成红色，再后面变成不可见的红外线和微波……通过从远处恒星所发的光在地球上看到的颜色与它们自己原先真正颜色的差别，你可以据此算出该恒星到地球的距离。

但这是事实吗？宇宙的构造的确有如此性质吗？

是的。你在天空中看到的就是这样的。

那么实际上这意味着什么呢？

这意味着远处星系与我们之间的距离正在变大，一直如此。这意味着星系间的空间在拉伸，也就是变大，自发的。这意味着我们的宇宙随着时间流逝发生着变化。

有无数实验证实了这个结论，科学家们已经习惯于接受这个观念。我们的确生活在一个生长并变化着的宇宙之中。

但是爱因斯坦并不喜欢这个结论，一个世纪前，没有谁喜欢这个结论。我们的祖先，无论他是不是科学家，一直坚信宇宙是不变的，但他们显然弄错了。

明确地说，不是说星系在离我们远去。而是那些本就离我们很远的恒星和星系与我们之间的距离在变大。是星系间虚空的空间本身在变大。科学家们给这个现象起了更专门的名词，他们称其为“宇宙膨胀”。可能与有些人的想象不同，这并不是说宇宙要变成某种形状，而是指它从内部不停地向外膨胀和生长。

在急于下结论并好奇是什么造成了这种膨胀之前，你或许还想再确认一下。想象一下你非常富有（比如说，银行存款有 1000 亿美元），你又有一百个朋友。出于对宇宙的好奇，你给了他们每人 10 亿美元建造最现代化的望远镜，然后礼貌地要求他们到地球各地旅行，并且收集来自遥远星系的各种星光。

几个月后，你请他们回到你自己的豪宅报告他们的发现。大概有一半是你真正的朋友，应邀出现（你已经可以庆幸了），另外一半觉得还是自己保留那些钱更好。但这无所谓，因为他们所有的故事都一模一样。不管他们去了哪里，中国、澳大利亚、欧洲、太平洋中间或者南极大陆，所有回来见你的人看到的都是同样的现象：他们头顶上遥远的地方，那些星系发来的光都有奇怪的颜色移动。它们都在退却。星系越远，逃跑得越快，意味着宇宙的膨胀是一个已被观察到的事实。

我们从中可以得到什么信息？

当你仔细想想，内心一定会出现一种奇怪的感觉。

首先这个奇怪的可见宇宙是一个球形，而且你就处在中心，现在，又有了这个……

可能吗？你轻声问。

如果所有东西、任何地方都离地球远去，这是否意味着地球上的每个母亲都有足够的理由相信自己的孩子就是宇宙中心？

虽然听起来难以置信，但看来的确如此。

真是一个好消息，一个令人高兴的日子。

你读到此处，如果你身边恰好有朋友，或许你们可以开瓶香槟庆祝一下。我们终究还是特别的，尤其是你。

最后，我们还是胜利了。哥白尼是错的。他应该听他母亲的话。母亲永远是对的。

但是，等等，等等……

那些在遥远星系遥远行星上的母亲怎么看？

如果她们的确存在，并且有与我们的母亲一样的看法，她们对自己孩子的观感是否就错了？

或者，这是不是证明了其他地方没有母亲？肯定不是。

不管你看到什么，那位叫哥白尼的波兰天文学家在400年前就指出我们不是太阳系的中心。即便不是所有科学家，至少大多数今天的科学家都认为与宇宙中其他位置相比，我们所处的位置没有任何特别。虽然很奇怪，但这并不改变我们处在我们可见宇宙中心的事实。我们的确在。但任何其他地方也是一样。任何地方都是当地可见宇宙的中心。

这个强烈的信念让科学家们提出了另两条宇宙学原理[①]：要猜想离地球很远很远的地方所发生的事情，人类必须假定宇宙中没有一个特别的位置——这就是**宇宙学第二原理**。如果某个观察者在宇宙各处观察，对于他来说，任何方向看出去都是一样的。远处的星系总是远离他所在的观察点，同那些星系远离地球一样——这是**宇宙学第三原理**。

如果你在你的朋友们放弃对香槟的奢望之前仔细想想，会觉得宇宙学第三原理听起来明显是错的。

显然这个世界在现在的你（读这本书时）与在洗淋浴（假设你没有一边洗淋浴一边读这本书）时的你眼中是不同的。所以需要明确一点：宇宙学第三原理不是用在你附近的事物上的。它管的是大场面。它适用的尺度比星系都要大得多得多。它说的是，在极大的尺度上，宇宙无论从哪个方向看都是一样的。

听起来依然还是错的，对不对？你在第一部分中不是已经游历过宇宙了吗？你是不是看到在遥远的地方所见到的宇宙与在地球上所见的不同？你甚至到了一个有着几千光年厚度的空间，里面没有星光，被称为宇宙黑暗世纪。怎么可能从地球上看出去的宇宙与从那个没有任何星光的地方看出去的宇宙一样呢？

---

① 还记得宇宙学第一原理吗？自然法则——不管什么法则——处处相同。

现在你需要明白我在本书第一部分所说的，你并没有游历宇宙本身，而是游历了“从地球上看到的宇宙”所代表的真正含义。这两者不是同一件事。记住，那个出现在夜空里的宇宙，并不是我们现在的宇宙。它代表的是宇宙的一个历史片断，以地球为中心的片断，因为我们在地球上观察。我们每天收到来自宇宙各处的图像明信片。依据宇宙学第三原理，生活在遥远世界的外星人看到的宇宙与我们看到的完全相似。当然，细节不同，但在大尺度上是一样的。他们也一样被从他们的历史所传向他们的信息总和所包围，他们在他们的夜空中见到的是我们共同宇宙的另一个历史片断。他们也会有他们的宇宙黑暗世纪和他们的临界最后散射面。他们都有，虽然他们的片断与我们的没有交集。

最后，要了解我们的宇宙，要看到它的整体，就需要把宇宙中每个点，每个过去的历史片断都加起来。当然，相近的两个地方的历史有很大重合，但相隔着巨大空间距离的两处可能在历史上完全没有交集。然而，它们依然被认为是相同的，这就是宇宙学第三原理在实际中的应用。关于这一点，将来你会听到更多。

另外，这也意味着你在你的宇宙中虽然并未处在某个特殊的地方，你依然是——如同你母亲一直认为的——“你的”可见宇宙的中心。

如果你觉得自己早就知道，就再次让快乐流过你的身体和心头。这可是个好消息。

我再说一遍：你是你的宇宙的中心。

现在，让你感觉没那么舒服的，是这同样适用于你的邻居：他/她也是他/她自己可见宇宙的中心。

其他每个人都如此。

其他每样东西也如此。

我们、万事万物都在自己宇宙的中心，那个可通过光来观察的宇宙的中心。只有在某些非常特殊的条件下两个人的可见宇宙会完全重合，我请你们自己找出在什么时候、在什么条件下才能如此。

说了上面一大堆以后，让我们再来看看那个拉紧的宇宙的膨胀。

这是真实的吗?

是的。远处星系之间的距离的确一直在变大。邻近天体之间却没有这种现象，因为引力在短距离内足够强大。星系产生的万有引力抵消了这种膨胀，无论是在它们边界的内部（比如太阳和邻近恒星之间的距离不会扩大），还是在边界的周围（邻近星系事实上一直在逐渐靠近）。但在大距离上，膨胀无处不在。

发现宇宙膨胀的是美国天文学家埃德温 · 哈勃，他是在 1929 年发现的，因此描述远处的星系越走越远这一行为的定律被命名为哈勃定律。因为这个发现，哈勃很恰当地被视为现代观察宇宙学之父。他还是那个与奥匹克一同证实了银河系并不是宇宙的全部，银河系之外还存在着其他星系的科学家。如果在今天，这两个发现都足以令他获得诺贝尔奖。可惜依据当时的物理学界与诺贝尔奖委员会的看法，观察星星并且解释它们的行为并不被认为是物理学的一部分。结果就是哈勃与诺贝尔奖失之交臂。在他去世后，规则改变了，许多后来的观察宇宙学家都获得了诺贝尔奖。在本书中，你将遇到他们中的一些。

现在，你将知道哈勃膨胀定律带来的一个非凡后果，你的第一个震惊可能是有些时候科学家们所表现出来的智商。经过许多思考，以及喝了大概比思考时间多了两倍的咖啡之后，科学家们想起了一件事：如果现在我们的宇宙中所有遥远的东西都在离我们而去，那么现在离我们很远的东西在过去应该会靠近一些。

哇！

这就是突破。

或许有一天你也可以自己试试这种推理，能给你带来很大的满足感。

事实上，虽然看起来没什么大不了，但这的确揭开了一个大秘密。

我前面说过，爱因斯坦拒绝接受它。

为什么？

遥远的星系正在离开，或者说，过去它们曾经很近又有什么大不了的？

记住：哈勃那个基于观察得出的定律说的是星系之间的距离自己在膨胀，而不只是星系彼此在移开。

换一种说法，就是宇宙本身的构造在膨胀。

这个想法的最终结论是，整个宇宙在过去比现在要小。

怎么可能是这样？

谁能证明？

可以证明的。通过对远处的观察。过去就躺在那里，等着我们接收它所发的信息。你在我们可见宇宙的尽头看到的那道墙就是这个结论明白无误（虽然是黑暗的）的证明，等你读到后面的章节，你就会明白。不过在此之前，你需要再次进入外太空，更深刻地体验一下引力。

第 6 章　感受引力

驾驭我们宇宙的一共有四种基本作用力，其中引力大概是我们最常意识到的一种。[1] 每次摔倒，每次利用腿部肌肉推动自己站立，每次抬起重物，你都会被提醒引力的存在。

所有一切都受到引力影响。

但所有一切也都创造引力，包括你，包括你那悉尼的阿姨每次圣诞送你的水晶花瓶。

正好说到花瓶，想象一下在小岛上的你身边恰好有一只她送你的花瓶。

看看它。

现在让它掉落在一个坚硬的表面上。

它落下去，成为碎片。

你可以想象让你收藏的那些花瓶全部落下，在地球上你能想到的各个地方。

真奇怪，它们总是会落下。打碎。不管在哪里。

① 从第三部分开始，你会熟悉其他三种作用力。这里只是稍微提一下，它们的存在让你能够站起走动而不用害怕穿过地板掉下去。

好。

这个实验不仅处理了你的那些花瓶，还证明了一件事：只要比空气密度大，任何在地球上投下的物体都会落下，牛顿（以及任何头脑正常的人）从一开始就知道这件事。

那么比空气轻[1]的东西呢？为什么气球可以升上天空而不落下？它们没有感受到地球引力吗？

它们的确感受到地球引力，但是它们有竞争对手存在。

当物体被地球往下拖拽时，密度越高的往往会处于越下面的位置。如果比空气轻的物体看上去在往上飞，那是因为它们上面的空气密度比它们高，所以要下来占据它们的位置。如果我们能够看见空气，你就能直观地看到这一现象，可惜你看不见空气，只能看到整个过程的结果：轻于空气的物体被往上推，因为看不见的空气堆积到了它们的下面。引力永远是互相吸引的，它永远让物体掉落，但竞争产生了层次，某些物体不得不往上走，以腾出空间容纳比自己更重的物体。

明白这些以后，我们可以把地球想象成一个巨大的球体，因为它在自己周围的宇宙构造中产生了陡峭的弧度，所以许多东西粘在了它的表面。你所见到的一切物体都会顺着斜坡滑下，你自己也顺着斜坡滑下，直到地板或者其他什么东西——比你密度更高的东西出现在你下方，防止那些物体、你和其他一切东西进一步下滑。地壳上的岩石比水密度大，因此海洋位于海底坚硬的岩层之上。石头与水比空气密度大，因此大气层位于我们地球表面（岩石或水）之上。

① 在本章里“更轻”实际上指的是“密度更小”。

我们人类，生活在吸附于地球表面约100千米厚的大气层下。我们比空气密度大，我们不会飞起来。但我们比地面密度低，所以我们能够站在其上。有些时候，一些物体（或动物）能够离开地面，升入天空，但它们需要能量来支持这种行为，往往要不了多久就必须回到地面，除非它们比空气轻，我们从来没有见过比空气轻的动物，如果真有这样的动物，显然结局必然是不幸的。

那么要是没有地球，所有的一切又会掉到哪里去呢？

你那热带岛屿上现在正是星期日早晨，你的朋友们在你那次奇怪的意识旅行后天天给你带早餐，而且显然他们对你的故事表现出越来越强的好奇心。一些人甚至怀疑你是不是真的看到了你描述中的东西，其余人晚上睡不着觉，担心太阳的死亡。不幸的是，这些人想方设法要让你不再说下去。看上去他们的确找到了一个办法。

你睁开双眼。

空气里的尘埃在早晨的阳光里翻腾舞动，它们一定也感受到了引力，你正浮想联翩，有人来敲你的门。

“进来。”你一边说，一边从床上坐起身，期待着面带微笑的朋友或许会带来水果和咖啡。

门开了。是她。你那位住在悉尼的阿姨。

她身边还有三只大包，里面装满了水晶花瓶，虽然你一直认为不可能，但它们的确比你想在引力实验里打碎的那些还要丑陋许多。

她走进房间，一点也没有为你还躺在床上感到担忧，她走到你身旁，拍拍你的脸颊，递给你一只花瓶，静静地微笑着，脸上带着理解你的表情，知道没有语言能够准确地形容你见到她突然来访时的兴奋之情。

你手捧花瓶，闭起眼睛想要保持平静，内心突然绝望地想要飞去另一个地方。

幸运的是，当你再次睁开双眼时，发现你的确飞走了。

非常“另类”的地方。

外太空中。

小屋、阳光、你的床和阿姨，都不见了。

你又回到了恒星中间，如同在本书第一部分中一样，不过这次看起来要安全得多。

环顾四周，你禁不住微笑起来。

没有什么马上爆炸的迹象。

没有被熔化的地球。

所有的恒星都很远，一切都那么安静。你漂浮在充满微小亮点的无边黑暗之中，感觉很酷，虽然有一些怪异。

在本书第一部分中，你发现在太空里的只是自己的意识。除了被弹出黑洞的那一个瞬间，你感受不到任何力量。这次，你将经历一些不同的感觉，你没有把自己的身体留在岛上，而是在太空中，包裹着的宇航服材料给它提供了保护，你正体会着失重的感觉。

看上去一切都很真实，你甚至能感受到阵阵恶心，但很快你就克服了它。而且你还意识到，虽然很幸运，你的阿姨已不在你身边，但她给你的花瓶依然在你手中。

你带着嘲讽的微笑环顾四周，发现没有什么东西可以让你砸那只花瓶。没有地球，没有恒星。

你脸上露出坚毅的神情，决定再做一次引力实验。

你伸出双臂，放开手，放下花瓶，不管你怎么看，那只花瓶依然停在原地，纹丝不动。一分钟过去了，又一分钟过去了，很快，时间一分钟一分钟地流逝，什么都没发生。

或许这只花瓶还向你移动了一点，但没有多少距离。没到能够记录到的程度。

最后，你失去了盯着这只大花瓶看的兴趣，你用指尖推动它，看着它慢慢离你而去，沿着一条直线。可喜的摆脱。

如果你不推它，这只花瓶会一直陪伴着你。它不会掉落。无论如何，它又能掉到哪里去呢？周围没有行星与恒星，也就没有上下左右之分。一片虚空之中，所有方向都是等价的，没有一个花瓶可以飞向的地面，除非，你把自己看作地面。但那样太粗暴了吧，不是吗？好吧……谈论宇宙时，你不会过于在意自己。过了好长一段无所事事的时间，你果然看见那只花瓶在朝你飞来。真难看，即便隔着这么远。引力在起作用，你创造的引力。

你心底浮现出一个奇怪的问题：是这只花瓶飞向你，还是你飞向它？从你的角度看，也同样可以把花瓶看作地面，而你正向它掉去。不幸的是，你还来不及仔细想想这个问题，一颗小行星从你身边掠过，用它看不见的引力抓住你和那只已经很近了的花瓶。

如果有人问你，你或许会说因为你更重，会比花瓶更早落到小行星的地面上。然而，不对。事实并非如此。你和那只花瓶同时到达了那块表面满是尘土的石头上。当你的双脚接触到那软软的地面时，你立刻抓起那不成功的艺术品砸向小行星的地面。

不幸的是，那颗小行星的地面并不像地球的那么坚硬，花瓶没碎。相反，一片巨大的宇宙尘土被你扬起，包裹着你……满心不快，你举起花瓶用尽全力往外扔去，彻底摆脱它。这下，它回不来了，你这么认为，你透过尘埃云看着它消失在远方，放下心来，觉得它将永远在宇宙中孤独自转。

终于清静了！

你现在可以放松一下，欣赏欣赏不受干扰的美景，仔细想想那些从来没有人想过的引力实验。

正当你胡思乱想时，忽然注意到你所站立的这块石头不再直线前进，它的轨道突然变弯了，朝向一个黑暗冰冻的世界飞去，那是一颗没有恒星的游离行星，在虚空中游荡，怀着一个可能永远不会实现的希望——就是某天能够找到一个闪亮的新家。你的周围依然存在危险。只是你刚才没有发现。

有一个瞬间，当你的石头正往下向着那颗行星加速时，你的心提到了嗓子眼，几乎可以肯定，你将与行星正面碰撞，即将撞上那个冰冷而死寂的世界表面。你听说过，面对即刻到来的死亡之时，人们会记起早已忘记的记忆，或看见自己的一生在眼前展开。你好像没有经历这些，除了阿姨的脸，你什么都想不起，似乎将你这个身体所面临的必然死亡归咎于她和她的花瓶。

为了拯救自己，你拼命向下发力，跳离了小行星表面，刚完成这个动作，你就意识到两件事：一是与你想象的不同，你并不在一条撞击轨道上；第二，虽然你能跳离小行星，但却无法在太空中游泳。

就像星际过山车，你和你的石块速度越来越快，沿着行星在宇宙构造上产生的斜坡一路滑下。如同你预期的，你在离行星表面几千英里的地方与它擦肩而过，掠过它黑暗冰冷的地面，与你的石块一起再次飞向太空，但速度比下落时快了很多。你和你的小行星刚从那个行星世界偷了一些能量——动能，就像在迷你高尔夫球场上的一只高尔夫球，错过了那个调皮移动着的球洞，绕着它的边缘转了一下，却令人失望地从另一边转了出去。一个静止的球洞不会发生这样的行为，静止的世界也不行。但移动球洞可以，移动中的行星也一样。

几分钟后，那颗死亡行星已从远处消失，你又降落到你的小行星上。奇怪了，你意识到，它从来没有停止吸引你，而且更奇怪的是，你发现你们俩沿着非常相似的轨迹绕过了那个已经不见了的被遗忘的世界。

那个只有你重量 1/40 的花瓶沿着与你相同的轨迹掉落在小行星上虽然有些惊奇，但一座小山那么大的石头——小行星，居然也和你一样飞向行星实在令人难以接受。但这，却是活生生的事实。看起来所有物体无论质量有什么差别都以同样的方式掉向行星，或者掉向彼此。虽然听起来离奇，但太阳与羽毛都会以同样的方式掉向小行星、行星，或任何东西。之所以如此，因为受引力作用，就只是意味着沿着质量或能量在宇宙构造上产生的斜坡滑下而已。

我可以理解，你需要在你的石头上坐一会儿，让这种想法变得更实际一些。

你看着外太空。

头脑里一片混沌。

你依然不肯放弃，终于，你的坚持给你带来回报，突然间，你的头脑里浮现出一幅无比美丽的画面。

你开始看到到处存在的曲线：斜坡和山峰，分布在石头、远处的行星和恒星，甚至星系周围。从远处光源射来的明亮光线看上去也一样沿着这些斜坡滑行，留下短暂的荧光足迹，让你能够看见，让你看到宇宙画布的真正形状。你看到与你以前的想法不同，光在太空里也与物体和你自己一样，并不一直以直线前行。当它路过星系、恒星、行星，甚至一小块石头附近时，光线变弯了。物体密度越大，光线路径离它越近，弯曲程度就越明显。当星系、恒星、行星移动时，它们所引起的曲线和斜坡也一并移动，跟着它们一起互相舞动、融合。在我们的宇宙里，一切都在移动，所有地方，所有事物，包括宇宙构造本身。

你所看到的带有各种形状的宇宙构造本身，直到刚才对你一直保持着不可见的状态，而实际上现在显露真相，看起来就像生命体一样不停变化。

站在小行星上看着这一切的你，与现在正在读这本书的你一样，正沿着某条曲线下滑。在小行星上，那块石头产生了它，读这本书时，地球创造了它。在小行星上，这条曲线很柔和，你不需要太多能量就能飞离；在地球上，这条曲线要陡峭很多。

如果你现在没有往下掉的感觉，那是因为你的脚下有地面，或者你坐在椅子上，防止你往下滑落，当然你可能还是能感觉到自己的肩膀在往下掉，一直如此。然而，如果你是坐在一架自由下落的飞机上读这本书，那么你就真的是在沿着地球创造的曲线往下滑落。这种沿着时空构造的斜坡往下掉的运动是宇宙中所有物体自己及其周围所有运动中最自然的运动。

当你第一次推开那只丑陋的花瓶时，它慢慢地爬上因你的存在而引起的不可见斜坡，然后它又沿着同一个斜坡滑下，就像从地球表面向上抛出的物体向上移动时速度越来越小，而在向下时又开始加速。

想要离开地球表面进入太空，你向上扔出去的物体速度必须高于每小时 40 320 千米。慢于这个速度它就会掉回来。[1] 永远如此。

要逃脱你的引力（不是魅力）的束缚，需要有个最低速度，就如同你需要一个最低速度才能将小孩玩的弹珠滚过一个地面的高坎一样。

那次你没有将花瓶推得足够快，所以它又回到你的身边，因为你也弯曲了宇宙的构造。

后来，当你在飞速掠过行星时利用行星本身的运动加上一点点力后从它的边上绕道，从另一边飞速离去的时候，恰好在你自己不知情的情况下用到了宇宙火箭科学家们常用的技术，这一技术能将卫星送到太阳系中遥远的地方而无需耗费能源：他们让卫星以合适的角度与距离飞近行星，卫星就会被弹射加速进入到我们太空近邻的更远区域。

这些想法在你大脑中奔流，你明白了就是在地球上，一切东西也都沿着我们的星球所产生的斜坡一直下滑。因为这个原因，我们的星球有着不同的层次，从天空之顶到最里面的地心，最轻的粒子在上面，最致密的在最深处。其致密的内部完成整个平衡花了几十亿年时间。

---

① 从任何枪支中射出的子弹的速度都远远低于它，所以它们注定要回到地面，即便你是朝天发射。所以，不用尝试。这个 40320 千米 / 小时被称为地球逃逸速度。作为对比，太阳逃逸速度大约是 220 万千米 / 小时，而那个欧洲宇航局的空间探测器“菲莱”号在 2014 年登陆的像橡皮鸭形状的彗星的逃逸速度只有 5.4 千米 / 小时，只要轻轻一跳就能离开。

不知道你意识到没有，你已经完全不再把引力看作一种作用力了。现在，你把它看作是一幅由曲线、高峰和斜坡构成的风景。看起来这就是这次旅行带给你的收获。读到这里，你发现自己忽然又回到了小屋，躺在床上，面对你的阿姨——她看上去有些不知所措。

“我刚才有没有给过你花瓶？”她有些迷惑，看着你空空的双手。

“什么花瓶？”

“没什么，亲爱的，没什么。”

“但是……你来这里干什么？”你问道。

“你的朋友们给我打电话。他们说你有幻觉。关于引力的。等你到了我这年纪，就会发现这种力真是一个负担。但你还年轻，没必要为此操心。现在，看看我给你带来的花瓶，是不是很可爱？”

“没有什么吸引住你的力，只是斜坡。”你有些生气地说，默默诅咒自己那些讨厌的朋友。

“斜坡，是的，我知道。”她心不在焉地回答着，顺手打开那些花瓶的包装。

让你吃惊的是，她甚至反驳说，从向下的角度说，“力”还是“斜坡”或其他什么，从来没让她觉得有什么不同；当人掉落下去时往往喊的是“救命！我掉下去了”，而不是“救命！我被拉下去了”。你多蠢啊！会斤斤计较这些。

然后她就开始用她带来的十几只花瓶重新装饰你那至今为止还算有品位的度假小屋。你静静地看着她，思考自己的人生怎么会变成这样。

那个晚上，当终于找到一些能够独处的时间时，你逃离了相对文明的小屋，一个人来到沙滩散步，仰望星辰。你阿姨关于引力的评论让你心烦意乱，你想总结一下自己对于引力到底了解些什么。

宇宙构造本身有着斜坡。

所有东西都在任何方向上产生不可见的斜坡，我们称此为引力。物体越致密，其产生的斜坡就越陡。如果所有的大家伙们能让我们宇宙的构造变弯，光一定也能，因为能量就是质量，质量也就是能量，$E=mc^2$。

真的是这样吗?

真的一切东西都能让宇宙弯曲？包括光？那么宇宙的这种构造到底又是什么东西呢?

当你在你的小屋里，或者你曾经到过的所有地方，你感觉到过这种构造吗？你感觉到过墙面形成的斜坡吗？沙发呢？天花板？或者天空？或者从灯泡射出的光线？没有，你从来没有过。你只感受到我们整个地球形成的斜坡，那个让你的肌肉与骨骼在每个早晨起床之时与之争斗的斜坡。如果你是水，你将会被压平并平摊在地板上，而非墙上。

事实上，你现在所感受到的引力是你周围所有东西产生的斜坡之和，包括墙、天花板，甚至某只从你头顶高高飞过的小鸟或飞机。

但那些现在位于你下方的东西远比你上方的东西要显眼得多。你脚下的地球比你头顶的天空含有更多质量与能量。因此它产生的斜坡最陡。因此你首先会沿着它滑下，并感觉最强。那就是地球的引力。

但宇宙的构造又是怎么回事？它到底是什么？被弯曲的是什么东西?

事实上是爱因斯坦搞明白了这个问题。

通过公式 $E=mc^2$，他告诉我们质量与能量的差别只是表面的，质量与能量只是同一样东西的两面。那是在 1905 年。到了 1915 年，爱因斯坦又表示宇宙在任何一个地点的形状由位于该处的质量与能量决定。在这个过程中，他抛弃了把引力看作一种作用力的观念。引力只是一种几何学，是曲线与斜坡，由质量和能量所产生。但究竟是什么东西的几何性质呢？宇宙中并没有一个涂了肥皂的被拉紧的橡皮膜让一切物质在上面运动，这是显然的。当然，也要记住：我们没有看见某样东西，并不是它不存在的理由。在人类了解包围我们的不可见空气也是由原子与分子组成之前，所有人都认为那是空的。

这里我们面对着同样的鸿沟需要跨越：外太空，虽然看起来是一片虚空，但实际上并不空。同样，它也并非静止不变。

让它成为一个运动和变化着的几何实体的，正是我至今以来一直称之为“宇宙构造”的东西。

爱因斯坦发现这个构造是空间与时间的混合，我们在过去的一个世纪中学到，时间与空间这两个概念，无法彼此分开。

因此“时空”是个更好地形容宇宙构造的名词，爱因斯坦的广义相对论告诉我们，时空是如何被其包含的物质所弯曲，以及该效应的反作用。一边是能量与质量，另一边是时空的几何性质，对于引力来说这两者是一样的概念。

至今，你所经历的只是空间的弯曲，不包括时间，你这样想。事实上，时间的弯曲一直存在。它甚至就发生在现在的你身边，就在你阅读这句话时。只是这个效应过于微弱，你的感官无法感知，但很快你就会发现自己会到一个时间弯曲效应非常显著而令人迷惑的地方。这将在本书第三部分的一架飞机上，以及你在第六部分中最终跃入黑洞时发生。

至于现在，你又回到沙滩上看着星空。夜已很深，但你毫不在意。你看着夜空，确实感觉到自己漂浮在各种奇思妙想之中，它们看上去完全疯狂，却又奇迹般地以极好的方式解释了我们所在的真实宇宙。

因为我们星球给时空带来的弯曲，让它附近的一切物体落向自己的表面，这又随之进一步加强了时空的弯曲。自从地球从一片星云中诞生数十亿年以来，它已经实现了某种平衡，我们的星球包裹着一层大气，保护我们免于暴露在太空之中，让我们能够呼吸存活，并且有时候给我们提供机会，看向天空。

就在这层大气外面，地球之外，还存在着我们的月球，绕着地球旋转，就像在大碗里转动的玻璃珠，差别在于，月球本身也在时空中造成弯曲。月亮造成的时空弯曲让存在于地球表面的水向月球滑去。这就是水面跟随着围绕地球旋转的月亮而产生潮汐的原因。①

更远的地方有着太阳，它那陡峭的时空弯曲让太阳系所有的行星、彗星和小行星们都顺着滑下，以不同速度和高度绕着自己旋转，就像在一个非常大的大碗中转动的玻璃珠们。

接下来还有来自我们邻近恒星们的竞争。

一些距离之外，其他恒星对时空的弯曲效应超过了我们的太阳，那些距离遥远的彗星在临近太阳系边缘时会到达山顶，从一个恒星

① 月亮当然也吸引其他一切，包括我们地球上固体的地壳，以及我们自己、茶杯、勺子等，但因为这些都是固体，所以效应不那么明显。

系的地盘跑到了另一个恒星系，就像一颗玻璃珠转动时到达了一只大碗的边缘后会落入另一只碗，如果边上恰好有一只碗的话。在太空里，边上永远有一只大碗。

银河系中所有恒星对时空的弯曲加在一起就成为银河系对时空的弯曲，与我们邻近星系的弯曲竞争，然后我们本星系群的弯曲又与其他星系群的总体弯曲竞争，永无止境。而爱因斯坦用一个公式就解释了这一切。

干得好，爱因斯坦!

你几乎希望他现在就能出现在你面前，让你能够与他握手，但你感觉应该还有更多东西需要搞明白。甚至是一些更深刻的东西。是什么呢？ 你不是已经读到过，早先，爱因斯坦打开了一扇门，通往我们的宇宙拥有历史这一想法？我们的宇宙在过去比现在小？

你在沙滩上坐下，闭起眼睛，集中思想，准备想清楚这到底意味着什么。

第 7 章　宇宙学

生活中有一些问题具有独特而毫无争议的答案。不幸的是，尽管你已看到许多，但我们的宇宙从整体上看到底是什么样子这一问题不属于刚才那类问题。爱因斯坦的公式允许我们的宇宙具有许多种不同的整体形状，如同你在本书第六部分中将要看到的，我们甚至并不真正了解宇宙是由什么构成的。

说了这么多，我们需要时刻提醒自己，物理学，无论至今为止已显示出多大的威力，它从来没有完全与现实相符过。它甚至知道这不是自己的目标，因为如果是，就意味着现实——不管是什么样子——可以被完全了解。然而这是不可能的。观察与实验，不管多么精确，还是永远只能给你一个大致的回答：误差永远存在，不管有多小。

回过头看，我们甚至知道，我们人类探索自然所倚赖的技术很少与物理学在当时所作的判断保持一致，有时候还会被引入歧途。几百年前，你的某个祖先曾经猜想存在着一种细菌，大小是头发丝直径的 1/1000，但他的同时代人没有一个能够证实他的猜想，他甚至可能因为无根据地散布恐慌而被迫害。对于遥远的星系，道理也是一样。如果你那位祖先也预见了它们的存在，他可能不仅会被关起来，还有可能被活活烧死，像乔达诺·布鲁诺一样。能够看到宇宙中足够远的地方并拍摄下遥远星系的必要技术在不到一个世纪前才出现。同样，那些仅仅是验证你在本书最后旅行能看到什么的技术也尚未出现。

话虽如此，但科学进步是一步步实现的，有时候，会跨出巨大的一步，带来理解上的革命。健康的看法依然是，将科学整体看作是帮助我们思考的脚手架，通过一代代人的努力，尽可能地接近我们生活其中的真相，通过实验来揭示真实中隐藏着的神秘。另外值得指出的是，虽然不管未来会有怎样的变化，但至今为止，在所有人类活动中只有科学才能带领我们发现自然界中的未知。无论人类在大自然面前应该如何保持谦逊，科学，只有科学，能让我们以眼睛来看清我们的身体所无法感知的世界。

那么爱因斯坦的洞见给了我们什么以前所不知道的东西呢？如果他的公式无法解答这些问题，又有什么用？如果我们连宇宙由什么构成都不知道，又如何能够使用这些公式？同大多数的想法相反，科学家们不喜欢复杂的事。他们更喜欢简单。通常，这个游戏的真谛是在一个看起来复杂的环境中找到一个简单的模型。这就是我们需要智慧的地方。那么，让我们看看如何利用简单化，在最大尺度上利用爱因斯坦的看法来解释你所看到的一切。先忽略细节，只看大图景。不管小行星、行星和恒星。与此处我们要讨论的问题相比，它们太小了。我们现在只关心星系，甚至星系群。你就在那里，能够看到它们整体，就像一双远视的眼睛，位于宇宙的尺度，地球、太阳甚至几千亿颗恒星构成的银河系只是一个标记你所在位置的小点。

其他星系在你身边均匀分布，但纤维状的结构清晰可见。

很好。

这些很简单。这是你最初的设定。你将这些输入爱因斯坦的方程式中，看看会得到什么。你焦虑地等着，不敢期待太多。然后……奇迹发生了！正确！在你周围，无论你往哪个方向看，星系以及星系群们互相运动，如同期待中的一样。不仅如此，你周围的宇宙，地球上的可见宇宙的大小正在膨胀。星系间的时空被拉紧，让它们互相离开，不管它们之间还有什么运动！不管它们在较小的区域尺度内如何运动，它们就像正在烘烤的蛋糕里的罂粟籽，或者正被充气的气球表面的小点，离地球距离越远，它们往后退得越快。这正是那些你给了他们价值十亿美元的望远镜的朋友们所看到的事实。这就是我们宇宙的膨胀。

通过向爱因斯坦方程式提供一个可见宇宙的简单模型，你就得到了人类历史上从来没有被想象过的结论。这个结论符合你在天空中看到的现象，符合科学家们每天面对的事实：宇宙自身能够（根据爱因斯坦），也的确正在进行（根据观察）演化。

伴随着这种想法，宇宙学——研究我们宇宙的过去与将来的科学——诞生了。在爱因斯坦之前，我们有的只是宇宙创造说，我们面对真实世界的神秘起源时告诉自己的故事，多半是为了不让自己被这个问题折磨得发疯。现在，我们有了科学，有了一种手段可以帮助我们解读大自然而不是人类自己创作的故事。

看着那些围绕着你的小点演化，你突然意识到利用爱因斯坦的方程式，你的确能够按动你意识的“回放”键让膨胀退回去。

你按下“回放”。

我们可见宇宙这只罂粟籽蛋糕不再膨胀，而是开始塌缩。你那观察着整个宇宙的眼睛看着它变小，遥远的过去正向现在移动，移向你，将未来的图像吞噬。

那个限制着地球上可见宇宙大小的整个球体正在缩小。

缩小。

缩小，直到……

约一百年前，比利时物理学家、耶稣会修道士乔治·勒梅特（Georges Lemaître）决定将宇宙学三原理放入一个想象中的相似的决定论宇宙中，看它随着时间膨胀和塌缩，他的结论并不吸引人：我们的现实世界，从人类能够思考就认为理所当然的现实，是有开端的。

爱因斯坦的公式很快就让勒梅特和其后许多科学家面临一个很令人疑惑的观点：我们的宇宙，虽然它一直拥有着它至今依然拥有的能量，却曾经完全没有大小。

在空间上与时间上都没有大小。

一个绝对听起来可笑的想法——就是今天依然如此——但这就是爱因斯坦的公式告诉我们的。

然而，就我们今天已拥有的知识来说，这是人类理解我们在夜空中观察到的现象所产生的最好想法。

任何声称我们的可见宇宙包含的一切在过去的某个时段曾经大小为零（或非常接近于零）的理论都被称作“（热）大爆炸理论”。

“热”是指只有一个非常热的过去才有可能将我们整个可见宇宙的所有能量容纳压缩在一个非常小的体积之中。太阳中心温度很高，是因为其中所含物质承受着因太阳自身的引力而带来的整个恒星的压力。将整个可见宇宙压缩在太阳大小的球体中，你遇见的是另一层次的热。

“大”是因为它含有整个可见宇宙。

“爆炸”是指在那个紧跟“热”的阶段之后的膨胀看起来就像是发生在过去的一次爆炸，发生在宇宙诞生之初，虽然你将会在后面看到，这根本不是什么爆炸。

“非凡的巨大的令人难以置信的超越一切炙烤高温的无处不在的宇宙爆燃”或许能够更好地表达当时发生的事件，但“热大爆炸”更简洁，而且更谦逊。

的确应该谦逊，虽然在你通天的眼睛看来，这次大爆炸以地球为中心，但事实并非如此。

现在你应该明白，大爆炸并没有发生于时空中的某个特殊点，而是在一切地方。

第8章 宇宙地平线之外

当你的旅程刚开始的时候，在沙滩上，你迷惑于自己肉眼所看到的天空是否就是整个宇宙。

现在你知道答案是否定的。

我们的肉眼只能让我们看到几百颗恒星，全部位于我们的星系——银河系中，以及来自其他几个邻近星系的一些微弱光斑，如果你知道该往哪里看的话。

使用望远镜或者其他强大的工具，你现在已经能够看到整个可被观察的宇宙，与肉眼所见相比大得不可思议，但它依然存在限制：临界最后散射面。

这个散射面位于我们的过去，大约138亿年以前。

它同样也位于空间中，离我们138亿光年处。[①]

它限制着我们所能看到的东西。

所有来自更远处的光需要经过超过138亿年的时间才能到达我们这里，但138亿年以前，光无法自由运动。它被束缚住了。整个

① 事实上，它的位置比这更远，因为从那束现在到达我们的光离开光源之后宇宙又膨胀了不少。物理学家们估计现在的距离应该大约在460亿光年。

宇宙在那个时候过于致密。只有到了 138 亿年前，光才能自由穿越时空。临界最后散射面就是那个时间点留下的图像。从那里看，它标记着一个透明的时空。从地球上看，它标记着可见宇宙的尽头。

在某种意义上，这个散射面是我们宇宙的地平线。我们无法看到更远，至少从地球上看是这样。

实际上，从本书开始你或许就已注意到了，你所游历的宇宙只是从地球上观察到的宇宙。

你的宇宙旅行一直限于那个以我们地球为中心的宇宙地平线之间。

那么从其他地方观察到的宇宙会是什么样子？那里的宇宙地平线也一样以地球为中心吗？

想象一下你坐在小艇内在海洋上漂流，远离一切陆地。你能清楚地看到地平线：那条分开水面与天空的线条。环顾一下，你就能看到它形成一个圆圈，中心就是你。

那么是不是这就意味着你是海洋的中心？

当然不是。

这意味着你是你所能看见的海洋的中心，或者你的可见海洋中心。你无法看到这个边缘之外的东西，那是你的地平线。

但这并不意味着边缘之外不存在。

有东西存在。

当然有东西存在。

一个坐在离你有一定距离的另一条小艇里漂流的朋友也有一条地平线包围着她。她的地平线，决定了她的可见海洋。

如果她离你足够近，她能被你看见，你们俩的可见海洋之间有着共同的波浪，但她能够在某些方向上看得比你更远，远过你的地平线；而你也一样，在相反的方向。

她也可以一开始就在你的地平线之外。

在这种情况下，你们俩的可见海洋可能依然部分重合，但互相并不知道对方也在漂流。

还有第三种可能，你的朋友离你更远，她的可见海洋与你的毫无交集。从天上看，代表着那两个限制你们视线的地平线圆圈不相交。她所能看到的一切，你都看不见。她可能看到火山岛或者鲸鱼，而你完全不知道。

在太空里，也是一样。

我们从地球上能看到的可见宇宙是一个半径为 138 亿光年的球。

但这并不意味着外面就没有东西存在。

位于另一个行星上的另一个人，会有另一个包裹着他的宇宙地平线，它的半径也是 138 亿光年，因为同这里相比，那里的宇宙没有理由更老或更年轻。

你前面已经听过的三个宇宙学原理就是为了保证下述结论而引入的：那些离我们非常遥远，因此它们与我们没有共同可见部分的可见宇宙应该看起来与我们相似（显然，不是完全一致，但是相似），并且遵循同样的物理定律。

就算她漂得太远，你已无法看到她，你也不会认为你朋友的可见海洋中有着会飞的山峰。

在外太空也一样。大自然的规则应该到处都一样，不应该有什么地方比别处更受优待。

伴随而来的推论应该是住在整个宇宙（包括那些在可见宇宙之外的部分）里任何地方的人，他们所看到的可见宇宙应该也在膨胀，并且遵循爱因斯坦的方程式，如果他们按下时间的回放键，他们也将看到一个热大爆炸的宇宙，同我们在这里看到的相同。以他们为中心的热大爆炸，而不是以我们为中心。

从这样的视角看我们整个宇宙，完全没有所谓中心，大爆炸在各处发生。

从这个视角，你能够体会到所谓“多重宇宙”的概念：一个由许许多多分离的宇宙所形成的大宇宙，各个分离宇宙之间无法互相交流，虽然它们都属于同一个整体。

在本书结束前，你会见到四个这种多重宇宙的例子，这里只是第一个，我首先介绍它，因为大多数科学家相信它是正确的。

说了这么多之后，是否意味着整个宇宙，把在所有地方所观察到的可见宇宙拼接在一起后的“所有一切”，是无限大的？

不，不是的。举例来说，就像海洋，不管你有多少小艇，如果把所有小艇上所见到的可见海洋拼接在一起，你看到的整个海洋，依然是有限的。

那么整个宇宙是有限的？

也不对。或者至少，可能如此。

我们不知道。

如同我在上一章一开始就说过的那样，不幸的是爱因斯坦的方程式没有回答这个问题。

好吧。

我们到底证明了什么？你认为没什么？甚至什么都没有？

或许连大爆炸理论你都觉得没有什么说服力，只是一种抽象的想法罢了。

的确，你可以反驳说你的朋友们所观察到的天空（离我们越远的星系，逃离得越快）只能说明宇宙现在在膨胀。或许有许多种过去能够导致现在的膨胀，并不一定要引入这个所谓大爆炸的夸张说法。

你当然可以这么争辩，但很快就会有回答。

科学不是政治。

大自然不会在意某些人的意见，即便它们是大多数人的意见。

实验证据永远是必须的。

我们现在就会看到，事实上大爆炸的确在遥远的过去留下了一些过硬的证据，这些暗示极具说服力，以至于有些人认为这些足以构成无可辩驳的证据，证明了大爆炸的发生。

第 9 章　大爆炸的铁证

如果我们的宇宙（让我们只谈论这个可见宇宙）在过去比现在更小，你如何才能证明？真正的时光旅行不是一个选项，但你能够看到过去。

现在，你应该已经习惯于这个事实：当你看到从距离几十亿光年外的恒星上射来的星光时，你看到的是它们在几十亿年前的样子。你看到的是过去。因此你能够检查当时的宇宙是否更小，或者，从到达你处的光线里寻找线索。

然而，这并不容易，特别是要从我们所看到的宇宙边远处理解这些信息。解决这个问题的最好方式莫过于先找出我们可以预期什么，然后再检查预期与现实是否相符。这就是理论物理学家们的工作（至少，这是他们有时候应该干的活）。

现在，让我们在通过望远镜观察之前，先看看我们能够得到哪些推论。

你回到了热带小岛的沙滩上。

夜已很深，但你没有仰望星辰，你小心谨慎地再次确认沙滩上只有你一个人后，开始自言自语，边说边想，在大脑里创建宇宙过去的画面……

“如果宇宙在膨胀，那么它在过去肯定比现在小。”

“行。”

“而且，如果它在过去比现在要小，那么它的引力，或者说时空曲率，要比现在更大，因为它所有的质量与能量被包含在一个更小的体积里。”

“不管怎样，这是爱因斯坦的方程式告诉我们的。”

“好。”

“那个时候，时空开始膨胀，基于某种原因，宇宙开始膨胀了。它一开始很小，非常致密，充满了质量与能量，然后，经过138亿年的膨胀，它变成了今天的模样，有了地球，以及你在你小岛上空可以看到的恒星们。”

“如果过去宇宙还小，那就是正确的图景。”

“当时致密的是质量还是能量实际上没有什么差别，因为质量与能量对于时空的几何性质有着相同的影响。这也是爱因斯坦说的。”

“至此为止，一切都好。”

“现在，如果所有的能量都集中在一个很小的体积里，那么肯定有很多摩擦或其他事件发生，早期的宇宙肯定非常热。”

听起来还合理？是的，而且你也不是第一次得到这个结论。

接下来，你可以从上面得到两个推论：

第一个是，那时候的宇宙如此致密，就算认为那时候所有的光都无法从中穿过也不算可笑。

“光无法从中穿过……唔……那个听起来就像一道墙……”

的确如此。你是对的。

做得好。

如果宇宙膨胀模型是正确的话，这样一个地方必须存在。现在，这样一个地方的确存在。你见过它的表面：临界最后散射面。它限制了我们所能看到的宇宙。

你所做的一切非常出色。

你刚有过了一个物理学家梦寐以求的经历：从纯粹的逻辑出发，利用爱因斯坦的方程式和你离开沙滩后所见到的宇宙，你得出一个推论：一道光无法透过的墙应该存在于我们的过去，而且能够被看见……而且这道墙的确存在。我们已经通过实验探测到它,你会看到，甚至它已被标记出来。

我理解，读到这里，你并没有觉得自己革命了我们关于宇宙的看法，那是因为你在推理出这道墙之前已经见过它了。你没有为试图证实它的存在而花费二十年工夫，早在任何人见到它之前。对于那些搜寻它的人们来说，这道墙被证实存在让他们欣喜若狂。

如何被证实的呢？

好了，你又开始踱步思索，你意识到一个问题：那道你在当今我们可见宇宙边缘所见到的墙与你刚才想象出来的墙有些不匹配，是不是？那道真实的墙，我们的望远镜所探测到的那道墙，很冷，但它应该是很热的。

多热？

有人的确利用爱因斯坦的方程式计算过它应有的温度。他们的结论是一个比较大的数字：大约 3000° C。他们发现，整个宇宙，在我们的宇宙变得透明时，应该有那么热。

你在天空中看到的那道墙却没那么热。

那是个问题。

你有没有忘了什么？

你是不是想过，你推断出存在着一个很热的过去，是因为有着时空的膨胀，宇宙中可见的部分随着时间长大，如同你的朋友们在天空里证实的一样？那种膨胀会不会对温度产生影响？

是的，不仅仅是会，而是必定。这改变了一切。

去用一下你厨房里的烤炉。将它加热，里面的空气变热了。将火炉关掉，想象这只烤炉突然膨胀，变成一整幢房子那么大。它内部的温度与它在微小体积时相比会大大降低。

美国科学家乔治·伽莫夫（George Gamow）、拉尔夫·阿尔弗（Ralph Alpher）与罗伯特·赫尔曼（Robert Herman）在1948年就通过计算得出结论，由于宇宙的膨胀，刚才提到的3000° C高温只有很小一部分遗留下来，从你那道墙上发出，充斥于我们整个可见宇宙。他们所预期的温度是多少？大概在 −260° C 到 −270° C之间，比绝对零度高3° C到13° C。

1965年，在伽莫夫与他的同事们作出猜想的17年后，两位美国物理学家阿尔诺·彭齐亚斯（Arno Penzias）和罗伯特·威尔逊（Robert Wilson）在美国贝尔实验室做着一个特别的工作。他们需要设立一个天线来接收气球卫星的无线电回声信号。这是份简单的好工作，可是他们却碰到了一个相当奇怪的障碍，他们在自己的信号里一直听到有种讨厌的噪声。为了消除这一干扰，对得起自己的工资，他们想出各种聪明的办法检查，寻找各种可能的工程错误，但情况毫无改善。不管他们采用什么手段，噪声依然还在，一点都没有改善。

最后实在找不到原因，他们只能怀疑是不是鸽子或其他什么高飞的鸟类干扰了自己最灵敏的天线。虽然两人都有很高的学术成就，但每天却都将自己最多的时间花费在清洁仪器和咒骂那些会飞的动物上。可是噪音毫无改善的迹象，他们最后打电话给自己的理论物理学家朋友们求助。很快，他们便意识到自己就算尝试一辈子都无法去除这个噪音。他们所听到的噪声不是那些飞鸟的礼物，它甚至都不是来自地球的“噪声”。它是一种信号。一种温度的信号，对应于 –270.42° C 的温度。并且它来自太空，来自所有地方。

伽莫夫、阿尔弗与赫尔曼预言过它的存在，这是爱因斯坦方程式带来的推论。它是我们宇宙最后不透光时刻的温度残留，138 亿年前冻结的留影，那时候我们比现在小许多的宇宙所含的质量与能量如此致密，以至于光线都无法通过。[①]

彭齐亚斯和威尔逊用实验证实了那个在当时一些科学家看来如此怪诞不经的理论的预言，要知道大爆炸理论这个名字本身就是当时最著名的教授之一，英国剑桥大学的弗雷德 · 霍伊尔（Fred Hoyle）为了嘲笑它而取的。

彭齐亚斯和威尔逊在 1978 年获得了诺贝尔物理学奖。他们发现了位于可见宇宙尽头的临界最后散射面所残余的热量。[②] 这种辐射，

---

① 万一你想知道：未来 10 亿年里，这张留影将依然存在，只会退得更远，因此变得更暗。在几千亿年后，它将无法被观测到。所以很久很久以后的将来，我们的后代将无法给他们自己证明我们的宇宙始于一次大爆炸。

② 临界最后散射面的名字来源于：当光（比如说，一颗光子）击中电子时，它会散射。在那道墙前，光一直从物体表面散射。物质紧密堆积时，散射连续发生，因此光无法前进。所以那时的宇宙是不透明的。但当宇宙膨胀到不那么致密时，终有一天，光可以自由穿过。也就是它们最后一次被散射，产生了我们历史上的临界最后散射面。这是你的墙。从那以后，光才能被我们接收到，经过 138 亿年的旅行，这些光才被彭齐亚斯和威尔逊检测到。

热大爆炸理论的铁证之一，被称为宇宙微波背景辐射。

彭齐亚斯和威尔逊证实了大爆炸理论找对了方向。

那么，为什么这种辐射被称为“微波”？

答案又一次与宇宙的膨胀有关。

当宇宙变得透明时，也就是最后散射时，所透出的光实际上是可见的，而且含有各种颜色、能量与频率，但现在它们已经无法被我们的眼睛所见——它们被散射掉了。

你还记得光波的颜色与能量取决于两峰之间的距离吗？经过时空长达 138 亿年的拉伸，这束光的颜色开始是靛色，然后变蓝、变绿、变黄、变橙、变红……接着就变得无法被我们的眼睛看见，变成红外线，后来是无线电波，最后是微波。

我们现在就在这个阶段。当光可见时，那里很热，现在可见光已经变成——经过 138 亿年的膨胀之后——−270.42° C 的微波冷光。

随着这个证据被发现，大爆炸理论突然不再是一个笑话了。

但这个理论意味着什么呢？是不是可以理解成我们的宇宙被创造于临界最后散射面？

不是的。

在上一章里你已看到，那个表面，作为在地球上的我们所见到的宇宙尽头，对于不在地球上的观察者来说没有什么特别意义：他们有他们自己的临界最后散射面。

那么对于我们来说呢？

如果宇宙并不是诞生在那里，它后面就一定还会有东西。

那会是什么东西呢？我们知道吗？就是大爆炸吗？

从某种意义上说，是的。

大爆炸位于那个表面之后。

但并不紧贴着临界最后散射面。

它发生在 38 万年之前。

比宇宙变得透明早 38 万年。

临界最后散射面的另一边（或者之外，或者之前），后来变成我们可见宇宙的东西可被形容为一团由物质、光、能量与曲率混合在一起的汤，越来越致密，越来越热。很快你就会去那里旅行，亲眼看看。但现在，就让我们先相信你进入那道墙后面越远，到达我们宇宙的更早部分，所有一切会变得越极端化。走到太远之后，你周围的一切都已不符常理。就连时间与空间都过于纠缠，连爱因斯坦的方程式都已不再适用，无法描述那里所有的一切是什么以及是怎么发生的。

在这种情形下，理论物理学家们就到了一个对于一切都无话可说的地方，这个时间点被认为是我们所认识的时间与空间的诞生点。根据我们将在本书中使用的定义，这个点在大爆炸之外。

到达这个地点并找出大爆炸究竟是什么，是你在本书第五部分中的任务。

在第七部分，作为你最后的旅程，你将走得更远，前往时间与空间诞生之前。

为什么不现在就去看看?

那是因为，现在，你需要停下来花几秒钟调整你的呼吸，并祝贺一下你自己。

从你第一次登上月球以来，你已收获许多，你学到了关于宇宙的许多事实，那些你的祖辈们绝对无法想象的事实。

你知道了我们宇宙的构造是空间与时间的混合，它不仅被自己包含的东西塑形，还能随着自己的几何性质及内容物一起演化。

你了解了它体现在各种标准上的巨大，甚至大过了我们所能看见的范围，我们无法知道它的形状，也无法知道它的广度。

我们可见的现实世界现在的确很大，但并非一直如此。

你知道我们的宇宙有着自己的历史，还很可能有着自己的开端，大约在 138 亿年前，隐藏在一个不透光的表面之后。

你还知道它从一开始就一直在膨胀，每分钟都会变得更大一些。

你应该为自己弄清了这一切感到自豪。

那为什么不直接进到我们宇宙的开端呢？

一个理由是你或许应该试图先搞清楚我们宇宙所包含的到底是什么。没有这个知识，你就没有机会揭示我们宇宙最深的秘密，既无法了解它的开端，也无法了解它的最终命运。

“好吧，让我们马上开始！”你对自己喊道，大睁双眼。

海洋上吹过一阵微风。月正圆，它圆形的表面反射着阳光，给你的小岛罩上一层银光和暗影。几只海龟从海里小心翼翼地爬上岸，在沙滩度过它们的夜晚，如果时机恰好的话，或许还会下蛋。

你感觉很妙。

“我会回去的！”你对着星星们大声说道。

但你现在有了同伴。

你听到自己身后的窃窃私语，转过头去，眼前是正与你的阿姨争论着的你的朋友们。

他们听见你一个晚上都在沙滩上自言自语，决定最好让你提前离开，最早回家的飞机再过几小时就要起飞，他们说，你应该回去整理行李，再休息一下。

你的喊叫、抗议、冷静的反对以及关于自由的演讲并不能让他们改变主意。

你要被送回家了。

不过，尽管你对自己不得不离开海洋、小鸟、清风感到悲伤，但让我告诉你：你在现代科学中的旅途才刚刚开始。

第三部分

快

第 1 章　作好准备

我们的感官适应我们生活中的大小尺度以及在地球上的生存。我们的眼睛进化成能够辨别果子是否成熟到可以食用，我们的耳朵进化成能够听到危险，我们的皮肤进化到能够感知冰的冷和火的热。我们的感官让我们可以看、闻、触摸、品尝和听见我们所生活的环境，这个世界，这个现实。

但这个现实并不是全部。

与我们生活其上的星球相比，我们实在很小。而地球本身，如同你已经在宇宙旅行中感觉到的那样，与宇宙相比，又小得微不足道。因此，如果仅仅为了能够在这个小小的地球上生存，我们却进化出高性能感官，感知并记录整个宇宙所发出的各种已知甚至未知信号，这才是难以理解的怪异现象呢。

至今为止的整个人类历史中，人类在地球上的日常生活不需要我们了解亚原子世界与高速运动世界中的神秘，看见从微波到 X 光的整个光谱。事实上，我们都无法分辨两个极热物体的差异，或者同样两个极冷物体的差异：在能够区分它们之前，我们的手指就被融化或冻坏了。对于我们的生存来说，能及时将手从火中抽出，避免陷入过冷环境，这些要比感知细节差别重要得多。

我们的舌头能够尝出柠檬的酸度，判断它是否适于食用，但我们无法判断硫酸与盐酸的酸性差别——这两种酸会在我们的舌头上烧个洞。

同样，我们的身体除了明显的引力效应之外无法感觉到时空的弯曲：从我们日常活动的角度考虑，我们只要知道自己安全地待在地球表面就足够了。

我们通过感官感受到的世界，自然会受到我们感官的限制：我们的感官是我们观察世界的窗口，但它们只是看向一个巨大黑暗宇宙的几个微小坑洞而已。几百万年来，我们对于我们匆匆命名的“真实世界”的直觉只是建立在这些感官之上的感受而已。

现在已经不再如此。

我们可以看得更远。

在远处，真实世界发生了改变。

你在自己的最初两次旅行中，经历了深度与广度。你穿越了星系间的虚空，见识了我们宇宙之大。你发现了牛顿曾经认为宇宙中普遍存在的万有引力实际上并不万有。引力，按照爱因斯坦的说法，只是时空弯曲引起的效应而已，它并不是简单的作用力。

牛顿教会了我们如何用语言和方程式来描述并预言我们通过感官感知的世界如何行事。而爱因斯坦通过他的广义相对论让你走得更远，你用以跟随他的不是动物自觉，而是你的大脑；通过大脑，你发现了一个将空间、时间、物质和能量都融合在一起的引力理论。

这是你的第一次“超越”。

接下来，你将经历两种不同的穿越，就像探险家找到了新世界，那里适用不同的法律。第一个是非常快速的世界，而第二个，新世界里最丰富多彩的一个，是一个非常微小的世界。

这些新“大陆”在你第一眼（第二眼，第三眼……）看起来，会显得非常怪异，但是记住：构成你身体的一切物质都是由这些东西组成的。构成你的基本物质所遵循的自然规则与我们躺在热带沙滩晒太阳时所遵循的规则大不相同。只是通过一些非常奇特的机制，真实世界才以我们每天体会到的样子呈现在我们面前。

第 2 章　奇特的梦

你的座位是 13A，靠窗。飞机上一共有 73 名乘客。他们看起来都很正常——除了你的邻座。他看起来有几分怪异。你试图不去看他，不禁后悔当初自己坚决拒绝坐在阿姨边上的请求。虽然你登机才几分钟，不过因为你是最后一个进入机舱的，所以飞机现在已经准备起飞。你那些一同度假的朋友们正站在地面上向你挥手道别，你的离去明显让他们放松不少。你叹了口气。不管感觉如何怪异，但穿越宇宙的旅行还是挺有趣的。现在的你并不是特别想回家。

引擎轰鸣，带着这个长着翅膀的物体飞向天空，沿着我们地球只要存在就会产生的时空斜坡向上飞行。你被压在自己的座位上，感觉自己比平时更重。你对于引力的体验如同自己并没有坐在飞机上，而是站在另一个比地球引力更强的行星表面上一样。

满心期待着另一次星际旅行，你闭起眼睛，展开想象。

一片美丽的外星风景出现在你的脑中，有着奇形怪状的树木和湖泊，天空中出现两个太阳。你记得就在最近几年间，人类已经发现了几千个围绕着远处别的恒星旋转的行星。其中的一些甚至与地球很像，虽然没有人确切知道。

飞机引擎的嗡嗡声慢慢地将你催眠，你开始梦见自己到了一个遥远的地方，坐在一架未来的飞机中，飞行在一个有着两颗太阳的粉红色天空中。一个声音从遥远的地方传入你的耳中，说飞机已经到了巡航高度，现在将加速到从未有过的光速的 99.999 999 999%。

过了一些时候，飞机开始下降，空姐的声音将你唤醒。你瞥了一眼自己的手表，发现自己已经睡了 8 个小时。你舒展了一下身子，打了个哈欠，打开遮光板向外看去。外面只有一个太阳，它的光束从早晨的云层上反射回来，给云层抹上了一层粉红色，看上去很像你在入睡前的白日梦中所见到的异星景象。飞机下面，地球表面并不像你所期待的那样，而是一片无边的海洋一直延伸到了远方的地平线。

你正飞回家，马上就要降落了，但你看到的却是一片水面……脑子里闪过的悲观想法让你不寒而栗。你的飞机被劫持了吗？其他乘客看起来比较放松，包括坐在你前面的阿姨，而那个怪异的邻座正在睡觉。所以，不是劫机。

但依然，有些不对。

难道整个地球在你睡着的时候洪水泛滥了？

你曾在哪里读到过，大约 1 万年前，世界各地的海洋比今天深不少，淹没了大多数现在的大陆。看着窗外，你疑惑不解。是不是自己穿越到了过去，在一个被洪水覆盖着，满是早已灭绝的生物的地球上方醒来？你不禁为这个想法微笑起来，但你无法摆脱那种哪里出了问题的感觉。

看起来你睡了大约 8 个小时，同时还在旅行。当你神游外面的寒冷世界时，什么事都有可能发生在你身上或这架飞机上。

你大概和其他人一样，从生下来到现在，都习惯于在你睡着的地方醒来。如果现在是你第一次闭起眼睛打盹，你一定会在醒来时万分疑惑。你首先想要知道的是自己在哪里以及现在的时间，有些人离家醒来后第一感觉就是恐慌，然后他们想知道的也是同样的事。事实上，不管是不是在自己家中，我们中的大多数人每天早晨睁开眼睛的第一件事就是看时间。只有在相当罕见的情形下——比如一个非常开心的派对之后——我们还同时想知道自己身在何处。

事实上，在你入睡时的同一个地方醒来从来没有在你或者任何人身上发生过。从来没有。地球在你睡着后并没有停止运动。每个小时，地球都会绕着银河系的中心移动超过 80 万千米。你也是。这个距离相当于绕地球转20圈。每个小时。但似乎没有人在乎这个事实，只要床依然在自己身体下面。

如果地球，或者你，在时间中旅行，事情可能就不一样了。但这是不可能的。时间旅行不存在，不是吗?

当你从飞机的窗口望见海洋中央一个巨大的城市时，你意识到自己不会降落在刚才离开的地球上了。

可以理解，你感到恐慌，如果没有安全带将你固定在座位上，你一定已经跳了起来。引擎的轰鸣盖过了你的喊叫。你拼命朝着一位空乘人员挥手，但他只是生气地皱着眉，打手势让你保持安静——终于他通过麦克风提醒所有人，干扰飞机下降和着陆即使在 2415 年依然是联邦重罪。

你睁大双眼。

他说的是哪一年？

一秒钟后，你的飞机降落在水上，开始在一排玻璃高楼大厦中间穿行，你从未见过这种建筑风格。

你茫然地看向小窗之外，听到空姐又在说话，用着上个世界空姐就使用的同样平和的职业语调，欢迎你在 2415 年 6 月 4 日回到家乡。从出发以来已过去四个世纪，比预计到达时间早了三天。现在的时间是上午 10 点 25 分，晨雾很快就会散去，美丽的阳光将会出现，所有的乘客都应期待比 21 世纪初期平均气温高 10 度的气温。谢谢乘坐未来天空联盟的成员迈克飞行公司的航班。

2415 年。

你瞥了一眼自己的智能手机，没有信号，正常。幸运的是，你的手表依然在走。看起来它还处于你只飞了 8 小时的状态中，不是 400 年。

肯定有什么地方出了大错。

这是个恶作剧吗？是不是你的朋友们计划了这一切？

你检查了一下自己的机票。

的确是回家的航班啊。

你嗑药了吗？

更糟的是，这都是真的吗？

是不是有个要债人守在机场等着你，向你讨要 400 年没付的房租？你一个星期前约会的对象会等你到现在吗？ 你在冰箱里留下的牛奶现在怎么样了？这些重要的实际问题涌入你的脑中，让你感到阵阵眩晕。

400 年后的未来。

谁的未来？肯定不是你的,因为你的身体只比起飞时老了8小时。那就是你朋友的？你所降落的城市显然与你生活的那个世纪里的任何一个城市都大不相同。

飞机外的时间看起来的确快进了，在你睡着的时候。

但等等……

难道飞机外面的时间可以快进到未来，而飞机里面的时间保持原速？

听起来很荒唐。

但看上去似乎如此。

事实上也确实如此。

要怪只能怪你所乘飞机的超高速度。

第 3 章　我们自己的时间

速度改变了一切，甚至空间与时间。

在空间中以非常高速度运动的钟表，与戴在正在热带小岛海滩上悠闲散步的你腕上的手表，两者显示的时间流速大不相同。宇宙标准时间这一概念——某个可以脱离宇宙存在的上帝般的标准钟表，可被用来同时测量宇宙中所包含一切事物的移动、演化和年龄以及与此相关的钟表——不存在。

在你的飞机上发生的事显示的就是这个事实。

我们人类所体验到的时间对所有人都是相同的，即普适的，但是之所以有这样的体验，仅仅在于与光速相比，没有哪个人（即使是战斗机飞行员）能够比其他人移动得快很多或者慢很多，这对钟表匠来说真是一件幸事。

但就算我们的感官无法感知，事实的确如此：如果给碰巧存在于我们星球表面之上的所有人、动物和物体都戴上自己的钟表，它们所经历的时间运行实际上都不相同。我们都有着自己的时间，只对应于我们每个独特的自己。爱因斯坦在他发表自己的引力理论即广义相对论（在前面的章节已经向你介绍过了）之前十年，就已经解决了这个高速运动下时间的问题。那个时候，爱因斯坦无法在任何一所大学谋得一个稳定的职位，因为没有人看好他，二十出头的他只能在瑞士的伯尔尼做一名专利审查官（还是个助理）来维持生计。但这并不妨碍他思考。

在评估专利的间隙，他试图想象在高速运动的物体眼中，世界会如何呈现，运动速度对观察有什么影响。他试图寻找一种描述物体运动的理论，那个时候的他还没有关注引力，也没有在一个整体上关注宇宙本身。爱因斯坦那时的研究只注重物体如何在宇宙中运动。

1905 年，爱因斯坦 26 岁，他发表了自己的研究结果。很快，整个科学界就意识到在瑞士专利局一张不起眼的书桌上，一个从未被人听说过的人作出了一个非凡的断言：钟表并不以相同的速度运行，实际上，时间的流逝取决于物体间的相对运动速度。

更妙的是，利用这个名不见经传的年轻人提出的理论，还能依据两个人之间的相对速度算出他们两人时间上的预期差异。

这个理论被称为“狭义相对论”。

设想有一对双胞胎。

两个人，因为他们通常成对出现。

在爱因斯坦的理论被发表几年之后，法国物理学家保罗·朗之万（Paul Langevin）利用狭义相对论做了如下计算：如果双胞胎中的一个被送上火箭，以 99.995% 光速从地球出发做一次 6 个月的旅行，在地球上的那位得等 50 年才能见到他的兄弟回来。根据爱因斯坦的理论，离开的那位待在宇宙飞船的人所经过的 6 个月等于留在地球上的那位及整个人类的 50 年：我们的地球将在那个旅程中绕着太阳转 50 圈。虽然他们是双胞胎，结果却是两个人拥有不同的年纪，一个比另一个老了 49 岁半。真是一个让人惊讶的结论。

当你加热金属条时，它会膨胀变长，称为“热胀”。如果你调准加热方向，可以只让金属条变长，而其所在的底座——也就是它的环境保持不变。

依据爱因斯坦的狭义相对论，同样的效应也会发生在时间上。在以光速的 99.995% 飞行的火箭或以光速的 99.999 999 999% 飞行的飞机上，发生高速运动的是火箭或飞机，而不是它们的周围环境，所以是它们的时间，也只是它们的时间，受到它们相对于环境的极端高速的影响。

那对双胞胎刚刚经历过的，以及你在极速飞行的飞机上经历的，就是科学家们所称的“时间膨胀”。旅行速度越快，时间膨胀就越明显。

这是一个非常奇特的现象。

但爱因斯坦的狭义相对论还有一个更令人难以接受的推论：如果你的时间膨胀了，长度就会收缩……

现在，既然你在飞机上熟睡着，错过了那一幕，请允许我带你开始高速世界的另一段旅程。

在这个旅程中，你会看到在难以置信的高速下运动时我们的现实世界会变成什么样子。

我们现在先忘记你的飞机，甚至引力。

设想你站在地球上，穿着航空服，背后还装了两支火箭，而且是永远不会耗尽燃料的火箭。你告别了在地球上的当下生活，准备发射，朝向太空。

现在升空，希望一路上不会撞到什么石块。

现在你不是仅以意识穿行于我们宇宙的历史之中，而是意识与身体一起共同经历一次穿越虚无空间的旅行，多好玩。

你已经进入太空。

检查一下自己的手表。

它如同平时一样走动着：每过一秒便移动一秒，看起来是这样，管它背后是怎么回事。

地球早已在你背后很远，但可以想象那里有一只巨大的钟悬于其上，无论你身处何方，永远可以看到那只钟，告诉你地球上时间的流逝，比如说你阿姨家所在地的年月日与时间。

你的加速器非常有力。

现在已经达到 87% 的光速。

你手腕上的手表和身体里细胞的时间依然以一秒就是一秒的速度流逝，但你身边的其他一切都开始发生奇特的扭曲。

你回过头去看看那只悬于地球上方的巨钟。

当你的手表每过去一秒，那只钟上显示的却是过了两秒。

怪异。

与地球上所有人比较，你自己衰老的过程慢了一半，但你自己的感觉中，一秒钟永远是一秒钟。是地球上的钟变快了。

你接着前进。

现在你的速度已经是 98% 的光速。

现在地球上的 5 小时相当于你的 1 小时。

你向前看，望向远处的星系。

很奇怪，眨眼之前还觉得那些闪亮的光斑无比遥远，而现在却觉得没有那么远。就像远处的星系一下子跳近了。确切地说，近了 5 倍。

那，当然是不可能的。

你看了下自己的手表与速度计（就像你汽车里用来测速的仪表一样）。你现在的速度是 99.995% 光速——就是朗之万给他实验里待在飞船上的那位双胞胎设定的速度——仍然慢于你乘坐的飞机的速度，但即便是 99.995% 的光速，地球上的钟就已经比你的手表快 100 倍了。地球上的一昼夜只是你手表上的 1 分 26 秒。你这里的一年是地球上你阿姨家里的一个世纪。前方那些遥远的星系，那些几百万光年之遥的星系，为什么突然之间变得如此接近？显然这几个小时的旅行不可能让它们变得如此之近！

但，确实如此！

近了 100 倍！

它们离你的距离所缩减的程度，恰好跟与地球上的时间相比变慢的程度相同。

而且，这与宇宙膨胀完全不同。不管你看向宇宙中的哪个方向，膨胀都以同样的方式发生。

但这里，它们并不相同。缩短只发生在你运动的方向上。

它取决于你，也只取决于你。

现在，忘掉宇宙，只关注你自己以及你所看到的东西。

在你的左右两侧，看上去没有什么变化，上下也一样，那里的星系离你的距离基本上与你在加速前看到的一样，但你前面的星系绝对并不如此。面对它们，几乎可以确定无疑发生了一些奇怪的事：看起来不仅是时间发生了膨胀，长度和距离显然也变……短了？收缩了？

看上去的确如此，整个宇宙在你眼里如同透过一个变了形的放大镜看到的景象，正前方的距离变短了，而侧面完全没变。

你又看了下手表。

一秒钟依然按一秒钟走，你依然在加速，而一切显得更加扭曲。可以理解，你满心疑惑，甚至感到害怕，所以你转了个巨大的弯，调了个头，向地球飞去，原以为它会在非常远的距离之外…… 但它就在你眼前！你转过头，那些刚才你朝着它们飞去的星系已经回到了它们该在的地方：极远处！不管你往哪个方向飞，你前面的东西无论本来有多远，但看起来就在眼前，而其他方向上的距离却没有变……

几分钟以后，虽然依旧疑惑着，你飞过了国际空间站，它正以令人难以置信的速度围绕地球旋转。你看了下自己的手表，依然以一秒就是一秒的速度走着……你经过一个正在进行空间漫步的宇航员，她的动作被加快了10万倍，她腕表的指针像发了疯一般转动。你看到了她与你在时间上的差别！你看到了她的一生在你眼前展开。她手表中的10个小时只是你手表上1秒钟的一个零头……她也正以这个速度移动……空间站也一样，还有地球，以及周围的一切……你的火箭继续发威，带着你越过地球。越来越快。朝向无限以及……

半秒过去了，那位女宇航员已经回到了地球，又过了眨几下眼的时间，她已经去世，她的孩子都已长大，有了自己的孩子，地球已转动着过了几千个昼夜，甚至几千个年头，你已离它太远，完全看不到它的一丝踪迹。

对于你来说，不过是几秒钟。

你还在加速。

现在你已没有必要再回到地球。你会到达一个非常遥远的未来，你会觉得自己是个古董，显然也会被如此对待。

你面前的整个宇宙看起来越来越近，越来越平。

往两边看，一切依旧。只有前方——你运动的方向，发生了扭曲。

你还在加速。

你已离光速越来越近，但还是有些不对：虽然你的火箭一直兴高采烈地让你在时空里越走越快，不过近来你的速度没有提高多少。

而且，看起来你火箭提供的能量似乎变成了……质量。

是的，你可以确定这一点。每一分钟你都变得更重。

你的火箭让你几年来的节食成果付诸东流。

谁能料到？

"等等！"你叫道，显然这比其他事情更让你不快，突然，一切都静止不动了。

你依然在天上，在太空的某个远处漂浮，大概在我们未来的几百万年之后，冻结住了。不过还好，整个宇宙都冻结住了。一切运动都已停止。

你可以暂时放松一下。

好。

现在，让我们一起仔细琢磨一下你刚经历的高速旅行中的三个违反常理之事。

首先，时间的流逝在你与地球上所有其他人，包括那位宇航员（她的时间与那个悬在你阿姨房子上巨大时钟所显示的时间非常接近，可以认为两者相同）之间有着极大的差别。你们各自所戴的真实精准的机械手表不再以相同的速度走动，你飞得越快，差异越大。这是第一个变化。这很奇怪，我也认同，但事实就是这样。

第二个变化是距离在你前进的方向上变小了：那些在你没有高速运动时看起来很远的物体在你高速运动后变得很近。这也非常奇怪，我认同，但事实依然如此。它被称为“长度收缩”。

第三个是，最终你变得越来越重。虽然看起来这个变化最让你感到不快，但这最后一个现象却不像另两个那么出人意料，如果你到现在已经了解了这个质能转换方程式 $E=mc^2$ 的话——现在就让我们看看这个极高速运动所带来的独特副产物。

没有什么带有质量的东西能够达到光速运动，更不要说超过光速了，那是规律。所以带有质量的东西运动得越快，让它加速就越不容易。来看看这在现实中意味着什么，设想你飞得快到在你的速度表上增加 1 千米 / 小时就达到了光速。

接下来你从自己的裤袋里摸出一只网球来，朝前扔去。让我们随便假设你投球的速度是 20 千米 / 小时。

在地球上，这很容易。但现在，不再如此。事实上，不可能做到。没有什么东西能够超过光速运动。因为你自己的速度已经只比光速低 1 千米 / 小时，所以你的网球不可能以比你现在速度快 20 千米 / 小时的速度运动。

当然，没有任何理由禁止你投球——但既然那只网球无法超过光速运动，显然有一些别的限制会在你试图把它投向前方的虚空中时发生。答案就在我们的老朋友——方程式 $E=mc^2$ 之中：你试图投掷而加给网球的能量被转化成质量。因为它无法被转化成速度。

你已经知道质量能够被转化成能量（比如说在恒星内部），这里发生的是与那个现象相反的例子：能量被转化为质量。这就是答案了：你刚学到，因为爱因斯坦的狭义相对论，所以在你冻结一切那一刻之前，你会变得越来越重。

现在让我们看看你高速旅行带来的另两个问题：时间的膨胀和长度的收缩。

大多数人（包括我自己）在面对宇宙时间不存在这一事实时，会感到迷惑而着迷。我们的常识，经过在我们这个微小行星表面几百万年以来的进化，在直觉上就抗拒这种想法。尽管我们能在自己身上或周围看到时间留下的印迹，但时间本身是一个比较抽象的概念，完全不可见的某种东西以无法触摸的方式不停流动。虽然奇怪，但我们还是能够接受这一想法，时间并不像我们曾经认为的那么简单。

但是，我们一直相信自己熟悉空间这个概念。可是这也不正确。我们同样不了解空间。

在你的想法里，一米总是一米，不是吗？

不是。它取决于是谁在看。

空间与时间互相交织在一起：如果时间发生了改变，距离也一定会改变。

你一头雾水，为什么必须如此呢？

为什么时间膨胀必然带来距离和长度收缩？

答案在于那个自然界中存在着的绝对不可打破的速度限制：光速。

如果距离不收缩，你就必然会违反光速限制。

在外太空中，光的运行速度大约为 300 000 千米 / 秒。

一位在地球上的观察者看到你以 87% 的光速前进，也就是每秒 260 000 千米，这里的每秒是指他的每秒。

以如此高速飞行的你，一定还记得你所经历的一秒与他的一秒不同。以光速的 87% 飞行时，你这里的一秒钟等于地球上的两秒钟——在这两秒钟里面，位于地球上的观察者看到你移动了 520 000 千米。所以在他眼里，你移动的距离比你自己实际在你这里的一秒钟所走过的距离多了一倍。

这没什么奇怪的，对吗？

不对。因为虽然你在他的两秒钟里面移动了 520 000 千米，但你的世界里只过了一秒钟。

那么对你来说，你的速度就是 520 000 千米 / 秒。

但是，光速只有 300 000 千米 / 秒。你将打破宇宙中普遍存在的速度纪录……

但这是被禁止的，执法的不是警察，而是自然。记住，没有东西能够超过光速运动，在 20 世纪初，许多实验证实了这一点，而且在太空中，光也一直以此速度运动（既不会更快，也不会更慢）。牛顿永远无法解释这种现象，如果他依然沿用自己的观念来看待世界。但爱因斯坦做到了，用他自己的理论。

在他关于物体运动的理论——狭义相对论中，时间的膨胀必须伴随着距离的收缩同时进行，只有这样，才能保证不管是谁在看，都不会有物体能够以超过光速的速度运行。

如果一个站在地球上的人的时间流速比你快一倍，那么你所移动的距离，在你自己的感觉上，将比在地球上看着你的人感觉上短一半。

以 87% 的光速移动的你，自己并没有感觉到每秒移动了 520 000 千米，而是只移动了 260 000 千米。地球上的观察者看到的 1 千米的距离在你这里变成了只有半千米。

而你的速度则保持相同，不管是你自己测量，还是其他人测量。

速度与观察者无关，但时间与长度取决于观察者。

你在飞得更快时，远处的星系看起来离你更近了，因为它们的确变得离你更近了。千真万确。而且这不仅仅发生于物体离你的距离上：物体本身也随着速度变大而缩短了。在没有以同样高速运动的人看来，高速移动的火箭和上面的乘客都收缩了。甚至你自己也是如此。以 87% 光速的速度飞行的你，像超人一样，举拳伸过自己的头顶，俯身前进，对于地球上的人，你的身高只剩下一半，但在与你一起同速飞行的人的眼中，你依然一切如常，因为他们用来测量你身高的卷尺长度也同样缩小了……

这一切，都是接受了宇宙中存在一个固定的、有限的和不可超越的光速的结果。

爱因斯坦在他 1905 年关于狭义相对论的论文中阐述了所有这些。这一理论揭示了大自然对于所有想要以（非常）高的速度旅行的人所定的规矩。

奇怪吗？当然。

反直觉？绝对。

但自然就是这么运作的。

那么，关于引力呢？我们刚才有意忽略了它，但如果我们希望看到一个我们宇宙的真实图景，我们需要把它加进来。马上，你就会继续你的高速旅程，这一次，你所在的宇宙构造——时空——将与它所含有的能量相互作用，并在后者周围弯曲，产生引力。

现在回到你这里。

你还在外太空中。一切依然被冻结着。

地球在你身后某处，你刚才看见的那位宇航员在很久之前就已死去并入了土。你正向着现在看起来不那么远的遥远星系飞驰。

记住时间与空间是作为我们宇宙构造即时空所不能拆分的组成部分，引力就是这个构造被它所含的能量弯曲产生的效应，不管这些能量是什么形式的，而且质量就是能量的一种形式。

在你冻结一切时，自己正变得越来越重。

现在让我们把画面解冻。

准备好了吗？

你又开始飞行。

你的身体正以非常快的速度移动，而你的加速器还在强劲地为你加速，你变得越来越重，因为现在我们考虑到了引力，你不断增加的质量让身边时空的弯曲程度越来越显著。

你的身体的质量现在已经与一座小山差不多了。[1]

那些从你边上飞过的石块开始沿着你所引起的斜坡滑下，很快，它们甚至开始掉到你身上。

石块掉到你身上时你还是很痛的，但是你已变得越来越重，体积却没有变大，你比以前的自己更致密，所以那些石块被你击成微小的碎片。

随着你收集的能量越来越多，你已经变得像地球一样重了。

你捕获了大石块，甚至小行星。它们正绕着你转动。

你变得如此之重，你在自己身边的时空中形成的曲线已经变得非常显著，宇宙已经在任何一个方向都发生了变形。不仅仅是前进的方向。这已经不再取决于速度，而是引力了，引力所带来的时空弯曲，源于你自身收集的能量。因为这些能量、空间与时间，在我们宇宙的构造中互相纠缠，它们弯曲得如此显著，现在无论你朝哪个方向看去，宇宙都已变形，而且变形本身也在加速，似乎你的时间现在比宇宙中所有的钟表都慢。

现在你的质量已经达到了五个地球那么重，全部集中在你的身体里。显然抬手对你来说已经是一件难事,其他任何类似动作也一样，事实上，现在的你已无法动弹……

老实跟你说，如果我是你，我会在这里停下来。

为什么？

因为你持续不断地增加自己的质量，你注定总有一天会变成黑

---

① 或许到不了一座山峰那样的质量，但在全世界的粒子对撞机中，加速后的粒子的确表现如此：当被加速后，粒子们质量增加。

洞。

这可不是什么好主意。

糟糕的是，你越来越重，直到你无法动弹，你甚至无法碰到关闭火箭的隐蔽开关。

你的双手就像被胶水黏在屁股上，你感到自己就要崩溃了……

“停下！”你惶恐地大声叫道，发现自己已回到飞机上，坐在窗边。

你那位古怪的邻座正看着你。

从他的表情看，你似乎吵醒了他。

他绝对古怪，不过现在的你，看上去比他更古怪。

你嘟哝了一句别人听不到的“抱歉”，转头向飞机舷窗外看去。

现在是凌晨。

没有任何马上就要降落在未来家乡的迹象。

没有看到遥远的星系本应该越靠越近的现象。

没有小行星环绕在你身边。

你只不过是在乘坐飞机。

你看着自己的手表。

看起来你已经在空中飞行了 8 个小时。

“我能问问你刚才为什么大叫吗？”你那位古怪的邻座问道。

“我们在哪儿？今年是哪一年？”你回问道，睁大双眼。

“这个，这个……”

“哪一年？”你不肯放弃，有些神经质。

“2015 年。”他回答说，感到有些好笑。

你叹了口气，当空姐宣告飞机开始下降时，你意识到这只是一场梦，你没有飞入未来，依然在这里，飞向你可爱的老家，它那水泥路面和砖墙建筑。

外面是 12° C。空姐继续说。晨雾会随着白昼的到来而散去……

还是 2015 年。

可以放下心来了。

但真是个怪梦啊。

第 4 章　如何才能永远不老

但这并不仅仅只是一场旅途异梦。

你的确瞥见了如果自己可以以极快极快的速度运动时宇宙在你眼前呈现的样貌。科学家们给高速定了一个门槛，越过这个门槛，你刚才所经历的那些奇怪效应就会显著地呈现出来，让人无法忽略，这个门槛被称为“相对论速度”。你刚才所梦见的一切都符合我们今天已知的从相对论的视角看到的自然法则。

当然，没有一个人类曾经到达过这样的速度，但我们周围的粒子做到过。事实上，它们一直如此。但在 1905 年，爱因斯坦提出这些绝妙理论的时候，验证这些现象并不容易。

事实上，直到狭义相对论发表了 66 年之后，才有两位美国科学家约瑟夫·哈夫勒（Joseph Hafele）和理查德·基廷（Richard Keating）设计了实验来验证这种被爱因斯坦预言的奇怪的时间膨胀效应。

我们现在在 1971 年。

哈夫勒和基廷用了三台原子钟，这是当时最好的钟表。这种表一旦互相调准一致后就能够以相当精确的水准保持同步：几百万年的误差只有 $1/10^9$ 秒。这真是非常可靠的钟表。

现在哈夫勒和基廷有了三台这样的钟，并把它们调准同步了。

他们把这三台原子钟带到机场。

他们把一个留在地面，放在机场候机厅里，给另两台钟在两个航班上各订了一个座位。

想象一下飞机上其他乘客看到这一情景的反应就让我忍俊不禁……

不管怎么说，那两架飞机起飞了，一架向东飞，另一架向西，各绕地球一圈，最后回到它们出发的机场，三台原子钟表再次会合。因为地球本身向东自转，因此向东与向西飞的飞机在相对于机场的整体速度上有一点点差异。

现在，如果大自然遵循我们的直觉运行，那么无论飞机怎么飞，三台原子钟应该依然保持同步，对于上帝放在自己床头柜上的宇宙标准钟表来说，一秒钟就是一秒钟，每一秒钟过去，那根秒针就移动一格。你见过或使用过的所有钟表，不管是不是机械的，显然都是这样的。就这么简单。然而……不对，不是这样的。大自然才不在乎我们的直觉，碰巧这个关于钟表与时间的直觉是错的。只是我们通常使用的钟表精度不够，没能显示出这种差别而已。我们的直觉是错的，而爱因斯坦却是正确的。

当飞机回到当初的机场时，哈夫勒和基廷发现他们的三台钟已不再同步。

向东飞行的飞机上的钟与放在机场的钟相比慢了 $59/10^9$ 秒，而往西飞的飞机上的钟表则快了 $273/10^9$ 秒。

如果这三台原子钟一直放在一起，需要超过三亿年才能自然地产生这样的误差。

哈夫勒和基廷认为，差异有着两个不同的来源。

一是速度，按照爱因斯坦所猜想的狭义相对论：三台原子钟之间的相对速度的确能够造成一些微小——但可测量——的时间膨胀效应。

而第二个来源与速度无关，而是引力，来自爱因斯坦的广义相对论：就像一个重球滚动在橡皮膜上，球近处的膜变形比远处的要显著，爱因斯坦认为，地球对于时空的影响在地球表面比在飞机飞行的高空更显著，这个高度差别也会造成两处时间流逝的差异。

这两种效应相互独立，哈夫勒和基廷在进行他们的实验之前就已算出结果。

将两者相加。

总而言之，爱因斯坦的理论预言与固定在地球表面的钟相比，往东飞的钟会慢 $60/10^9$ 秒，而往西飞的钟应该快 $275/10^9$ 秒。

实验证实了他的预测。

上述时间差别或许听起来微不足道，的确如此，但要注意飞机并没有飞得很快，地球也不是一个太大的天体。飞得更快和 / 或离引力更强的物体更近时，时间差异会变得巨大，就像你在梦里经历的以接近光速飞行的飞机上所发生的事那样。

毋庸置疑，哈夫勒和基廷实验的精度自 1971 年起到现在已被不停提高，以越来越高的确定度证实了这一结论。时空的确意味着它所意味的含义：空间与时间的混合。

在我们的宇宙中，钟表的走动速度决定于谁在看：取决于你在哪里、你身边有什么（引力部分）以及你的速度。在 20 世纪早期，这一切还非常抽象，在今天，它们已成为实验事实。我们不得不接受。

在这个我们的宇宙里，时间与距离不是普适的绝对概念。它们取决于观察者，取决于是谁在体验以及谁在观察。它们都是相对的，否则，光速就无法成为常数，也无法成为极限。

好了，那我们人类又该如何加以应对？它改变了我们的日常生活没有？那个完全取决于速度的部分的确如此，是的——而且改变了很多。不仅我们的技术常常利用各种快速运动的粒子的交换来传递信息，而且狭义相对论还帮助我们了解构成我们的物质是如何工作的。你很快就会看到，构成我们身体的原子里的电子——以及这个世界上其他许多极小的东西——都以相当快的速度运动。

关于引力或时空的部分，虽然听起来很奇妙，但至今为止，只有一种面对大众市场销售的设备用到了它：GPS，即全球定位系统。每次你利用 GPS 确定自己的位置时，不管是智能手机里的 GPS 还是车里的 GPS，它们都考虑了地球周围空间与时间弯曲的效应。离地面越近，弯曲程度越大——不仅在空间上如此，在时间上也是如此。

天空里的卫星中有一个钟表，与你的 GPS 接收器通信以确定位置。如果不对地面与卫星上的时间不同进行修正的话，你的位置很快就会完全错误，以每天 10 千米的速度漂移。GPS 会因此变得完全无用。 GPS 的成功应用得归功于爱因斯坦的狭义相对论与广义相对论。

好吧。真相就是如此，不存在一只钟表可以在宇宙各个地方以同样的方式走动。

你梦里的飞机以光速的 99.999 999% 飞行，与地球及其之上所有居住者相比，它在空间中的运动速度极大，你能在 2415 年降落就已经很幸运了。

如果你飞得再快一点，你会在更远的未来到达目的地。

多远的未来？再说一次，这取决于你的速度。

但有一个限制，因为没有什么能比光走得更快。

或许有一天你能走得与光一样快，但你将为此作出重大牺牲：你需要放弃自己的质量。所有质量。光无法携带任何质量，一点都不行，这才是它的速度这么快的原因。光喜欢轻装上路。

质量会带来什么问题？自然而然，你会产生这样的疑问。

其实你自己已经体验过了，任何带有质量的东西在加速过程中都会变得越来越重。要想达到光速，从一开始你就不能具有质量。

你依然好奇，如果真的能把自己变成某种没有质量的东西，会发生什么？ 那个时候，你的时间会如何流逝？听起来难以置信，答案是时间停止流逝。你带在身边的所有嘀嗒作响的钟表（没有质量）都会停止走动。

在光速，时间停止了。

彻彻底底。

这就是为什么光在旅行了那么久，穿过宇宙，最后在今天到达我们地球时，还能保持它当初被发射时的样子的原因。如果被传递的是一张明信片，138 亿年的时光和漫长旅途的仆仆风尘将会令它面目全非，让你无法认出它的本来面目，但时间的流逝不会影响即使是穿过整个宇宙的光所携带的图像，哪怕一丝一毫。当我们收集到来自我们可见宇宙最远端所发出的光线时，我们得到的就是那时候宇宙的样子。[①]

现在，既然你具有质量，除了忍受时间的流逝之外别无选择，对此你无能为力。想要永生，你就得把自己变成光，而这是不可能的任务。而且，即便你能够变成光，你的时间将无法前进。你的确实现了永生，但你自己却意识不到。

话虽如此，虽然你无法永生，虽然你具有质量（我并没有暗示你肥胖），你或许还是有可能到达你邻居到不了的将来。要实现这一点，你需要的只是以足够快的速度旅行而已，就像那架飞机。或者移民到一个具有比地球强得多的引力的星球上去。

在结束这个话题之前，我还想说，你们中总有一些人，因为各种原因，不喜欢变老。甚至还有一些人，非常想要青春永驻，或者想比邻居活得长许多。对于这些特别的读者，我现在提出如下警告：你没有必要以飞跑或成为一级方程式赛车手甚至皇家空军试飞员等方式来实现这个梦想。甚至试图登上一架以 99.999 999 999% 光速飞行的飞机都没用。

为什么？

因为在你看来，你的钟表没有发生任何变化。

在你的眼中，以及对于那些构成你身体的细胞来说，一秒钟永

① 虽然我们依然要考虑到因为宇宙膨胀而带来的红移效应并对此作出修正，来自宇宙深处的光所带图像的确会被宇宙膨胀本身拉长，但它们并未变老。

远是一秒钟，一天就是一天，一年就是一年，永远如此。你自己的时间与衰老不会放慢脚步，你也不会活得更长，你的细胞依然会以相同的速度生长衰亡，所有与你一同旅行的人都如此。快速旅行或在一个遥远的更致密的行星上生活不会让你活得更长，因为对你来说，24 小时在感觉上依然是 24 小时。只是，其他人可能会看到你活得比他们自己长。

将你的现在快进到别人的未来在理论上是可能的（甚至有可能在某一天在实际上也成为可能），[①] 但想要通过快速移动而活得更长久则不会实现。

通过爱因斯坦的狭义相对论和广义相对论，你发现在我们通过感官所了解的我们日常生活的世界之外还有一个奇怪的世界。但你现在所看到的奇事与你在安全回家后所要经历的奇事相比实在太不值一提了。

在参观了非常巨大和非常高速的世界之后，你接下来将进入非常微小的世界。

我觉得，如果以前你从来没有相信过魔法，或许从现在开始，你会改变主意。

① 回来，却是不可能的。所以，如果有机会参加这种旅行，在报名之前请三思。

第四部分

跃入
量子世界

第 1 章　金块与磁铁

你的阿姨已经离开了，你确实邀请过她多住几天，哪怕只是为了有个人可以与你讨论一下那个奇怪的相对论梦境，但是——出乎你的意料——她婉拒了你的邀请。仔细考虑后，她认为你一切都好，觉得自己已经尽了责任带你回到家，因此她登上了第一班回悉尼的飞机走了，留下了她为了让你开心而带来的一整套水晶花瓶。现在她已经到了澳大利亚。你回到家，坐在沙发上，看着那些难看的花瓶，手上把玩着你为了纪念自己这次热带岛屿之行而在礼品店买的那个棕榈树形状的小冰箱贴。

离你回去上班还有一个星期，你有七天时间来找到各种方式处理这些花瓶，但你还是犹豫不决。

你完成了对于现实世界秘密的探险了吗？还是前面另有一层你尚未到达的秘境？

你无法直接回答这个问题，于是决定给自己弄一杯热饮。

当你在厨房煮咖啡时，突然注意到墙上有一块砖有一点点凸出。你好奇地试图将它往外拉——它的确滑了出来。让你惊讶的是它后面居然藏着一块金子，可能是某位（粗心大意的）前房客所藏。它大概有你半个手掌那么大，所以应该值点钱的。你以前怎么就从来没有注意到这块砖呢？真是个谜。但不管怎么说，没有什么能比在自家厨房找到金子更幸运的事了，所以你也没再多想。给自己倒了杯咖啡，带着调皮的笑容看着自己的飞来横财。

你曾经穿过整个宇宙，那是大尺度的世界。

你也曾快速旅行，到达了你可能到达的最高速度。

但你对于非常小的世界没有任何了解：物体到底是由什么构成的呢？黄金是由小金块构成的吗？

为什么你周围的物体如此千差万别？为什么黄金与奶酪之间如此不同？为什么我们不像水一样在室温下变成液体？

面带微笑，你觉得科学对你的吸引力大过金钱，于是把手里的金块一切为二，想看看金块里面到底是什么。

与一些（但不是所有的）奶酪不同，金块的内部有着与外面一样的颜色、一样不带气味，反正与外表面完全相同。你又把其中的一块再一切为二，再切，再切，对着越来越小的金块仔细观察，拼命地想找出有没有什么变化。

它看上去一直是金子。

或许有些人认为这种切割能够永远继续下去，但事实并非如此。大概在 26 或 27 次一分为二后，你得到的是最微小的黄金了：你再把它一切二，得到的就不是黄金了。

这个黄金的最小量，作为黄金的最微小单位，就是科学家们所称的金原子。

请注意，虽然看上去将某样东西连着 26 次一切为二没什么大不了的，但其实不然。你会发现在自己家里很难完成这个任务。给你个具体例子吧，如果你试图以另一种方式来做这个实验，例如，把这本书撕下一页来，对折 26 次，你得到的将是高达 14 千米的纸堆。或者说，你需要比珠穆朗玛峰还要高 50% 的金条，在 26 次对半分割之后，变成本书的一页这么厚的薄片。

只有如今最先进的技术才能看到单个的金原子。[①]

那么铅、银或碳呢？

除了黄金之外，任何其他你能找到的纯物质都会引导你得出同样的结论：不停地将一块能被你握住的材料一分为二，大概 26 次——前后相差一到两次——之后，你就会得到该材料的一个原子，不能再分了，不然就不再是你一开始得到的那种物质了。换一个东西来说，奶酪不是纯净物，但它依然由原子构成，那些原子聚在了一起。我们所知道的宇宙中的一切物质都是由原子构成的。

那么，原子又是由什么构成的呢？

你现在还回答不了，不过你猜想它们应该由更小的要素构成，而且这些更小的要素对于宇宙中所有的原子构成来说都是一样的。很快你就会进入它们的世界旅行，但我会告诉你因为这些不同原子含有不同数量的小要素，因而由这些原子构成的纯净物才会具有不同的特性或——如所有人都知道的——价值。如果你说既然它们都由差不多结构的原子构成，就想以 1 千克水银（大概值 23 英镑）换取 1 千克黄金（大概值 2.6 万英镑）或钚（大概值 260 万英镑，与市场有关），任何交易员都会怀疑你是否神志清醒。

那么这些原子到底是什么？是什么使得由它们构成的宏观物体

① 你会在下两个章节中看到这些技术之一。

具有如此不同的特性和形状？既然所有一切都是由相同的东西构成的，为什么你可以用刀切开黄油，却不能切开纯钻石？

你的大脑快被这些问题压得爆炸了，你决定不再理会这些，伸手去取你要加入咖啡的牛奶。

当你接近冰箱时，无意识地抓起你买来的冰箱贴，让它吸到冰箱上，它脱离你的手指，一下子吸附在冰箱的金属门上，你愣住了。

在这之前，不管是对冰箱贴还是磁铁，你对这种现象一直熟视无睹。

但现在一切都已改变。

磁铁是怎么做到这一点的？

是冰箱知道冰箱贴正在接近？还是冰箱贴知道冰箱就在那里？或者两者都是？或者这完全就是魔法？

至少你从来没有见过冰箱贴与冰箱之间交换过任何东西。两者都没有伸出什么魔手抓住对方将自己拉往对方表面。

或许是你看得不够仔细。

你把冰箱贴从冰箱上取下观察它的表面，那个制作粗糙的棕榈树背面。反正不管你怎么看，那个黑色的表面是平的。

你把它紧紧地固定在自己的拇指与食指之间，慢慢地将冰箱贴再次靠近冰箱门，脸紧贴在冰箱门上，专心致志地盯着冰箱贴与冰箱门之间的空气。

两者之间只有几厘米。

你感觉到什么东西。

一种力量。

一股吸引力将冰箱贴拉向冰箱。或者是把冰箱拉向冰箱贴。或者两者都有。很难区分。

但空气中什么都没有。肯定如此。你看不到任何蛛丝马迹可以暗示它们如何知道彼此的存在。

现在冰箱贴离冰箱已经不到半厘米了，吸引的拉力越来越强。

你要保持冰箱贴不被吸走都有些困难。

你依然没有看到什么东西。

你放开手。冰箱贴从你的手指上跳上冰箱门，静静地吸在上面，在你疑惑的目光中快乐地固定在门上。

这种奇怪的吸引让人们迷惑了几百年。是不是很诡异？冰箱贴会跳过去。在它与冰箱接触之前什么都没有发生，然而却存在一种力。我们的祖先在看到磁铁时也是这么想的，虽然那时他们没有冰箱。他们开始谈论这种在一定距离之外就有的诡异作用（超距作用），用它来描述让磁铁发挥作用的不可见的东西。

它有点像引力，真的。

没有人能看到引力。

当牛顿提出他那绝妙的公式描述整个宇宙里的物体如何互相吸引时，他对自己描述的引力是由什么引起的毫无了解。大约一个世纪前，爱因斯坦发现了引力的本质。他告诉我们，引力不是一种力，而是一种坠落。沿着时空曲线发生的坠落。

那么磁铁是不是也如此？磁铁是不是也在时空里产生了陡峭的曲线？

不是的。不可能。如果是这样，所有东西（木头、我们、啤酒，任何东西）都会掉落其上，而不只是钉子、铁屑和其他潜在磁体。你从来不会觉得自己的手指被磁铁吸引。不对，一定有些其他东西没被找到。结果，那些东西的确被找到了。大概在 80 年之前。它与我们所称的“场”相关，严格地说，是量子场。现在你已经知道了原子和磁铁的存在，你就能看到量子场有多么奇妙。

第 2 章　如同海里的鱼

现在想象一下自己是一条鱼，因为某种原因，你想去看看作为自己家园的海洋上面有些什么。从海洋深处，你尽力加速，如鱼雷一般向上冲去。你的目标是我们人类所称的海面，而作为鱼，大概是被称为天花板的地方。

你游得很快，越来越快。水压迫着你的鳞片。随着你离液态世界的尽头越近，周围的光线也变得越发明亮起来。现在，你出水了。周围已经没有水将你包裹，你飞行在一种蓝色的虚空之中（我们人类称它为大气）。你用力扇动鱼鳍，但无法游向更高处。你并不像鸟一样，确实，你还是更像鱼一些，向上的旅程突然终止，沿着因地球的存在而带来的时空曲线向下滑动，落回海中。

片刻之后，在你大海深处的家中，你与自己的鱼类朋友讨论自己刚才的经历，那些朋友与你一样对未知世界充满好奇。你们很快就同意在上面——你们巨大水世界的屋顶之外——是不可能游动的。你们相信，海洋上面，是一片蓝色虚空。

我们人类知道得更多。我们知道海洋之上是空气，而且我们现在知道我们所谓的空气远远不是虚空。没有它，几分钟后我们就无法存活。

然而，我们中的大多数并没有比海里的鱼聪明多少：我们不也认为在外太空里，大气层之外，我们珍贵的空气上面，什么都没有了吗？我们不也认为太空仅仅是黑暗的虚空？

如同你将在本书余下部分所看到的，这种想法完全错了。

外太空远远不是空的。

作为鱼类，当你短暂地跃出海面时，你进入了另一个世界，一个主要由气体与尘埃，而不是液体构成的世界。

现在，你将要进入的世界比你刚才见到的更广泛。它被称为“量子世界”，它是基本物质与光的世界。

与海洋不同（海洋由水构成，延伸到与空气交界处为止），量子世界无处不在：在海洋里，在陆地上，在构成我们的物质中，在光里，在外太空里，甚至在“虚空”的太空中。人类花了几千年才走进它的国度。进入量子世界的大门深埋在微观物质之中。因为空气、引力和其他许多因素会让整个图景变得特别复杂，我们先暂时忽略它们。

忽略它们的最好方式莫过于把你送回外太空。

在你将冰箱贴从冰箱上取下再次检查它的表面时，你没看到它有任何可见的变化。还是黑色，依然光滑。但你能感觉到作用力，毫无疑问。真是奇怪。

你再次将脸颊贴紧冰箱，再做一遍实验，你将注意力完全集中在冰箱贴与冰箱上，其余的一切都从你身边消失。地板、空气、你那块金子、墙壁、你的整个厨房与公寓，都不见了。你的家园不见了，就连地球、月亮和其他一切也都消失了。

你漂浮在太空里，来到一个遵循着至今已知的所有大自然规律的意识世界。你的周围没有空气，也不再有引力。真的，什么都没有，除了你自己、冰箱贴、冰箱，以及那让冰箱贴与冰箱相互作用的不知什么的东西。

到现在，你应该已经熟悉了这种情形，所以你不再为此惊异或担心，而只关注自己手头的实验。

紧贴着冰箱的你的脸已经很冷了，冰箱贴还在你的手里。你放开手，在这松手的一瞬间，你进入了一场新的探险：听起来真是不可思议，你开始变小了！在你游历时空时，你变大了，以便理解巨大的宇宙尺度，接着你又以极限速度观察世界，所以你高速移动。现在，你又将开始探索量子世界的旅程，所以你变小了。

变得很小。

你正变成自己的微缩版。一个只有几个原子那么高的自我微缩版。

到底有多小？

让我们看看。

当你在阅读本书时，书本或电子屏幕离你的眼睛大约有几只手掌那么远。在这个距离上，你的眼睛能分辨出的最小尺寸大约是 1 毫米的 1/20，也就是人类头发直径的 1/3。

现在，微缩版的你缩小后的尺寸是刚才你眼睛所能看到最小尺寸的 $1/10^5$。这大概是能看到你的冰箱贴与冰箱之间是不是真的有什么事情发生的合适尺寸。

虽然缩小身体这件事总有些让你心神不定，但你还是专注于观察冰箱贴与冰箱之间是否有什么东西伸出幽灵般的手把对方拉向自己。你转动着自己微小的脑袋上下左右观察着。

你什么都没有看到。

你知道自己的右边是冰箱贴，而左耳后面就是冰箱，但以你现在的大小，它们离你太远，你无法看清。

所以你耐心等待。

什么都没有发生。

什么都没有。

在漫长而孤独的等待之后，你决定试试别的方法：与其观看，或许用感觉能解决问题。就像你小时候通过想象自己拥有超能力来打发时间一样。

你虚拟着做了几下深呼吸，集中注意力，然后你闭起眼睛，如同一个太空里的微小瑜伽大师，比微尘还小，紧闭双眼，伸开双臂，就像你在电影里看到的那样。

一开始，你什么都感觉不到。然后，感觉来了。

你感觉到自己就像海里的鱼，围绕着你的一切似乎都包裹在某种……什么东西呢？显然，不是水……你睁开自己微小的双眼，渴望找出是什么构成了这片海洋。但那种感觉突然消失了，再一次，你的身边什么都没有。这种感觉的确很奇怪，甚至有些令人害怕。但你不是胆小鬼，很快你就推断出与我们宇宙中存在的许多东西一样，你所感觉到的东西是真实的，虽然无法被我们的眼睛看到。

所以，你再次闭起双眼，以瑜伽的方式进入这个量子世界。

“海洋”还在那里，包裹着你。甚至还有……洋流？是的。开始于冰箱贴所在的地方，终止于冰箱。那里有着循环流动着的作用力，直接穿过你的身体，你意识到自己现在所感觉到的就是让冰箱贴与冰箱相互作用的东西，就是所谓的“电磁场”。在你闭起的微小眼睛之后，它就像一片由作用力构成的薄雾，包裹着一切，无处不在，在离冰箱贴和冰箱最近的地方最密集。波浪穿行其中，以光速前进，告诉你冰箱贴与冰箱正迅速接近，意味着早晚有一刻，它们将撞在一起，意味着……你睁开双眼，一幅恐怖的景象出现在你眼前，让你合不拢嘴：一片巨大的黑色冰箱贴正向你飞来，就要把你压扁。

你后退一步，害怕得瑟瑟发抖。

你离冰箱贴的距离已经让你能够看到在其表面摇摆着的原子。甚至在它们边上也有微小的激流流过。这些激流是什么？电流吗？还是磁流？或者两者都是？对此你毫无头绪，不过可以确定的是……**等等！那是什么？**

一些事情发生了。

你亲眼目睹。

不是从冰箱贴伸往冰箱方向的手臂，而是某种光。到底是真实的还是虚拟的，你分辨不出，但显然，有光。不知它们从哪里出现，但就在你微小的眼睛前面，似乎在冰箱贴表面之上。或者是里面？你转头看向它飞去的地方，那扇冰箱门，它体积巨大，也正向你迎面而来……

你屏住自己微弱的呼吸。

你马上就会被压得粉身碎骨。

越来越多奇怪的光珠从片刻前还看起来隔开了冰箱贴与冰箱之间的虚空中出现，现在这片虚空显然已不再是虚空了。你的身边有光珠闪亮，它们在冰箱贴与冰箱之间来回交错，就像有一大群微天使将两件物体拉向彼此。

这场表演让你着迷，虽然自己的微缩版身体正处于生命的最后时刻，但你仍在困惑这些光珠是自己想象出来的还是真实存在的……它们看上去的确不像真的，因为它们只存在一瞬间，而且不知来自何处，但它们显然又对冰箱贴产生着非常真实的效应……是的，这些明亮的小东西携带着让你的冰箱贴贴近你家冰箱的力量……

你闭起你微小的眼睛。

你就要被压扁了。

但是，砰！

你回到自己的厨房中，茫然地盯着冰箱门，那块冰箱贴刚好把自己贴上冰箱，发出轻微的金属撞击声。

你抬手擦去额头流下的冷汗，大口喘气，略觉尴尬——虽然你独自一人——觉得这只不过是自己的想象。

不过感觉上真的很逼真。

你刚才见证的正是一场超距反应，它并不是魔法，虽然我承认，这一切看上去的确很诡异。毋庸置疑，你看到的是那让两个磁性物体互相作用的神秘力量——电磁力，这种作用力由虚光子所携带，这种粒子非常独特，它们的存在只有一个目的：携带电磁力。它们出现在你的冰箱贴与冰箱之间，看起来它们从虚空中产生，但实际上并非如此。你已发现在宇宙中任何两个物体之间，不管它们是不是有磁性，都存在着某些东西，被称为电磁场。那是一个相互作用的海洋，虚光子可以在任何一个时刻出现其中。

就在现在，当你盯着冰箱看的时候，无数这样的虚拟光珠被冰箱贴与冰箱门交换，但你无法看见，也不再能够看见。这就是为什么它们被称为虚拟的原因。它们从并非虚空的虚空里出现，并在让任何人有机会看到它们之前消失无踪。

这样的虚拟力量携带者一直围绕在你身边，就在现在，甚至在你身体之内。

它们都属于电磁场，一片不可见的迷雾，充满的不仅是冰箱与冰箱贴之间的空间，而是整个宇宙。

那些互相排斥的磁铁又是怎么回事？你肯定见过那些，不是吗？

你马上就要经历的飞越原子之旅（几章之后）会让你知道，你刚见到的虚拟光珠对于构成我们及包围我们的物质可以吸引、排斥，或者毫无作用。一切都取决于相应的物质到底由什么构成。事实上，它碰巧只取决于一种东西：一种被科学家们称为“电磁荷”的东西。就像你可以用体重秤测量自己的质量一样，你也可以用某种仪器测量自己的电磁荷。虽然整体来说，你的电磁荷量是零——人的身体是电磁中性的（否则冰箱贴就吸附在你身上了，那还是蛮讨厌的）。但对于构成你身体的每一个具体粒子来说却并非如此。

自然中只存在两种电磁荷，方便起见，它们分别被称为正的或负的，或者另一种说法：阳或阴。但你用任何别的名字称呼它们也没什么不可以，真的。

规则是虚拟光珠排斥同种电荷，而将异种电荷拉到一起，正电磁荷与正电磁荷之间、负电磁荷与负电磁荷之间会被二者间出现的虚拟光珠推开。距离越近，出现的虚拟光珠越多，排斥力就越大。而正电磁荷与负电磁荷之间却喜欢待在一起，就像你的冰箱贴与冰箱一样。同样，距离越近，它们之间的吸引力就越大。中性物体不在乎这些虚拟光珠，它们能够通过拥有完全相同数量的正电磁荷与负电磁荷实现中性（你的身体就是这样），或者完全不带任何电磁荷（某些你马上会遇见的粒子就不带任何电磁荷）。这些就是电磁场所遵循的规则。

现在，你或许会觉得这种关于冰箱贴与冰箱相互作用的解释无法被我们的眼睛看到，这不过是一个有用的模型构建，却未必真正对应于自然运作的真实机制。你或许会提出，电磁场只是科学家们用以描述带有电荷的物体如何在磁铁周围运动的图画工具而已。一幅图画。一幅充满智慧但却是想象出来的图画。你对此毫无异议，但也仅仅是幅图画而已。

当然你可以这么想，但未必代表这种想法正确。

你刚才所见识的场，这弥漫在整个宇宙之中然而又在带有电荷的物体周围及其之间变得活跃的不可见的迷雾，远远不只是一幅图画。

首先，它非常真实。

事实上，它不仅规范着所有带有电荷或磁荷物体的运动，还创造出宇宙中所有一切带有电荷与磁荷的粒子，包括光。你很快就会见到的电子就是它的一个表现，你眼睛所探测到的光线是另一个，它们都是这个场中的涟漪。

今天地球上许多最出色的科学家们倾向于认为电磁场具有比磁铁所展现出来的更本质的特性，当然也比冰箱更本质，甚至比光都更本质，当然也比你更本质。虽然最后一句话听起来十分离谱。

在本部分结束之前，你将了解另两个充满整个宇宙的量子场。

你将了解到对于现代科学来说，你和我，以及我们所知道或看见的所有物质以及闪耀在任何地方的光，都是这些场的表现，或者涟漪。我们，人类，的确就是海洋里的鱼。一个由场构成的海洋。其他所有东西也都同样如此。虽然我们的祖先曾经一度生活在真正的海洋中，但他们仍然通过了亿万年的进化才认识到量子场的存在。

第3章　跃入原子世界

你茫然地注视着那块俗气的冰箱贴已经够久了。你摇摇头，伸手打开冰箱，取出在冰箱贴吸引你进入诡异世界之前就急切想要拿出的牛奶。

你走回放着咖啡杯的桌子，正准备倒入牛奶时，看到了放在一边的金块，你停了下来。

你早先看到的金原子或者冰箱贴表面那些摇摆着的原子到底是些什么？它们就像小圆球吗？还是立方体？那些从电磁场中生成的虚拟光珠所相互作用的电荷到底又是些什么东西？还有我所说的它们都是一些场，这到底是什么意思？

或许你早已料到，这些问题又一下子将你变成微缩版的自己，漂浮在厨房中间，任何你所熟悉的物件都远得无法看见，而自己正好奇地看着早先被单独拿出来的金原子，想搞清楚它到底由什么构成。

但第一个迎接你的东西不是金原子。而是宇宙中最小的原子，构成了宇宙所有已知物质74%的原子：氢原子。像太阳那样的恒星们在自己的内核中将这种原子聚合成更大的原子，并释放出这个反应的副产品——闪光。

公平地说，你没看到什么。

你面前有东西，这是肯定的，但你很难确定这东西到底在哪里，更不要说是什么了。你试图聚起你那微小眼睛具有的所有视力仔细看去，但依然没有用处。所以，你决定不要看，而是试图感觉它，以瑜伽的方式。

难以置信，这个方法管用。

你的眼睛闭着，但你能够感知一幅画面。

无处不在的电磁场中有一种波正泛起涟漪……一种围绕着一个球状物体摇摆的波……这是一个中空的球体，或者不如说是中空的一团……事实上好像也不是真正的波……但它感觉上就是一个球，不对，一团像耳垂似的东西，有着非常快速移动的波纹……速度很接近于光速，所以它看到的世界的形变一定非常厉害，更不要说它的时间流逝与你的时间之间的差异了。但它似乎并没有集中在某个特别的位置……好吧，让我们坦率地说，你不知道自己描绘的是什么，但这个球状或耳垂状或不知道是什么的快速运动[①]的东西的确带有电荷。你能在电磁场的背景中感觉到它，就像那时候你感觉到迎面而来的冰箱贴一样。

这就是原子吗？你依然凝聚着的注意力意识到还有一些别的……深深地埋藏在下面的东西，与运动着的波浪所占据的体积相比，这个东西体积很小，但它坚固有力，能够限制住你所感觉到的移动电荷无法逃脱。

① 这里说的“快速运动”甚至具有相对论性，也就是说运动的速度相当接近光速。

你意识到，氢原子有一个核心，核心外面是一个移动着的电荷。宇宙里所有的原子都有着这样的结构：不同大小的内核被一个或多个电荷波围绕。

科学家们称这个内核为“原子核”，那个模糊的带电荷运动着的波为“电子”。

这是一幅令人疑惑的图像。

电子看起来并不像你想象的是一个微小的小点。

为了确定自己没有搞错，你从瑜伽模式中醒来，睁开眼睛。出乎你的意料，摇摆着的波突然消失了，变成了另外一个样子，那种看起来很像粒子的东西。

好。

与这个电子完全相同的电子们以不同的数目存在于宇宙里所有的原子之中。它们是我们电器与磁性设备的基础，没有它们，就没有计算机、洗衣机、手机、灯泡……任何东西。我们所有的能源与通信工具都依赖它们而存在。

慢慢地，非常缓慢地，你伸出自己一只已经微缩了的手，想抓住这颗电子，凑近些去研究。

奇怪的是，电子很难抓到。每一次你微小的眼睛看清了它的位置，它就开始乱动，看上去就像你每次想要确定它位置的行动本身就会让它以无法预测的方式改变自己的轨迹。

这并不是你的想象力试图与你开玩笑。

这是一个真实的现象。这是许多发生在量子世界而不是由水晶花瓶或咖啡杯所构成的日常世界中的真实现象之一。

我们眼里的大自然在根本上是不确定的，你刚才看到的就是它的一个表现。你将在本书第六部分中更深入地了解这点，但你现在就已经能够感觉到量子世界所发生的怪事了。你想要做的，就是真正抓住这颗电子——让它说话。没错。不管是不是微缩版的你，在这里，你只是纯粹的意识而已，可以做一切你想做的事。如果一颗小小的电子就能打败你，该是多么没劲，所以……跳！比你想的更快，你微小的眼睛瞥见了它，就在那里，右边，你猛扑过去。就在那里了，在你的右手中，你紧紧握住的右手中。电子就在你的手心里摇摆，感觉上就像一只以接近光速飞行的蝴蝶在你的掌心里扇动翅膀。你开始握紧你的手指。电子是带有电荷的微粒，它通过电磁场中出现的虚拟光珠与你微小手掌中也带有电荷的微粒相互作用。

你握紧、握紧、再握紧，想要把它禁锢在那最小的牢笼里，让它平静下来……突然间，你感觉不到它了。它消失不见了。

你打开拳头。

没有电子。

你完全肯定自己微小的手指间没有任何空隙，但是，它还是跳走了。你什么都没感觉到。它穿过你跳走，却没有碰到你。

它又回到你抓走它的地方，围绕在那看不见的氢原子内核周围。

真没礼貌。

但它是如何做到的？电子怎么能不接触你而离开你的掌心？原来，它在你的手里挖了隧道。它跳跃出去了。打破纪录的跳跃。量子跃迁。这是只有在亚原子世界才会发生的现象，在我们生活的巨大尺度，如厨房、花瓶、飞机等构成的日常世界中不存在。或许有人这么想。

你至今还尚未有机会分析一个电子，但显然你已至少了解到它的诡异特性之一：它能够自顾自地随意跳跃。这个现象本身被称为“量子隧穿”或“量子跃迁”，而且不仅仅是电子，你在量子世界见到的所有粒子都能量子跃迁或隧穿，与电子一样。

说了那么多，让我们暂停一会儿，先来回顾一下术语。

当科学家们发现新东西时，需要给它取个名字。对于微观、量子世界，他们通常这样构词——在“量子”后面加上另一个词，很多时候后面那个词是我们平常使用的普通词语。这里，我们用了“隧穿”，或“跃迁”，或“世界”，所有这些词，意思都很明白，也表达了其所指称的意思。而“量子”一词则表达了一种警告。“量子”表示有一些奇怪的含义在里面。在刚才这个例子中，量子隧穿的奇怪之处在于：电子的确用隧穿的方式运动……但实际上没有什么隧道存在。

量子跃迁几乎不会发生在人类尺度上，但如果假想一下它们能够在你的生活中发生，想象你回到从前，当你还是孩子的时候，就在这间厨房里，你父亲让你收拾桌子，但已经很晚了，你忽然觉得方圆百里之内的所有空气都压在自己瘦弱的肩膀上，你嘟哝了几句谁都听不清的话，就像小熊崽的低吼。什么都没发生，桌子还在那里。

你坐在地板上，满心绝望。来了。你突然发现自己来到餐厅，与厨房一墙之隔，边上就是桌子和所有东西，所有餐具、盘子杯子之类，它们都隧穿或跳跃或以别的什么词来形容的方式进入了洗碗机。这听起来就像童话或电影《欢乐满人间》中的场景，不过公平地说，真要是在宏观世界发生量子跃迁，你就无法控制餐具、盘子、杯子会跳到哪里，那么它们几乎不可能会老老实实跳进洗碗机里，而且你的父亲大概要把所有东西重新买一遍，因为你根本找不到它们了。

听起来很奇怪，不是吗?

那就是量子隧穿。如果量子规律能够在我们的尺度上发生，墙壁和门以及私密性都将不复存在。幸运的是，或者说神秘的是，它们不能。

因为量子隧穿效应，在微观世界中几乎所有东西都能穿过任何阻碍。为什么可以如此?我们的理解是它们能够从它们所属的量子场中——它们游泳其中的海洋里，那个充满了时空的每个角落的海洋——借到能量。不管想借多少都行。这可是多少运动员的梦想啊。

但那还是没告诉你电子到底长啥样，我最好还是老实说：在这个问题上那个微缩版的你可能要面对一点点的失望。没有可能描述一个电子的样子，因为这是由它所属的量子场决定的。

电磁场无处不在，宇宙中的每一颗电子不仅属于其中，而且还与任何另一颗电子一模一样，无论那颗电子位于何处，处于何时。你可以任意交换两个电子，宇宙都不会有一丝一毫的改变。因为这个原因，也因为它们所表现的量子场，电子无法按照我们形容宏观物体的方式来形容。它们属于场的一部分。它们是场的一部分，就像巨大海洋里的一滴水，或者夜晚空气里的一阵风，你无法确切定位或分离那滴水或那阵风。只要你没有盯着它看，那滴水和那阵风就像是海洋本身，或者空气的流动。它们会混入一个比自身大很多的实体之中，它们没有个体自我这个概念。

在量子世界中，只要你开始观察，电子就变成具有某些特性的粒子，就像从海洋中取出的水滴，但它们的特性却又与你以前见过的东西都不一样。它们的行为超出你的预期——或者至少超出我们的感官依据我们在日常生活中的经验所预期的。

如果你知道电子在哪里，你就不可能知道它移动的速度：它的速度变得无法预测。这就是为什么你难以发现那个氢原子边上的电子。每次你看到它，它就开始胡乱移动，无法追踪，从你的视线中消失。

同样，如果你知道电子带有的能量，你就不可能知道它能维持这种能量多久。

能量与时间，位置与速度，在量子世界的场中并不是互相独立的概念。在本书第六部分中你会了解更多，而现在，既然微缩版的你正第一次游历量子世界，你可以把它当成一次警告（或者剧透）。微缩版的你应该全盘接受，就像一个第一次发现世界的幼童：不带任何偏见。位置与速度无法同时知道？行。规则就是这样。量子规律允许幽灵般的跃迁和隧穿？好吧。随它。对于这一切，未来可能会有解释，也可能没有。

话虽然这么说，这个量子隧穿我第一次听到时也觉得是天方夜谭。有人告诉我，爱因斯坦有一次上完一堂量子物理学课时曾经对他的学生们说过："如果你们理解了我所要告诉你们的事，那么显然我没有讲清楚。"所以如果你也觉得这些东西完全就像胡扯，很正常。大自然并不会生气。它只是在那里等着我们去发现，仅此而已。但这真的是真的吗？

好吧，有些人很看重量子隧穿，还想替它找到实际应用。难以置信的是，他们成功了。

大约三十年前，德国物理学家格尔德·宾宁（Gerd Binnig）与瑞士物理学家海因里希·罗雷尔（Heinrich Rohrer）都在 IBM 的苏黎世分部工作，他们相信自己可以利用量子隧穿效应来扫描极小尺度上的物体表面，以观察该表面到底是什么样子。他们相信量子隧穿能让他们看到原子本身。

在正常情况下，如果没有别的更好去处，电子不会离开自己的原子瞎逛。在正常情况下，如果的确有地方可以去，那个地方也应该离原先的原子很近，不然它们也去不了。除非它们可以利用量子的力量隧穿过空间并越过阻碍。

宾宁和罗雷尔将一根极细的比针尖还尖的针连接到电流仪上扫描物体表面，却不让针尖碰到表面。针尖距离物体表面距离较远，他们不应该探测到任何信号，因为针尖与表面的距离已经超过了电子所能正常穿越的距离。但他们的确探测到了电流，它们来自电子的跃迁。[①] 当针尖离材料表面的原子越近，它能探测到的跃迁就越多，电流也就越强。他们将这些电流标记成表，得到一个三维的表面图，在原子水平上，有着极为丰富的细节。他们造了一台显微镜，现在被称为扫描隧道显微镜。这台显微镜能够看到原子本身。它的精确度让人吃惊——介于氢原子直径的 1% 与 10% 之间。换句话说，如果氢原子有脚，隧道扫描显微镜能数出脚的个数，甚至脚趾的数目。

就像你在自家厨房里发现的金原子，在十年前就已被这种方式扫描过。今天扫描隧道显微镜被用来显示不同的原子如何混合在一起构成我们周围的各种物质，以及以前无法想象的人造物质。有了这种显微镜，工程师们具备了移动单个特定原子的能力。量子隧穿是真实的，并且已经有了实际应用。

因为成功设计了这种工具，宾宁和罗雷尔被授予 1986 年的诺贝

① 你可能想知道，虚光子——那些携带电磁力的光珠——不带任何电荷，所以它们不是造成这种效应的原因。

尔物理学奖。[①]

那些电子环绕在宇宙中所有原子的周围，它们都与你想抓住的那个长得一模一样。它们都很狡猾。尽管我们无法用我们日常生活中的语言来形容它们到底长什么样子，科学家们还是学会了接受它们奇特的行事方式。

发展至今的科学认为，电子并不由比它更小的粒子构成。与原子不同，它们没法再切开、分裂或打破。它们是电磁场的产物，是电磁场的一种表现。

因为电子就是自己本身，除了自己什么都不是，是电磁场最基础最本质的表现之一，所以它们被称为基本粒子。

与之相对比，早先出现在冰箱贴与冰箱之间从被压扁的命运中将你拯救出来的那些稍纵即逝的光珠，被称为虚拟粒子，这些虚拟粒子是各种作用力的载力子。它们存在的意义就是为了携带电磁力，让它作用于带电荷或磁荷的粒子之间。

原子由更小的构件（如电子和那些构成原子核的东西）所构成，它们不是基本粒子，但它们由许多基本粒子构成。

电子并不是只通过虚光子与其他世界发生联系。它们也涉及实光子，那些你的眼睛能够看到的光线。物质与光的游戏让我们能够看到世界。

今天我们认为，实光子与电子一样，都是电磁场的基本表现，不由任何其他东西构成：它们是一个不可见海洋中纯粹的涟漪，而

---

① 那年他们与另一位德国物理学家恩斯特 · 鲁斯卡（Ernst Ruska）分享了诺贝尔物理学奖，鲁斯卡建造了电子显微镜。1986 年是显微镜之年。

且是量子涟漪，意味着它们既能像波一样活动，也能像粒子一样活动。

一些光子正从你的氢原子身边冲刷而过。它们走了很久才到达这里。它们花了大约一百万年才挣扎着从太阳内核聚变处走到了太阳表面，那是大约八分半钟以前的事，在那里，它们终于获得了解放，毫无阻挡地穿过外太空，没有任何物质拦截它们，它们快速前行，以光速穿越了分隔太阳的狂暴表面与地球的 1.5 亿千米的距离。它们有那么多地方可以去，却在一秒钟的很小一个分隔中撞入了地球的大气，再一路冲下来，到达……你的厨房窗口。从那里，已经没有什么能够阻挡它们。它们穿过窗子，掠过你的氢原子。

微缩版的你看着它们互相踩踏着涌入厨房，希望能看到它们撞到你的原子。但是它们都飞过你的原子撞到厨房的墙上。

只有一个除外。那个光子不见了。

消失了。

它去哪儿了？

你环顾四周，惊讶不已，最后你留意到你的氢原子外围那个捉摸不定的电子摇摆得不一样了。作为包围原子核的波，它的相邻波峰间距离变短了。

怎么会这样？

它被激发了。

它吞下了光子。

记得前些时候，在本书第二部分我们第一次看到的这个奇怪现象吗？当时我们正在确认宇宙学第一原理。

但现在发生了一些更有趣的事情：过了一小会儿，那个电子突然以随机的方向分裂出一个光子，这个光子与刚才自己吞掉的那个消失的光子完全一样。

你花了一点时间思考，得出了唯一可能的结论：电磁场最出名的两种基本粒子，也就是电子和光子，可以也的确发生了相互作用。电子与光子可以互相转化。

你又思索了几分钟，意识到自己实际上早就知道这一点：当你沐浴在太阳光下时，不是能够感觉到温暖吗？面对冬天壁炉里熊熊燃烧的木头，你的皮肤不是会觉得发热吗？你的皮肤与世界上所有的物质一样，都由原子构成。这些原子的外层充满了电子。当来自太阳的光线照到你的皮肤，皮肤上的原子及其电子们会捕获一些光子，从而进入激发状态。在激发状态下，电子们摇摆得更快，于是产生了你身体所享受（或忍受）的热量。

这是一个很惊人的发现，所以我再次重复：物质与光可以也的确在互相转化。

在我们这个世界，一切都是物质与光的游戏。

但不止于此。

第 4 章　坚强的电子世界

在上两章里，虽然你只观察了冰箱贴与冰箱的相互作用并看了原子的表面,但已经有了重要发现。你揭开了电磁作用的“超距”之谜，也看到了物质与光如何互相转化。当然，这种转化只是我们世界的一个小小侧面，但我们渺小人类的感官正依赖于此才能够感知外部世界。光不停地撞击在我们的身体上,激发我们血肉之躯中的电子(包括我们眼睛里视网膜上的电子)，让构成我们身体的物质发热，给它们能量。原子也能吐出它们的电子所吞噬的光子，让我们和其他物体以一种或多种颜色“发光”，那些颜色就是被某个原子——或某组原子——的电子所吞噬又随后被释放出的光的颜色。就是这个原理给了我们的眼睛、皮肤、头发和衣服，以及所有植物、岩石等物体以色彩，就像它给了遥远的恒星各自独特的色调一样。当光线照到西红柿上时，除了红色之外的其他所有可见光都被西红柿吸收变成热能或其他能量被储存，红光对西红柿的原子没有用，因此被吐出来，重新开始它们的旅程，直到进入我们的眼睛，告诉我们自己正看着一只可爱的红色西红柿。如果没有电子与光子，我们无法看见西红柿或我们彼此，也无法知道我们的宇宙由什么构成，无法了解远处的世界遵循着与我们所处世界一样的物理定律。更奇妙的是，我们的感官让我们的身体能够将所有这些怪异的相互作用转换成能被我们大脑处理的感觉信号。依靠它，人类了解了这些相互作用背后的科学，以及遍布整个宇宙的场的存在。这不仅令人惊讶——简直可以说就是奇迹。

那么原子的内核——原子核里又有什么故事？它也是由电子构成的吗？是否又是电磁场的另一种表现？它必须是，在某种方式上，因为不管你怎么看，你所看到的整个氢原子是电中性的。因此核心必然带有电荷，与围绕着它的电子电荷相反，让从远处看时彼此在电荷上互相中和。但为什么你看不到它？

微缩版的你仔细看着那漂浮在你厨房中间的氢原子，突然意识到氢原子这个家伙看起来实在是一个空空的空间，不管那个内核由什么构成，原子本身就没有多少地方真正被物质占据。这个事实——内核与电子之间空间之大——是宇宙中所有已知原子共同的特点。

奇怪。

为什么冰箱贴不穿过冰箱表面？冰箱贴原子里巨大的空间与冰箱的金属门上原子里的巨大空间完全可以让两者互相穿过而不碰到彼此。为什么两者会牢牢地粘在一起？ 碰撞中的两个原子难道不应该互不碰撞，就像交错而穿过的两片蒸汽云，不用意识到另一方的存在？幸好不是这样的，不然我们的世界将不再牢固。电子——而不是原子核——是造成这个结果的缘由。要想搞明白为什么如此，你早先准备好的金原子就是最方便的例子。

你观察至今的氢原子是所有原子里最小的。你的那个金原子大了很多。你一下子跳到了它的边上，开始观察。

你首先注意到的是，并不是只有一个波状电子孤独地围绕原子核，而是有 79 个，这 79 个电子中的每一个都与那个孤独地围绕着氢原子核旋转的波状电子一模一样。

其次你注意到，虽然这些波状电子都长得一样，但它们彼此之间完全不分享领地。从来不会。它们简单而执着地避免在相同的时间位于相同的地点。自然界不允许它们这样做：不管处于哪种原子之中，那些波状的电子们之间绝对不会互相重叠，因此在任一原子中，不同个电子之间的可能组合就有了非常严格的限制。它们没有选择，只能居于围绕着原子核的不同的层次中，就像洋葱一样，这就是它们的行为。第一层，也就是最里面一层，最多只能有两个电子，第二层可以有八个，第三层可以有十八个，第四层有三十二个，诸如此类。

我们已经知道这些数字，对于宇宙中所有已知原子来说，相应的数字都是一样的。一个原子与另一个原子之所以不同，在于原子所容纳的电子数不同，而并非因为两个原子所包含的电子本身有什么不同。所有的电子总是相同的。

氢原子是最小的原子，它只有一个电子在第一层电子层做轨道运动。氦原子有两个电子，这两个电子的轨道也在第一层电子层。随便再举个例子，氖原子有十个电子，它的第一层和第二层电子层是饱和的。所有原子的化学和机械属性都与其外部原子的电子壳层的填充状况有关。

如果你想在原子中多增加一个额外的电子，就不能随意安排它的位置，而且肯定不能放到一个已经被占满了的层里。如果把电子看作是一个点状的粒子，这种特性就难以理解。但虽然在某些特殊条件下，电子的确看上去就像小玻璃珠（关于这点，你会在本书第六部分中看到更多），它们也可以不这样，而是按照波的性质行动。波就能很容易地占据一定空间。这就是为什么在一个已经填满电子的层次里，新来者无法找到空位。如果一个新增的电子，（无论这个新来的电子属于这个原子本身，还是另一个原子）真的想加入一个已经构建完成的原子，它或者不得不定居到离原居民更远尚有空位的地方，或者占据某个原居民的地盘，把它踢走。波状的电子们不会互相重叠。这是一个自私自利互相残杀的世界。

这个不许同居的规则有一个名字，叫做泡利不相容原理。1925 年由瑞士理论物理学家沃尔夫冈 · 泡利（Wolfgang Pauli）[①] 发现，他于 1945 年因此成就获得诺贝尔物理学奖。

这个不相容原理就是为什么冰箱贴能贴在冰箱门上而没有穿门而过的理由，或许更重要的是，为什么你不能穿墙而过，或者为什么你能够站在地面上不掉下去。它还解释了为什么你能用手抓住这本书：这本书封面上的原子最外层的电子坚决拒绝给你手指上原子的电子让位。而你手上的电子们也同样不肯退缩。因此它们保持距离。依靠你自己的力量绝对不可能让它们改变主意。电子波不会重叠，永远不会。不要试着穿墙而过来证实我（或者泡利）搞错了。就算你被撞得鼻青脸肿，电子也会不理不睬。

不过话说回来，虽然电子喜欢自己的私密，但也不介意被共享。

① 碰巧泡利在发现此原则前刚被他太太抛弃……他太太的离开是因为一位化学家，对于理论物理学家来说，这实在是奇耻大辱，因此泡利开始用酒精来埋葬自己的悲伤。所以他以“不相容”来命名自己的原则也不再奇怪。讽刺的是，即便在深度抑郁之中，他仍发现了我们能够生活在地球表面而不会陷入地球的根本原因，虽然他看上去失去了如此生活的理由。

这对我们来说是一件幸事，我们打算构建的物质得以完成，正如你现在将要看到的。

你打算跃入金原子，不过还是等等吧，因为恰好有一个氧原子在附近经过。

你盯着氧原子看。

有着八个电子的氧原子虽然比金原子小，但还是比氢原子大不少。

氧原子的第一壳层已经满了，但在第二层，也就是最外层的壳层还有空间，那里足够容纳八个电子，而现在才只有六个电子。

氢原子那孤单的电子可不会放过这样的机会。

附近这两个氢原子，等着氧原子一经过，跳！一个氢原子的电子跳了过去，住进了氧原子的家里，它再也不会孤单了。

再跳！就像你刚刚看到的那一幕，另一个氢原子的电子也跳进来了，填入了最后一个空位。

因为宇宙中所有的电子都一模一样，所以没有人能够分辨出谁先来，谁后到。它们被彻底同化。

与这些电子结合在一起的原子核没有选择，只能跟着电子走，所以这三个原子互相绑在了一起。两个氢原子与一个氧原子被迫一起生活。

这一步完成后，这里就没有多余的空间来容纳新来的电子了。整个构造变得稳定。

通过上述方式分享电子，原子们构成了一个更大的结构，被称为分子。你刚才看到的那个被构建起来的分子就是由两个氢原子和一个氧原子构成的。

两个H（氢原子）与一个O（氧原子）。

H_2O。

就是水。我们知道，对于生命来说，这是最宝贵的分子。

通常，你家里的水集中在厨房，不过，在宇宙尺度上，水存在于外太空，在一团团星团（它们散布在各个星系）之中，天文学家把它们叫作星云。

在星云内部，受到恒星爆炸“锻造”的氧与随处可见的氢混合在一起。

当恒星死亡时，它们便把种子抛向太空，于是水分子被合成出来，连同其他许多别的分子。

通过共享一个或几个电子，许多原子能够以不同的方式结合在一起，形成复杂程度不同的链条。利用这个过程，大自然创建了各种大小和属性不同的分子，有的非常小（比如水分子仅仅由三个原子构成），有的非常大，比如你体内的DNA，它由几十亿个原子结合而成，携带着要“打造”一个像你这样的人的所有必要的信息。

在过去的十年中，我们将许多卫星送入太空，帮助我们了解当初在地球上这些分子如何产生并进而形成生命，以及揭示如今覆盖地球表面70%的水是如何形成的。这些水来自大约40亿年前撞击我们地球的小行星吗？或者来自那些同样撞击了我们的彗星？那些石块或雪球是不是还携带着那些能形成生命的所有分子们？我们很快就会知道，因为许多这样的卫星已经到达了指定地点，或者正在赶去的路上。

如今，我们至少还知道一件事：地球上生命的存在只需要六种原子：碳、氢、氮、氧、磷、硫，即所谓 CHNOPS。

顺便说一下，因为你的整个身体是由这些原子通过不同方式组合形成的各种分子所构成的，因此你就是一个 CHNOPS。这么说没有任何冒犯你的意思。

现在，请你把对自己 CHNOPS 身体的轻视暂放一边，考虑一下脑子里冒出来的另一个问题：既然你和空气都是由这些共享电子的原子所构成，那么，为什么你（非常幸运地）能够穿过空气，却无法穿过墙壁？

这的确是一个很要紧的问题。

我们现在已经了解，空气中满是原子，电子也是要多少有多少，因此它们应该阻止你通过。应该如此，那是泡利的规矩。

答案是，空气中的原子们并不都分享它们的电子，所以没有都绑在一起，而作为固体的你，原子们都绑在一起。空气中的原子们并不阻止你穿过，而是挤向它们的邻居替你让路，顺便说下，这样的移动产生了风，再顺便说下，这就是气体与固体的差别。

在液体里，邻近的原子们互相之间绑得稍微紧一些，但没有紧到可以阻止你的程度，除非你过于用力或进入得太快，例如从悬崖上跳入铅灰色的海中。而固体中的原子不会移到一边，除非你用力逼迫它们——想想用锋利的剪刀剪纸。

电子除了争夺自己的地盘，也会被迫离开，为另一个想要进入的电子腾地方。当一个原子失去一个电子（比如遭受阳光中一个强有力的光子的照射）后，原子核与电子的电荷之和不再是零。失去一个或几个电子的原子成为科学家们所称的“离子”[①]。离子总是想要找到某个东西捆绑在一起，以形成分子。事实上，它们拼命想要找回电子。在物理学术语中，它们具有很高的活性。

同样，分子中由电子形成的绑定也会被打破。通常这个过程伴随着能量的释放，这也是吃东西带给我们的好处。你身体里进行的化学反应降解了食物中所含的分子，释放出它们的能量，被你的组织以各种方式利用，维持你的生命。

好了。

这就结束了我们对电子世界的调查，你只是浏览了三个原子的外层，就已经了解了现代科学对于我们各种日常身体经验的解释。所以，在进一步接近依然保持神秘的原子核之前，让我总结一下在这几章中你所了解到的东西。

宇宙中所有原子的外部都是模糊的、具有波形且体积巨大的带有电荷的电子。它们是电磁场中的基本粒子，还是自己私人空间的严格护卫者。泡利不相容原理不许两个电子在同一时间出现在同一地点，即使宇宙中所有原子的内部绝大多数地方都空无一物，但这个原则确保你无法穿透墙壁、椅子、床或任何固体的东西。要不然，生活就变得太棘手了。

泡利的这条原则还带来了不同种类的原子在结构与化学性质上

① 那些因为某种原因得到了一个或几个电子的原子也被称为离子。离子就是不再拥有自然状态下应该拥有的电子数的原子。

的差别：因为电子不能都挤在离原子核最近的地方，它们在原子核周围像洋葱似的按层分布，占据自己能够占据的位置，让原子随着电子数目的增加而变大。

我们还要指出，电子并不是唯一遵循泡利不相容原理的粒子。还有其他一些粒子——但不是所有粒子——也遵循这个原则。光子就是例外，你可以在任意小的空间里装入任意多的光子。它们不在乎。事实上，它们还喜欢这样，两个光子越是相似，就越愿意待在一起，就像寒风中的企鹅。激光就是这种癖好带来的发明：完全相同的光子高度集中在一起，形成带有高能量的光束。

现在，你大概会认为宇宙中只有电子和光子两种粒子。但事实不是这样。很快你就会看到原子核中有着其他种类的粒子，这里我只是想强调：就在我们周围，就有粒子不在乎电子对私密性的期望，甚至完全不在乎自身的存在，或者任何我们在这个方面所能想到的一切。它们是那种不属于原子的粒子。它们中的一些实际上来无影去无踪，大多数时间它们能穿过任何东西，所有一切，不留下自己穿过的任何痕迹。对于这些微粒来说，宇宙肯定看上去无趣而空洞。地球也一样。甚至你也一样。很快你就会与它们见面。

但是现在，你应该再次庆祝一下！你刚才学到的关于电子与光的知识，在半个世纪以前没有几个人了解，那个时候就懂得这些的人大多数都非常聪明，他们都因为弄清楚了这些现象而获得了诺贝尔奖。

还不止这些。

因为他们，你现在可以解释发生在自己身边的几乎所有事情，包括西红柿的颜色，墙壁和大地之所以坚固的原因，以及冰箱贴为什么会跳出你的手指贴到冰箱门上。

你、我和我们的朋友们每天经历的所有事情，都由物质与光的互相作用、互相转化以及电子们断然拒绝与另一个完全相同的电子分享哪怕一点点自己的时空所支配。

下一次你拥抱某人时，不妨想象一下你俩越来越近时虚拟光珠凭空形成并激烈纷飞的场面，直到你们的电子们遵循泡利不相容原理，决定你俩不能再靠得更近为止。虽然我觉得如果是初次约会，你们最好还是不要谈论这些奇特的事实，但我还是随便你吧。

现在，在你继续穿越我们已知物质的行程之前，我要告诉你一个好消息：2014 年，在欧洲核子研究中心（简称 CERN）位于法国与瑞士边境的巨大的地下科学实验室中，科学家们已经证实，人类到目前为止已经在理论上发现了关于构成我们自身物质的所有秘密。

所有秘密。

当然，这并不意味着我们已经不再有谜题（在第六部分里你将看到足够多的谜题）。它表示的是从 2014 年开始，我们对于我们宇宙已知的内容——也就是在现代技术范围内可能探索并有所发现的所有东西，都已经有了一个清晰的理解。

这个画面中包含有原子核，那个你现在准备去一探究竟的原子内核。

如果你感觉到自己将会在那里发现一些诡异的事情，那就绝对猜对了。

第 5 章　一所特别的监狱

咖啡越来越凉，你端着牛奶的手也开始酸痛。但你毫不在意。

那个微缩版的你已将氢原子孤单的电子抛在身后，正越来越深入地潜入氢原子，向它的核心处飞去。许多一闪而逝的光珠（你在冰箱贴与冰箱之间看到的那种虚光子）在你周围不断地出现、消失，证实了你所飞奔而去的原子核的确带有电荷，也推翻了认为在电子与原子核之间只是一无所有的虚空的想法。

以你现在所在的原子大小尺度，你穿过了极大的距离才到达氢原子的核心。

但你还是找到了它。

与电子一样，原子核看上去也没有自己特别的形状，但它的确有质量。原子核很重，比电子重多了。重了 1836 倍。它的确带有电荷，果真是完全与电子相反的等量电荷。

它被称为“质子”。

它比电子大，但与原子本身大小比（也就是电子占据的空间大小），它又显得极其微小。出生于新西兰的英国物理学家欧内斯特·卢瑟福（Ernest Rutherford）在 1911 年发现了它的存在，在作出这个伟大发现的三年前，他刚刚因对当时而言还非常新颖的放射性现象进行的研究而获得诺贝尔化学奖。他有所不知的是——当然，他不可能知道——与电子不同，质子不是基本粒子。它的里面还有一个世界。

你已不再花时间去挑战不可能之事，你立刻闭起眼睛，伸开双臂，用瑜伽的方式去感觉质子里面的世界。

突然之间，你感觉到一种大过一切的力量，你以前所经历体验过的任何作用力与这个力量相比，就像是孩子的游戏。你睁开眼睛，直直地看着。

电磁力能够轻易胜过你：有些磁铁能够彼此紧密贴合，你永远没机会把它们分开。

引力也能战胜你，事实上它的确如此：你永远不可能跳脱地球的引力。

但现在你面对的简直就是另一种水平的力量。

在质子内部，那个看上去像模糊云状的球体中，你瞥见无数虚拟粒子出现、消失，就像发生在冰箱贴与冰箱之间或电子与质子之间的电磁光珠一样。但这些不是虚光子。它们携带的是另一种作用力，这种作用力与其所属的量子场一起，成为宇宙中所有物质得以稳定存在的重要因素。

没有它，所有我们熟悉的东西都将在转眼间消失。所有东西，包括你的身体。

那些在这里携带着这种惊人力量以保持一切物质完整的虚拟粒子比携带电磁力的虚光子有力几百倍，它们携带的是所谓“强相互作用力”。

但如果它们“只是”作用力的携带者，你为什么没有看到它们所在场中的基本粒子？虚光子令带电荷粒子互相作用，那么这里发生相互作用的又是什么？

你毫不犹豫地跃入质子中，又一次闭起你微缩版的眼睛，抬起你微缩版的手开始摸索……感觉……搜寻如此强大力量的携带者存在的目的……那么多能量围绕在你身边，你需要竭尽全力才能集中注意力，但最后，你还是成功了。你能辨出三种东西，三种模糊的、波状的、沉重的被科学家们称为“夸克”的小东西。这个名字或许听起来很奇怪，但所有名词在让我们熟悉之前不都这样？

除了现在的你，没有人真正见过夸克本身。它们自己甚至不能独立存在——那些不停地出现并消失在它们周围的强有力的虚拟小家伙们不会让这种事发生。夸克之间距离越远，它们的强相互作用力的携带者就会变得越狂躁，比宇宙中所有其他已知的力量更有效地将它们拉回到一起。

对于生活在质子里的三个夸克来说，生活实在很受限制，如同是在监狱里，真的。

那么那些虚拟监狱守卫呢，强相互作用力的携带者们，它们又都是谁？是什么东西？它们不是光子，非常确定。它们也不是电磁场的一部分，记住：它们是另一种完全不同的场——“强相互作用量子场”的表现。

它们将夸克们粘在一起的能力非常高效，因此得到了“胶子”的名字。

夸克与胶子。

它们构成了我们宇宙中所有的质子。

微缩版的你正在探访的最小监狱里还是有些怪事的。

我们中的大多数人绝对相信如果自己被投入铁窗之后，作为一个人，自由就是离开你的牢房，离守卫越远越好。然而，对于禁锢在质子里的夸克，不管是不是有罪，自由却是反过来的。对于它们来说，自由在于短距离。它们之间距离越短，就越能自由地进行自己想要的行动。夸克的自由度真的是一个很奇怪的概念：当它们之间的距离变短后，就具有能够获得一整个世界的可能性。

由于发现了这种独特的自由度，三位美国科学家戴维·格罗斯（David Gross）、弗朗克·韦尔切克（Franck Wilczek）和戴维·波利策（David Politzer）获得了2004年的诺贝尔物理学奖。这的确是一个很难理解的概念。在他们获奖之前几年，有一次我在剑桥大学遇见了戴维·格罗斯和弗朗克·韦尔切克，我一直在想应不应该向他们报销当年我在试图理解他们的工作时不得不吞下的治头疼的药片钱。

夸克与胶子。

基本粒子夸克是由自己构成的。

胶子也是如此。

作为我们所知道的最强力量——强核力的携带者，胶子将夸克监禁在一起，只有在夸克彼此非常接近时它们才能得到自由，因此确保了构成我们的物质不会裂开。

夸克与胶子。

真是两个奇怪的名字，虽然它们被用来形容最真实的本质，但因为离我们日常生活实在太远，听起来似乎毫无意义。然而，强相互作用力及其夸克和胶子关系到构成我们身体的大约99.97%的物质。如果一个60千克重的成人一下子失去了自己的夸克和胶子的话，他将一下子只重 18 克。显然，他肯定活不了。

要了解时至今日人类对自身的真相知道多少，或只想知道我们由什么构成，我们就必须了解夸克与胶子。对我来说，这已经是一个开展研究的好理由了，更不要说它们将很快带领我们旅行到时空诞生后大约一秒的世界。

我们已经提到过，这些新家伙们属于强相互作用场。显然，这也是一个量子场，因此，我们先前在电子与光子身上发现的大多数诡异的量子行为——譬如，在此处消失，然后出现在彼处，也就是“隧穿”——在这里也同样存在。但我们需要强调的是，强相互作用场与电磁场不一样，虽然它也充满了整个宇宙。如果你愿意的话，可以把它看成是另一种海洋，它的水滴是夸克与胶子，而不是电子与光子。没什么规定说粒子只能属于一个海洋：带有电荷时，夸克既属于电磁场，又属于强相互作用场。它们能与两种不同的载力子——光子和胶子——相互作用。但在短距离中，胶子的力量比光子强许多许多。

那么这个新的海洋是个什么东西？它的基本粒子是些什么？

强相互作用场有六种不同的夸克。如果有足够的能量，这六种夸克能够在强相互作用场里的任何地方任何时间出现。但在原子核中只有六种中的两种。它们就是所谓的“上夸克”与“下夸克”。宇宙中所有的质子中都有两个上夸克和一个下夸克，所以我们可以公平地说，质子“向上”的力量大于“向下”的，或许这就解释了为什么它们在自己的亚原子监狱里还能如此开心。

但质子并不是唯一的夸克监狱，正如你能够在你的金原子里看到的那样。

微缩版的你对氢原子已经没有多少兴趣了，于是跳回刚才你切割宝贝的厨房桌子上。

你的金原子还在，于是你跳了进去。

深藏在79个旋转着的电子下面的金原子核比氢原子核大了好多。为了与79个电子配对，你找到了79个质子。但还有其他模糊的小球围绕或分隔这些质子。这些是不带电荷的小球。你能数出180个。

因为它们是电中性的，这些模糊的小球们被取名为“中子”。它们也是夸克监狱，它们是由英国物理学家詹姆斯·查德威克（Sir James Chadwick）发现的，查德威克是那位杰出的卢瑟福[①]的助手，他也因此于1935年获得了诺贝尔物理学奖。

在每个质子中，胶子禁锢着两个上夸克和一个下夸克。上夸克占了多数。在中子里则正好反过来：下夸克二比一领先上夸克。

那么这些监狱又是怎么叠在一起构成原子核的呢？它们为什么不彼此分开或塌缩？那些质子可都是带有正电磁荷的，它们应该彼此排斥才对啊。

但是没有。为什么？因为强相互作用场和它的载力子不许它们分开，不过是通过一种很奇怪的方式。一种残余的方式。

微缩版的你大胆地决定靠近一点，仔细看看那些难以捉摸的胶

① 卢瑟福是历史上最令人印象深刻的实验物理学家，就是他发现了原子具有原子核（我在本章前面已经提到这一点）。他曾经担任过英国剑桥大学卡文迪许实验室主任，查德威克就在那里工作。

子如何将夸克禁锢在质子之中，以理解上面那段话是什么意思。它们就在那里，你没法看得太清楚，但你可以用瑜伽的方式感觉到。它们出现然后消失，防止夸克自己跑开。

突然，发生了一件非常奇怪的事。

某样东西离开了。有东西跳出了质子。那是什么？胶子？毕竟，这没有什么不可以。它们是守卫，不是囚犯……

但是，不对，不是胶子。

不管怎么说，好像不是自己走掉的。

你将自己瑜伽的感知力再次提高……这就是了。

胶子恰巧不是那种自己离开的东西。它们必须找到另一个胶子配对，一个朋友。当遇见合适的那位时，它们变成了另一种东西……

你环顾四周，就在那里，你的左边，两个夸克之间，再次发生。

一个胶子从背景场中出现，它的朋友也来了，另一个胶子，它俩合在一起……啪！就像光能变成电子，这两个胶子将自己变身为两个夸克！一对没被胶子束缚的夸克双胞胎！它们自由了，作为全新的粒子，它们离开了它们所属的夸克监狱！

你看着它们离开。

它们冲着邻近的夸克监狱奔去。实际上它们已成为另一种作用力的携带者，一种并不作用于夸克，而是作用于夸克监狱本身的作用力。当它们到达夸克监狱时，它们又变回胶子，在自己消失前开始守卫那里的夸克……

正是因为存在这种交换，中子与质子才能共存于原子核中。利用从一个监狱跑去另一个监狱的方式，两个胶子变成的夸克确保了原子核的稳定。参与交换的粒子，那对穿行于监狱之间的夸克双胞胎被称为“介子”。它们所携带的作用力被称为“强核力”。这是一种吸引力，非常强大的吸引力。

日本理论物理学家汤川秀树早在实验发现介子存在之前很久就已预言了它们的存在，他因此获得了1949年的诺贝尔物理学奖。

还有一个有趣的插曲，存在于所有质子和中子内部的夸克和胶子的这些纠缠，正是造成我们很早以前就已提过的丢失的质量的原因，正是这些丢失的质量让恒星发光。[①]

你现在已经很熟悉了，在恒星中，小的原子融合在一起变成更大的原子。也就是说恒星们将中子与质子们聚拢在一起，而且与分开时相比，这些中子和质子们一旦聚在一起，就不需要那么多虚拟胶子来守护它们的夸克（或介子来守卫它们的监狱）。有点像两个公司合并后，一些员工岗位就重复了，有些员工就会因此失业……在恒星内核，多余的胶子与介子也被解雇。因为它们带有一些能量，而且能量就是质量，解雇它们就意味着聚合而成的新原子核质量会变小。这就是为什么所有因聚变而产生的原子核比聚变前原子核各自重量之和要轻。然而，与现实生活中解雇员工不同，这些丢失的质量变成能量让恒星闪耀，其兑换率就是$E=mc^2$。

在恒星内部深处，引力的能量被用来合成原子，这个过程又会让质量被转化成光和热，以及其他许多虽然存在但无法被我们眼睛看见的粒子。虽然我们生活中的大多数真相都隐藏在我们的感官之外，但一切都在我们的宇宙中被联系到了一起。

---

① 如果你忘了在哪里，请参见第一部分，第3章。

第6章　最后的力量

现在，你已经看到了两种量子场，一种负责所有的电磁作用，另一种形成了人类已知的最强大力量——名副其实的强相互作用，以及它的残余，强核力。

在某种意义上，这些作用力及它们所属的场都是建筑之力。虽然磁荷会彼此吸引或排斥，但电磁力确保了电子能留在原子核周围。没有它，电子可能飞走，或者坍塌到原子核中，这些之所以没有发生，是因为虚拟光珠阻止了这种行为。电磁场提供了原子的电稳定性，以及原子们互相分享电子、组建分子、形成我们自己的物质构成的机制。

另一方面，强核力管理着原子核自身内部。它将中子与质子拉在一起，构建起原子核。没有它，所有的原子核都会解体，我们会在一瞬间变成一团质子与中子之雾，地球与其他所有物质都一样。

构成这一切的根本，是将夸克禁锢在这些质子与中子之中的强相互作用以及从背景中出现的胶子，它们创造了质子与中子。

现在你已游览了这两种场，看到了它们相互作用的粒子和载力子，是它们给了这个世界坚硬的性质，虽然难以捉摸，但还是能被把握。你见到了电子与光子互相的嬉戏和转化。你见到了胶子与夸克都在珍贵的金原子或平常的氢原子的核中摇摆。氢原子虽然普通，却是宇宙中质量最小、含量最多的物质构材，恒星们在内核里将它们融合在一起，建造出最终构成你我的物质。

氢原子，它或早或晚的枯竭将会引发宇宙中所有恒星的死亡……

想到这最后一句话，你忽然记起了50亿年后我们太阳的命运，一下子恢复了正常大小，留下那个微缩版的你依然在某处飘荡，逗留在那个你以正常眼睛无法看见的世界。

自从你舒服地躺在小岛沙滩上懒洋洋地仰望星辰以来，你对宇宙的感知已经发生了巨大的改变。你现在已经知道没有什么是真正空的，所有东西都与其他所有东西相互作用，直到原子的最深处，正是这些遥远的相互作用，构建了原子并让它们成为一个整体。

你厨房窗外的天空，现在已经变红。太阳正在西边落下，将大片云层涂上火烧般的色彩。

喝着已经变冷的咖啡，你漫不经心地走了几步，站到窗边向外看去，看向天空，忽然之间，你明白了恒星世界的真相。

宇宙里所有的恒星都发射出光芒，将光子与各种粒子投向自己的周围，这些光子和粒子都是它们内核中原子核聚变工厂的直接或间接产物。虽然引力——在自己周围的时空中引起的弯曲——让每一个接近或经过自己周围的物体掉向自己，但那些粒子与光子的风暴则是向外吹去，朝向太空，朝向远方，在不可见但充满整个宇宙的背景场中辐射出阵阵涟漪。

宇宙就像一个巨大的海洋，一些（非常认真的）太空工程师们想要建造有着巨大风帆的宇宙飞船，利用太阳风将飞船带入宇宙深处，这样，宇宙水手们就能沿着时空曲线前进，不需要任何燃料……

夜晚已经降临，你纹丝不动。天空一片晴朗。你注视着星空。星星不是很多，这儿的光污染太强。你知道从这里看到的星星与你在热带岛屿上看到的不同。你正接受着来自银河系不同地方的恒星们所释放的光子。那些都是恒星，巨大的球体，它们的引力能量通过原子核的融合将小原子制作成大原子。

真令人惊叹，多少有些与我们人类的习惯相反，一切东西看起来都构成了某种建造的力量。

看起来似乎如此，因为你还没看到我们知道的所有东西。

要看到所有，我们还需要第三个量子场。

第三个充满整个宇宙的海洋，与另外两个一样，但这个海洋里基本作用力的携带者既不是光子，也不是胶子或介子。

在某种意义上，我们可以把这个场看成一个毁灭的场，一个将另外两个场建造起来的东西拆除的场。它是统治我们宇宙的四种作用力中的最后一种。

这最后一种作用力也是核力：就像你已经看到过的强核力，它只作用于组成原子核的构件上。但这个作用力比强核力弱许多，因此被称为“弱核力”。它所属的无处不在的量子场被称为“弱核力量子场”，弱核力量子场有着属于它自己的基本粒子和载力子。自发的原子核分裂，一个被称为“放射性”的过程就是它的特征之一。

在你出发去见证放射性现场反应之前，或许应该提醒你，放射性夺去了许多它的发现者们的生命。因为他们不知道这种致命的不可见光会慢慢地打碎自己的身体，他们不加防护地处理那些具有很强放射性的原始材料，受到了大剂量的辐射……伟大的波兰裔法国科学家玛丽·居里——唯一一位同时获得过诺贝尔物理学奖（1903 年，表彰她共同发现了放射性）和诺贝尔化学奖（1911 年，表彰她发现了两种新原子：镭和钋）的科学家，就是这许多牺牲者之一。她或许不知道自己因何去世，但你即将看到的东西，就是如果她有着今天我们所具备的知识就应该能够看到的情形，要是她也能像你一样变成微缩版的话。

你把冷咖啡倒入水池，意识已经又回到了微缩版的自己身上，你那微小的眼睛过了一小会儿才适应了黑暗。

你依然在刚才那个金原子附近。

它就在你面前，这是一个强壮而坚硬的原子，只有具备比太阳更大的引力才能把它造出来。黄金不是在恒星活着时形成的，而是诞生于恒星的爆炸死亡。当我们的太阳死亡时，它也能产生一些黄金，或许有一天，它们将出现在未来外星物种的手指（或者触须？）上。

你看着它，但是这个金原子看起来并没有显出几乎所有人类都确定赋予它的富贵之气。

为什么它会被崇拜呢？

它会随着时间的变化而改变吗？如果附近有别的原子，它会抓住它们构建一个出色的分子吗？

你等待了一会儿，看看它是不是有什么特殊才能。

没有。

什么都没发生。

这就是一切。

在它身上什么都没发生，这个事实本身就是黄金如此值钱的原因之一。金子不会生锈。它不被氧化（当氧原子的电子与其他原子结合时，就发生了氧化）。它也不被腐蚀。如果你有一块金子的话，要知道它是所有金属中最有韧性的一种：与所有其他金属相比，你能把黄金拉成最长最细的金属丝（铂和银远未到这个程度就已断裂）。将许多金原子放在一起后，你可以将它熔铸成几乎任何你想要的形状。不管你怎么处理它，它都依然保持导电性，也就是说，在一条金原子组成的长链的一头引入一个电子，它能沿着长链波动，在另一头释放。

所有这些出类拔萃的性能都能带来各种实际应用，虽然从戴在手指的婚戒上难以看到这一切。这些应用本身就能让黄金成为无价之宝。

再加上黄金稀少、难开采、诞生于死去的恒星这些事实，你可以理解它为什么这么昂贵了吧？我们准备离开了，毕竟在金原子上不会有什么变化发生。

你需要另一个原子向你展示新鲜事，巧了，边上就来了一个。

这个原子更大。

你看到 94 个电子围绕着一个由 94 个质子和 145 个中子构成的原子核旋转。239 个夸克监狱。比金原子还多 42 个。

这个原子是臭名昭著的钚元素的一种形式，因为它有 239 个夸克监狱，它又被称为钚 -239。还有其他形式的钚，就像除了那块你在厨房找到的金块，还有其他形式的金[①]，它们的不同在于其原子核

① 或氢或其他原子，真的。

中的中子数，中子数可多可少，但它们的质子数永远都是相同的（否则就不再是钚或金了）。

虽然金原子没什么好看的，但这个钚原子不一样，你已经感觉到有些不同寻常的事即将很自然地发生，就在钚-239的原子核中。

毫不犹豫地，你穿过一层又一层电子外壳，穿过填有虚光子的巨大真空，来到它的原子核边上。那239座夸克监狱就在你的眼前。强核力让它们整齐地堆积在一起，但你的直觉让你特别关注其中的一个中子。

你冲了进去。

那里有两个下夸克和一个上夸克，被固执的胶子紧紧地捆绑着。

你刚安顿好自己，就看到一个你从没见过的虚拟粒子击中了一个下夸克。这个你从未见过的虚拟粒子自发出现，能将下夸克变成上夸克。这个变了身的夸克原本所属的中子也因此变成了质子，引起了一场骚乱。现在整个原子核已不再平衡。其后果迅速展现，极为剧烈。

你的第六感让你赶快找地方躲起来，微缩版的你迅速撤离原子核和电子层，回头一看，那个钚原子核已经分裂分裂再分裂，变成较小的原子核，每个新原子核都想——有一些没有成功——抢夺自己的电子带走。在整个过程的每一步中都有带着极高能量的粒子飞出，有些你从未见过。你的钚原子已经衰变，就发生在你的眼前。这场衰变形成的所有产物正被飞速射出。就像一场把自己燃烧殆尽的焰火，除非周围有很多钚-239原子。但你的厨房里没有那么多钚-239原子，所以很快一切就归于平静。

你刚目睹了自然界已知的第四种作用力——弱核力的一个侧面。它的载力子能将一种夸克变成另一种。这些载力子被称为W和Z玻色子。

你刚才见到的是一个原子通过衰变变成更小更稳定的原子。这就是原子核的自发核裂变，它是核聚变的反面。放射性衰变。这也是放射性的根源，弱核力及其载力子W和Z玻色子就主宰着这个领域。

沃尔夫冈·泡利——那个发现了不相容原理的同一个泡利——大约在一百年前研究了这种原子衰变。与你不同，他当时并不知道“场”这一概念，但他通过比较放射性衰变发生之前与之后的观察，发现一些能量不见了。于是他预言一定有一种粒子将这份能量带走，这种粒子具有很小的质量，不带任何电荷，非常难以捕捉，而一旦射出，将射穿我们已知的所有物质，几乎不被阻挡。

我们现在已经知道这种新粒子的存在。你刚才就见到了它。在放射性衰变释放的所有粒子中，只有这个你从未见过。它被称为“中微子”。

美国物理学家弗雷德里克·莱因斯（Frederick Reines）和他的同事们在1956年用实验探测到了中微子，大约40年后的1995年，莱因斯因此获得了诺贝尔化学奖。他曾经说过，中微子是人类想象出来的最小真实。今天，我们知道这些中微子们（有许多种中微子）只受到弱核力场与引力影响。它们对电磁场及强相互作用场完全没有反应。

对于它们来说，原子真的就像你第一次见到它们时的印象一样：是空的。

这是一件好事。

为什么？

因为如果中微子与原子相互作用，我们就会有大麻烦，因为中微子被太阳大量地制造出来。

事实上，非常非常多。

大概有 600 亿个中微子穿透你每平方厘米的皮肤。

每秒。

但它们根本就没注意到你。一个也没有。

不管这听起来多么让你不快，但它们分辨不出你与其他东西的差别。它们穿过你的身体，穿过地球，[①] 继续它们奔向宇宙的旅程，就像你和我们的地球从来没有在那里一样。

现在我们都已经被教导放射性很危险，我们应该远离那些放射性材料如钚或铀或镭或钋……越远越好——的确如此。但因为中微子无法分辨你与真空，它们不可能是造成这种危险的因素。

带来危险的缘由在于衰变中释放的其他粒子，幸运的是，它们已经是你的老朋友了。

当原子核发生衰变时，它会分裂并发出中微子、夸克监狱、电子与光子。后面三种都很危险。

这些粒子中个头最大的是被互相绑在一起的四个夸克监狱：两个质子与两个中子结合在一起。它被称为阿尔法粒子，实际上就是一个失去电子的氦原子。为了成为正常原子，这个氦原子核就要想方设

① 这是发生在日间的情况，在夜间，它们也同样穿过你，不过是在它们穿过地球之后。

法偷到两个电子。它有几种方法实现这一目标。它可以从周围原子中抢两个过来（粗暴），它也可以与周围原子分享（互利），或者收留两个无主的电子（乐善好施的撒玛利亚人）。

在第一种情况下，那个被夺走电子的原子又会去寻找其他电子……当附近有生物（就像位于厨房里的你），皮肤上的原子失去电子后就会发生诡异的化学反应，导致所谓放射性灼伤。这是阿尔法粒子危险的缘由。

放射性衰变发射的第二种粒子是非常高能的电子，它能将远处的正常电子打飞（带来同样类型的危险），第三种类型则是高能光子，伽玛射线——我们在早先飞越宇宙时见过它们，当时强调的是它们无与伦比的高能所伴随的高频率。

伽马射线能够通过击中原子将后者的一个电子带走，让该原子成为急着寻找另一个电子的离子，同样烧灼我们的皮肤。

但是伽马射线也可能使事情变得更糟糕。

没有什么东西能够迫使它们只停留在我们皮肤的表面。它们可以穿过皮肤，给身体更深处造成局部混乱，不仅仅是把电子赶出其原子家园，还能破坏分子，例如我们细胞中的 DNA 分子，因而改变我们的指令库，而我们的身体正是依赖这些指令来制造维持生命所必需的各种物质。其后果往往是癌症和 / 或基因突变。

放射性可能带来的后果是可怕的。对此没有人提出疑义。但是，它也有令人高兴的一面：正如引力、电磁力和强相互作用那样，放射性尽管是一种破坏性的作用力，但它却是随时随地始终在发生的一种自然现象，甚至在我们体内也存在，只是水平非常低。除非经受了高水平的放射性辐射，否则没有什么大不了的。

事实上，每一个人都应该感谢放射性的存在。的确，它能杀死你，但没有它，你甚至不可能来到这个世界。在地球上，我们脚下深处，一直以来，我们的星球恰好有着许多能够衰变的原子。现在比过去少了一些，但依然，地球的地幔层是放射性的。当原子在那里衰变时，它们所释放出来的粒子撞击邻居，产生热量，就是这种热量让我们的地球保持温暖。如果没有放射性，就不会有地震或火山爆发，地球表面早在几十亿年前就会是一片冰冷。我们所知的生命或许不会存在。

放射性打破原子，放射性有杀伤力，但它所代表的弱核力场将恒星储存在构成我们星球家园的原子中的一部分能量释放出来，还给我们，不可或缺地温暖了我们的世界。

最后，在把你送上另一场探访空间与时间起源的旅程之前，让我们小小地总结一下：原子能作为整体，通过原子核的裂变或聚变，能释放出它们所隐藏的巨大能量，人类试图在核电站中以各种效率利用这些能量。我们只能希望有一天，这些技术会变得更加安全清洁，因为它们有着巨大的潜力。

尽管核能有着不怎么良好的公众印象，尽管过去有着不当使用，但我们不应该忘记，没有核力，我们就不会存在。没有放射性，地球上就不可能出现生命。

当然，我指的是我们已知的生命形式。

第五部分

到达空间
与时间的源头

第 1 章　要自信

当我开始对某些人认为是硬核理论物理学的东西感兴趣时，我还不到 22 岁。在这之前我学了几年纯数学，非常喜欢它纯粹的美。古希腊哲学家柏拉图曾经说过——大约在 2500 年前，那时候没有人知道什么是天堂——数学是上帝与人类交流的语言。

在英国剑桥大学接受了我学习高等数学和理论物理的申请之后，我的第一反应是："太好了！可以开始对真实世界进行深度思考了！"

我一点都不知道后来在我身上发生的事，就像你们也一点都不知道接下来的几章会带给你们什么一样。

在我进入剑桥前的那个暑假，我阅读了几本教科书还有过去和当时几位大师的著作，想清楚地了解科学对于我们周围的世界有什么说法。我特别注重量子世界方面的课题，毕竟，就像我们在第四部分中所发现的，微观世界是我们一切事物的根本，在那里，我们发现了构成我们宇宙万事万物的基本构件——的确，就算爱因斯坦的广义相对论也需要我们在理解这些基本构件之后才能用在更大尺度上解释宇宙的样貌。

许多诺贝尔物理学奖被授予了那些在非常微小的领域作出突破性贡献的科学家们。

不用说，我对我自己将要开始的旅程兴奋不已，当我能够领会这些知识开拓者所创建的理论时，我开始记下他们无与伦比的想法，确保自己正确地领悟了他们的思想：

我想我可以很有把握地说，没有人懂得量子力学。

理查德·费曼（Richard Feynman）,1965 年诺贝尔物理学奖获得者。

上帝很微妙，但他不会恶作剧。

阿尔伯特·爱因斯坦，1921 年诺贝尔物理学奖获得者。

没有任何能够转换成图像的语言可以描述量子跃迁。

马克斯·玻恩（Max Born），1954 年诺贝尔物理学奖获得者。

那些在一开始接触量子理论时没有感到震惊的人不可能真正理解它。

尼尔斯·玻尔（Niels Bohr），1922 年诺贝尔物理学奖获得者。

我又很怀疑，或许上帝喜欢恶作剧。

阿尔伯特·爱因斯坦。

这些出自量子理论之父们的论断足以动摇哪怕最具自信的学生们的信心。但是，我还是与来自世界各地的 200 名年轻学生一起，坐着听完了天方夜谭似的课，还通过了当时被称为数学荣誉学士第三部分的考试——这个考试大概可以算是世界上历史最悠久的数学考试了，它依然以纯数学为主——我们所学到的新东西之多让我们没什么时间去思考它们背后具有的哲学意义。

然后机会来了。

我进入剑桥九个月之后，我们时代最有名（也最聪明）的物理学家史蒂芬 · 霍金教授邀请我做他的博士研究生，与他一起研究黑洞和宇宙起源问题。深度思考将要成为必修课。于是，我花了一个夏天的时间搜寻能够找到的一切材料，并且仔细阅读，结果差不多达到了你现在读的这本书的这个地方的水平。因为我有霍金做导师，可以把这一切综合起来，到达了更远更远的地方。现在，轮到你来做同样的事情了。

我们还有什么没有看到?

好吧，这是个脑筋急转弯问题。

1979 年，一个非常特殊的诺贝尔物理学奖被颁给了三位理论物理学家：美国的谢尔登 · 李 · 格拉肖（Sheldon Lee Glashow），巴基斯坦的阿布杜斯·萨拉姆（Abdus Salam）和美国的史蒂文·温伯格（Steven Weinberg）。

多年以来，科学家们一直试图理解你刚见到的弱核力中的一些独特的性质。格拉肖、萨拉姆与温伯格作出了一个令人吃惊的发现：电磁力与弱核力是早就存在的另一种作用力、另一种场的两种不同表现。他们发现，在宇宙的早期，至少有两种充满着我们整个宇宙的不可见的量子海洋曾经是同一个海洋，所谓“电弱场”。

这本身就是一个了不起的突破（所以得了诺贝尔奖），但它还为更大的理论——将自然界所有已知作用力统一起来（因此也就统一为一个理论）——的诱人前景铺下了道路。

对于这种统一的追求将贯穿于从现在到本书最后你所有的体验之中。带着这个目标，你将飞向空间与时间的源头，飞进黑洞，甚至飞出我们的宇宙。

然而，为了能够到达那里，你需要先了解当一个人将一处空间里所有东西都取出后，得到的是什么。

第 2 章　没有什么“什么都没有”

你还在自己的厨房里。

夜已经很深，很暗，一片安静。

如果你以前就觉得世界很美，那么现在你经历过的旅程显然带给它更多的风味。所有一切看上去都更深刻，充满力量和神秘。

哪怕是你不起眼的厨房。

你身边的空气里充满了漂浮着的原子，它们沿着地球在时空中引起的曲线下滑。

这些最初形成于早已死亡的恒星内核的原子们。

在你体内，以及任何地方的原子们，正经历着放射性衰变带来的崩解。

在你脚下，地板的电子们拒绝让你通过，因此让你能够站立、行走、奔跑。

你的行星地球，由人类已知的三种量子场所形成的一团物质，被所谓第四种作用力（虽然实际上它不是力）引力聚在一起，漂浮并穿行在时空之中。

这些听起来如此离奇，或者就像是彻底的神迹，你决定再给自已煮杯咖啡，然后你走回起居室，坐进那舒服、坚实，给你安全感的旧沙发里。

你试图整理一下头脑里乱转的各种想法。生命的意义是不是隐藏在某个地方，在我们刚才一起看过的世界之外的某个地方？你至今所学到的东西真的正确吗？

在你开始探访比你已经到达的更为遥远的地方之前，让我告诉你：揭开世界之谜是一个正在进行中的工作。科学或许还不能回答所有问题，虽然它已经回答了不少。这取决于你的期望是什么，我可以告诉你一个真相，本书的结局未必比开始更易于理解。如同美国理论物理学家爱德华·威滕（Edward Witten）[①]所说："在远离你安逸家园的宇宙，并不是为了你的方便而被创造的。"

或许我们应该记住我们一起离开安逸的日常生活，进入黑暗的海洋，因为不管这个论断多么谦逊，但它提供给我们每个人完全的自由，让我们能够以个人的方式解释我们所看到的东西。这是一件好事。因为不同的观点越多，人性就越丰富，科学也越能往前发展。

我在上一章结尾就已提示，在我们充满信心打开通往未知世界的大门之前，我们必须先熟悉被科学家们称为"真空"的那个概念。这是当今理论物理学家们理解量子现实的基础——这是一个理论模型，它帮助我们作出精确到难以置信的程度的预言，这些预言已被无数次不同实验反复检验并证实。

① 爱德华·威滕被称为弦理论的奠基人之一，你会在本书第七部分结束时了解这些。顺便说一句，他是第一位也是至今唯一一位被授予菲尔兹奖（相当于数学界的诺贝尔奖）的物理学家。

在宇宙中随意选择一个地方，一个区域，拿走其中所包含的一切。我指的是所有东西。

奇怪的是，剩下的并不是空无一物，虽然你觉得自己已经拿走了里面的一切。

这合乎逻辑吗？一点都不。但大自然并不在乎我们人类怎么想。

现在，请闭起眼睛。

为什么？

因为我们周围有些东西是不能承受被看着的，你将要面对的真空就是其中之一。

在我们开始之前，先等一分钟，放松一下，想想那次你从可爱的热带小岛坐飞机回家的旅程。

你或许记得在飞机起飞后不久你就睡着了。真的，如果你问下那位看上去古里古怪的邻座，他大概会告诉你在整个飞行的大部分时间里，你都鼾声震天。

那么在你整整8小时的睡眠之中，飞机上到底发生了些什么呢？你在整个飞行中穿越了几个时区？的确，如果没有一个人仔细观察，那么任何一架飞机在空中具体飞过的轨迹又有谁知道？

你对这次航程的了解只限于你睡着之前和醒来之后。你看向窗外，看到你的飞机从一个遥远小岛上的跑道起飞，看到它安全地降落在你家所在的地方。在两者之间，你的脑子里没有任何飞行轨迹的印象。你完全不知道中间发生了什么。

现在，要是有人告诉你，你的飞机按照完全不是你想象的路线飞行会怎么样？去了木星，比如说。或者像中微子那样，穿过了地球，或者在时间中来回穿越？我猜你可能很难相信。

但是，不管你是不是在做梦，你的确在第三部分中经历过这种诡异的轨迹，在 8 小时时间内飞到了 400 年后的地球。所以，我们必须更仔细地看看到底发生了些什么。

你现在知道如果要让这个情景真正实现，你的飞机必须以非常快的速度飞行。的确，它得飞入很远的外太空，接近光速，然后再飞回已经过了 400 年的地球。

在现实生活中，你或许能够找到很多无可辩驳的论据来否定这样的轨迹，或否定你乘坐的飞机可能有这样诡异的轨迹，但依然如此：如果我告诉你，在你睡着的时候，你乘坐的飞机不仅真的飞入太空并且飞了回来，而且它实际上还同时沿着各种可能或不可能的路径从你入睡的彼时彼地，又回到了你醒来的此时此地，又会怎么样呢？穿过地球，然后回来；绕过木星，回来；所有的路径，都被飞过。

你大概从此再也不会相信我的鬼话了，对吗？

很好。

这意味着你已做好准备一探真空了。

你的咖啡、花瓶、你的沙发、你的屋子，都不见了。

你回到了只有意识才能访问的世界，你几乎就是个影子：完全透明，只有一点点形状。你不受周围一切的影响，也不会影响周围的一切。

然而，你的周围到底是什么，并不完全清楚。

在你看起来，那里，嗯，什么都没有。

只有黑暗，笼罩着一切，延伸到无穷。

你早已对这种剧烈变化的风景见怪不怪，依然漂浮在这看起来就像被掏空了一切内容物的宇宙中。

一开始，这幅景象颇让你平静，但很快，你不得不承认，你觉得无聊。既然无事可做，你再次想起我刚告诉你的关于在飞机上睡着的事。

一架真正的飞机真的可能完全按照不可预期的方式飞行吗？对各种可能的路线保持开放的心态是一回事，但真的从地球中心飞过？或在时间里来回穿梭？别开玩笑了！

是的，你是对的。“别开玩笑了！”是面对如此可笑想法的唯一自然反应。

但你依然应该对此保持开放心态，因为对于飞机来说听起来疯狂的事，对于微粒来说可能非常真实。

现在就让我们拿粒子来思考一下，一颗没有被任何人观察着的粒子。你想象一下它从一个地点运动到另一个地点，你只能在起点与终点探测到它。现在，同样一个问题：如果你不去观察，这个粒子究竟是沿着什么轨迹从起点运动到了终点？

显然这取决于……

但是不对，它并不取决于任何东西。对飞机来说，这个想法可能过于抽象，但对粒子来说，这是真实情况。只要你没有去观察，一个粒子就能真的经过你能够想象的所有途径，不管这些途径听起来合不合理。粒子的运动和行为与你在日常生活中所看到或经历到的一切都不相同。或许你在游历原子的内部结构时已经瞥见了这个秘密，看到了电子和其他粒子并不只是一个球状的某块物质。现在我们将接近一个更深层的真相：量子场会给粒子带来奇怪的效应。

一个粒子属于量子场意味着它的确分裂成许多它自己的影像，

一直都是。所有这些影像所经过的轨迹填满了空间与时间中的每一点，如果你想偶遇的话，在任何一个时间或地点都有可能见到那个粒子，只是几率大小不同罢了。

更糟糕的是，在物质的粒子或光子被探测到之前，它们无数的自身影像可以再次分裂并变成其他东西，然后再变回它们一开始的自身。就像光子开始变成电子，电子变成光子，在我们没有观察的时候，宇宙中所有的粒子都能变成另外的东西。量子微粒是一些难以捉摸的小家伙：当大自然没被关注时，一切可能发生的事都发生了。如果你不相信我说的话，请自己看。

你漂浮其中的无边夜空中有一些事情正在发生：一个白色无门的立方体房间出现在你周围，很快，你发现自己身处其中，它的墙壁被完美的白色微小探测器盖满。几百万个。

就在你的正前方，这个无门的房间中间从地板到天花板竖着一根金属柱子，有你的手臂那么粗。

房间里唯一的另一件东西就是一台黄色的仪器，看上去有点像那种能够弹射网球的装置。这个奇怪的小机器人看上去正通过它的发球管注视着你。

显然替他编写程序的人很讲礼貌，它向你打了个招呼："你好！"

它没有嘴巴或眼睛或耳朵或任何器官，但它能说话，嗓音有点沙哑。

"你好。"你回应道。管它呢，你打算开始提问。

那机器打断了你，解释说它身体里充满着蠢蠢欲动的粒子，它将从现在开始，一个接一个地将它们抛向房间的另一边。

如果你想知道它们是光子还是物质粒子，回答是两者都有可能——因为你将要看到，物质与光在根本上具有同样的行为。

显然机器人已经等不及了，立刻开始倒数：

“三……二……一……”

管子里出现了一个粒子，一瞬间，房间的另一边响起一声铃响。你好奇地觉得那个机器人很满意自己的动作。

你向一边微微侧过身去，看到墙上的一个探测器变黑了，位于金属柱子后面。

“第一个问题：那个粒子是怎么去往那里的？”机器人问道。

它那空洞的职业声调并没有让你不快，你站到投球手抛出微粒的位置，一条直线连接了发球管与变黑的探测器。那条显然就是粒子轨迹的直线几乎碰到了金属柱，还差一点儿。

“这就是轨迹。”你回答，抬起手指指向那粒子唯一可能经过的方向。

“错！”机器人回答道，简单直接。

“再说一遍？”你说，颇感意外。

“你的答案不正确，不管你指向的是哪个方向。”机器人说道，你怀疑编程者是不是真的考虑了礼貌。

“但只有这条可能的线路！我现在就看着它。”

“如果你依赖感官与直觉，”机器人继续说道，“那么你将一直给出错误的回答。每个刚进入这间房的人都会犯这个错误。量子微粒所遵循的规则与你们日常生活中的不同。对于粒子来说，你的感官和直觉没有用。忘掉它们。”

不管你觉得它的态度多么粗暴，这个机器人说得一点不错。虽然它的外表看上去没什么了不起，它却具有实现本书所述的各种方程式的能力，事实上它是世界上最先进的计算机——就像计算机常常是科学家们真实生活中最好的朋友一样，它能帮助他们看清自己的理论，我们的机器人超级计算机也将在我们这本书的剩余部分中给我们提供许多帮助。

它能按照我们人类已知的自然规律模拟任何进程。例如，你现在所在的白色房间，就是这台计算机的杰作，里面所发生的一切都遵循着大自然已知的法则。

或许看起来我们的机器人投出的粒子按照标准直线飞行，但粒子们属于很小的微观世界，位于我们的常识之外。计算机说你错了，因为刚才所发生的事件与你是否看见或是否聪明没有关系。计算机谈论的是大自然，在这点上大自然坚定而清晰：粒子的行为不同于网球，它是量子微粒。从一个地方运动到另一个地方，它们会在时间与空间上经过所有可能的路径，只要这些路径出发于起点，终止于终点。因此机器人所发射的粒子的的确确经过了所有地方。同时经过。从那根柱子的左边与右边，以及中间穿过。甚至在房间外面，进入未来并回来——直到它击中墙上的一个探测器为止。

不用担心，你并不需要理解这些。事实上你是不是理解完全没有任何影响，自然就是这么运行的。无人观察的粒子的确沿着时空所能提供的一切可能路径运动。房间中央竖着的金属柱子也不改变任何东西。实际上它竖在那里的意义只是为了让你有个参照。拿走它后粒子照样从它原本所在位置的左边和右边穿过。

另一方面，那些在墙上的探测器们，的确造成不同：击中其中的一个令粒子最终出现在某个地方。

在你身后，那个黄色的粒子发射机器开始振动，变得热了起来。你猜想它是不是出了故障。似乎看穿了你的想法，它突然又开口说话。

“所有的一切都正常，我在放慢时间。那需要能量。你下一次眨眼的时候，我将投出另一个粒子。你将会看到这个房间会变成什么样子，或许你真的能够见证这个粒子从发球管到对面墙上所有可能经过的路径。”

还没来得及细想，你禁不住眨了一下眼，机器人的确开始了又一次倒数。时间的流逝也开始变慢了。

“三……二……一……”

粒子以极慢的速度离开机器人。一开始，它看上去像是一团模糊的云。你就站在发球管后面，看着它似乎分裂成无穷多的自身鬼影，实际上成为一种波，一种被它所属的背景场推动着的波纹，向着空间与时间的各个方向运行，从柱子的左边与右边，还有中间穿过，还穿过了房间的墙壁，分裂成你能够想象到的极限之多的自身影像，真的是这样，直到突然之间聚集在一起，结束在房间另一边墙上的一个点上，触发了另一个探测器。探测器变黑。铃声响起，时间回复到正常速度流逝。

你刚才拜计算机模拟所赐见到的在白色房间中发生的图景，就是科学家们相信无人观察到的粒子的行为。当有人对它们进行观察时，所有的规则都改变了。当雷达在整个航程中不停地跟踪飞机时，它就不可能出现在被探测到的地点之外的地方。同样，当有人试图探测一个粒子时，就像那些安装在墙上的探测器所做的，粒子就不再出现在所有地方，而是只在一个地方。然而，与里面坐着乘客的飞机不同，在没有人观察时，粒子真的到处都在。

从表面上看，这听起来就像“森林中倒下一棵树”的问题：如果没有人听到，那么树发出声音了吗？当我们在场时，树真的倒下了吗？

但我们这里所谈的不是哲学——我们谈的是大自然，是包围并构成我们自己的粒子们的行为。

现在，为什么粒子——大自然——会在乎有没有人观察它？是的，许多科学家也在思索这个问题。这个问题引领着一些科学家做出看似疯狂的回答，我们将在第六部分中做一下介绍。现在，就让我们先指出你刚才所见证的现象已经被无数实验所证实。粒子无处不在，又突然不在那里了，探测器本身迫使被抛出的粒子必须击中房间里墙上某处的探测器。

“如果你感到迷惑，这是完全正常的，”机器人说道，“我向你展示的就是探测真相会改变自然的活生生的例子。”

“再说一遍？”你皱着眉头，问道。

“真相在你注视它时发生了改变。”机器人又重复了一遍，“如果你感到迷惑，这是完全正常的。”

非常微小的量子世界，看上去是一个由各种可能性构成的混合体。

所有粒子所属的量子场是这些可能性的总和，然而，当有人试图找出粒子的真相时，看见粒子就意味着许许多多存在着的可能性中的一个被选了出来，这种选择就是你探测到它这个行动本身。没有人知道为什么会这样，或者这是如何实现的，但真实的结果就是如此。在你与量子世界相互作用时，多重性变成了单一性。就好像，在别人眼里，在生命中的某个时间点对于某个话题，你所具有或不具有的所有想法的可能性都存在，直到有人听到你大声说出的时候，在此之后那种无限的可能性突然被缩小为一个想法。这就是那间白色房间墙上挂着的探测器所做的事。它们迫使机器人发射的粒子最后落在某个地方，而非一直处在所有地方，剥夺了它们无处不在的特性。

你逐渐意识到这件事可能带来的后果，不禁汗毛倒竖，虽然你依旧只是一个影子。这是不是就意味着有了合适的探测器，你就能够创造你自己的真实世界？仅仅通过试图探测它们，你是否能够让粒子——物质本身——以这种而不是那种方式运动，以此来塑造你自己想要的宇宙？威滕曾经说过宇宙并不是为了你的方便而被创造的，或许他错了。

在你开始夸口之前，我很抱歉地告诉你威滕是对的，你新发现的能力只是一种虚幻。你无法塑造宇宙，因为在你一瞥之后，构成量子世界的所有量子可能性中，究竟哪一个会成为现实无法事先被预料。这是构成宇宙的量子场的魔法之一。量子世界将我们所认为的确定性变成了可能性或概率，对于我们以实验探索那个世界，其给出的结果没有人能够以完全的自信预先猜到，就像扔硬币或掷骰子一样。科学家们曾经认为这种不确定性来自于他们自身认知的缺乏，但 1964 年北爱尔兰物理学家约翰 · 斯图尔特 · 贝尔（John Stewart Bell）发表的一个杰出定理证明了这种想法是错误的。在贝尔提出的这条定理的指导下，法国物理学家阿兰 · 阿斯佩（Alain

Aspect）进行的实验证实：可能性而非确定性的存在是对于极其微小的世界你不得不接受的客观性质。

好吧。

但这一切与你原先要探索的真空又有什么关系？别急，你马上就会了解。

那个满是探测器的白色房间消失了，与它一起消失的还有房间中央的金属柱子和那台黄色的机器人，居然连“再见”也不说一声。

你又回到了看起来如同黑夜的宇宙中间，只有自己一个人，周围什么都没有。

你又缩小到微缩版的自己，开始看到某些东西的扰动。

这好像是……好像是一个粒子（或许有两个，你也不能确定）刚好出现在你眼前，又突然化作一缕微光消失。

什么都没有，然后突然有了一些东西，现在又什么都没有了。

奇怪。

现在，又发生了一次。再一次。无数次，到处都有。

你现在所看到的显然是粒子无中生有地自发形成。而在它们因为某种原因消失之前，这些粒子也按照它们量子的自由所允许的一切可能路径运动。

你应该能够接受上面所说的那句话的最后部分了，你已经在白房间里看到了这些无人观察的量子粒子如何运动。但它们怎么可能无中生有？

好吧，它们周围并不是什么都没有。量子场无处不在。

粒子要出现，就得先从量子场中借到一些能量。因为这些场填满了所有时间与空间，粒子因此可以在任何时间与地点出现。这就是为什么说宇宙中任何地方都不存在真正真空的原因。

你朝黑暗的更深处看去，突然，就像一直蒙在你眼前的某种滤镜被脱下，整个真实世界一下子展现在你的眼前。粒子们。在聚合。到处都是。填满了一切，从不停起伏的循环沸腾背景中射过。虚拟粒子们到处移动，互相作用，在一缕缕光或能量中出现然后消失。一场无与伦比的焰火表演正在所有的地方上演，没有漏掉任何一个角落。可以说这与你以前曾认为的巨大虚空的太空中“什么都没有”的想法完全相反。

这就是科学家所称的真空。

这就是当所有一切都被取走后所剩下的：位于最低能量水平中的量子场，虚拟粒子们自发从场中生成，只是移向各处，直到重新被吞噬湮灭。

我再说一次：在我们的宇宙中不存在所谓真正什么都没有的“空”。

当某个地方所有的东西被拿走之后，你可能有理由认为那里什么东西都不会留下。但事实就如你无法把某处的时间与空间拿走一样，你也无法拿走量子场的真空。

但如果真空不是真正的空——如果量子场的真空是被所有能从其中突然冒出来的粒子所定义——那么就会带来一个很合理的问题：是不是到处的真空都一样，还是真空的性质可以随着地方的不同而不同？换句话说，有没有许多种不同的真空？

1948年，荷兰物理学家亨德里克·卡西米尔（Hendrik Casimir）研究了按照以上方式定义的真空，他的结论是，如果这真的是宇宙的真实存在，而非仅仅是理论设想，那么不仅我们周围应该真正存在着不同的真空，而且它们还应该在我们的世界里留下非常确凿的效应。我们应该能够探测到这种效应。

想象有一道墙，装在万向轮上，将两间房分开，其中的一间充满空气，另一间充满水。或许你认为墙会因此移动，被水推向一边，朝充满空气的房间移动。现在，想象将两块很小的金属板平行相对放置。没有其他作用力的话，就像刚才的房间，它们应该互相排斥（或吸引）对方，因为它们所分隔开的真空与它们之外的真空之间是不同的。

为什么？

原因很简单，因为在两块金属板外面的空间大于两者之间的空间。其后果就是在两块板之间无中生有出现的虚拟粒子应该与在两块板之外出现的粒子不同，两种真空因此会不一样。

结果是，金属板应该会移动——它们的确移动了，美国物理学家史提夫·拉莫若（Steve Lamoreaux）与他的同事们在1997年通过实验证实了这一点。这种现象被称为卡西米尔效应。

卡西米尔效应证实了真正的空无一物并不存在，不仅如此，它还显示了我们的世界中存在着不同种类的真空，而且还会因此产生力：真空之力。[①]

---

① 当我们的电子产品越来越小时，工程师们也越来越需要考虑这种效应。

难以置信，你或许意识到自己又找到了一个非常非常根本的谜团的答案。

你早已知道，我们宇宙中所有的粒子都是量子场的表现。它们就像海里的波浪。它们又像抛入空中的球。它们两者都是，粒子与波，在它们所属的量子场里诞生，并沿着它们所属的量子场前进。

现在，你还记得当时探访微观世界时自己注意到的现象吗：你所遇见的所有同种类基本粒子都完全一样，任意两个电子都一模一样？[①]

怎么会这样？

在你的日常生活中，这种完美根本就不存在。无论你怎么做、怎么看、怎么建造或怎么思考，也不会有两个完全一样、完全没有差别的物体。人类、鸟类，甚至思想，都不会这样。就算它们看起来一样，实际上也存在不同。那么，怎么可能所有电子和其他基本粒子永远与它们的同类绝对而且完全相同呢？

答案在于，在整个宇宙中，所有的基本粒子，都诞生于同一个背景场中，也会在任何时候被同一个背景场所吞噬湮灭：某个量子场的真空。那些不可见的、充满我们整个宇宙的背景海洋。

所有的电子都是电磁场完全相同的表现，它们都诞生于电磁场的真空之中，并在其中传播。光子也一样。

每次电子出现，成为实体，就像是它周围的电磁场真空踢了一脚，把它从幽灵般的昏睡状态中唤醒。每次胶子出现，背后的原因是强相互作用场真空中一些能量的增加或减少。每次放射性衰变发生，

① 对于夸克也是如此，同样适用于质子、中子、光子或任何其他什么量子场的基本粒子。

弱相互作用场的真空都会牵涉其中，发射出它的基本中微子。真空中能量越多，它能产生的基本粒子就越多。

很好，一切顺利，让我们继续：看起来所有的场都有相同的行为，它们都遵循同样的规则。那么引力又如何？

在每一个引力起作用的地方，也都有一种引力场在起作用，虽然这种场有些不一样，至少现在被认为如此，因为没有人知道怎么把它变为量子场。后面你会看到，没有人知道如何让粒子从引力场真空中出现而不带来灾难性的后果。但如果这的确可能，引力场就会像其他场一样，有某种粒子凭空出现在引力场中成为引力载力子。这些粒子被称为“引力子”。它们尚未被发现，时空弯曲依然是描述引力行为的最佳方式。

就算没有所谓的引力子，甚至就算引力或许不具有量子属性，引力场也的的确确是一种场。这使得人类用来描述他们至今所知道的一切所使用到的场的数目是 4 个。

但为什么是 4 个？

为什么要有 4 种基本的场？

为什么不用 5 种或者 10 种或者 42 种或 17 092 008 种场来解释自然界的行为？

它们所对应的真空又如何？它们只是在所有的地方都和平共处却对其他场的存在毫不在意？听起来很奇怪，不是吗？如果只有一种场，生活不是更简单？

是的。

简单性是理论物理学家非常热切地想要追寻的东西。它甚至激发了他们的想象力，这也就是他们为什么动足脑筋试图把那四种已知的场统一到一种。

一种场统治一切，你或许想说。

但是，说起来容易，做起来就难了。

每种场的基本粒子都不同，而且其中之一（引力场）的基本粒子甚至还没有被探测到。

还要考虑激发一个场产生的结果与激发另一个场产生的结果不一样。它们还各自带有不同的电荷。事实上，它们都有着不同的性质：电磁场的效应具有长距性，既可以产生吸引，也能产生排斥，但引力场只有吸引，强相互作用场的效应又是非常短距离，还有……

再有……

要将两种材料变成合金，我们需要将两者加热。两者被加热到足够高温后会熔化并混合成一种全新的材料，同时包含原先的两种材料。

要让场融合起来，可以用同样的办法。但所需要的能量大得无法想象——高达1000万亿度的温度才能让电磁场与弱核力场统一成同一个。

1000万亿度绝对已经超出了我们今天所了解的宇宙范围了。

但未必一直如此。

事实上，这么巨大的能量的确存在过，在很久很久以前，到处都是。那时宇宙还年轻，体积也更小。萨拉姆、格拉肖与温伯格试图在纸上推算出当时自然的表现，他们成功地合并了电磁场与弱核力场，因此发现了电弱场。他们发现在极端条件下，一个单一的场统治着现在由两个不同的场统治的世界：电磁力与放射性。

下一步是将这个新的场与第三个已知的量子场，那个统治夸克与胶子在原子核中相互作用的强相互作用场统一起来。如果能够成功的话，我们或许就能构造出那个被恰当地命名为“大统一理论”的东西。要实现这一点，我们需要更高的能量。

高多少？

一个非常大的数字。大到往上加个10亿度20亿度都产生不了什么差别的程度。

现在问题是，我们怎么知道这一切都是真实的？

我们怎么知道萨拉姆、格拉肖与温伯格算对了？更何况除了觉得“一”比“三”或“四”更合理之外，我们又怎么知道真的有个大统一理论有待发现？

因为在将现有的场统一起来建立一个新的场的过程中，物理学家预言这个新的场或许有着自己的基本粒子和载力子。为了验证这些，他们建造了粒子加速器，已经存在的粒子在其中互相撞击。不仅粒子被撞碎，向我们展示自己由什么构成，撞击发生处周围的巨大能量还能激发沉睡于我们这片宇宙中的场。

到2015年为止，这种撞击所产生的最大能量相当于在撞击处形成10亿亿度的高温。这听起来像是很高的能量，但记住我们谈论的是粒子加速器，它加速的不是奶牛或行星，而是小到不能再小的粒子。从现实的角度，这种微观粒子撞击产生的能量都不足以让蚊子飞起来，但在局部，这种撞击所释放的能量巨大。就像萨拉姆、格拉肖与温伯格预言的那样，全新的粒子（确切地说，W和Z玻色子）被创造出来——只有从电弱场的角度考虑才能合乎逻辑的粒子出现了。

我不知道你对此作何感想，但每一次此类成就都让我惊叹不已。

引力在这里又处于什么角色？要将四种场统一成一个，我们也必须考虑引力，为什么把它落下了？回答这个（棘手的）问题将是本书第七部分的目标。

但不要失去耐心，因为掌握了你现在看到的一切，就已经学到了我们对于构成你自身的物质所能够了解到的几乎所有一切，除了一个例外：你的质量。

这样说吧，你或许会惊讶自己怎么从来没有听人说起过：这看起来是一个很重要的问题，是不是？

好吧，质量来自何处？

你已经知道，恒星在其内部将小的原子核锻造成更大的原子核。

那么恒星是不是也会创造质量？

不，不是的。

恰恰相反。

由于聚变过程中显得多余的胶子遭到“驱逐”，聚合后的中子和质子损失了部分能量，根据爱因斯坦的方程式 $E=mc^2$，因此它们也就损失了部分质量。[①] 这就是恒星闪耀的能量之源。在前面你已经看到这个发生过程了。但这个过程还能让你了解到更多：如果逐出胶子而使得原子核损失了质量，这就意味着胶子就是质量。就是说，这部分原子的质量恰恰来自将夸克禁锢起来的虚拟胶子浓汤。实际上，当科学家们对此展开细致研究时，他们意识到这种存在于宇宙

① 记住：原子核中质子和中子的数量越多，所需要看守夸克待在“监狱”里的胶子数量就越少。

中所有中子和质子当中的“胶子浓汤能量”能够用来解释我们所知的非常多的物质的质量。非常多。但还不是全部。

例如，它没有告诉我们，为什么夸克和电子带有质量。或者它们是如何变得有质量的，因为它们曾经是没有质量的呀。

萨拉姆、格拉肖和温伯格的研究表明，在很久以前，当极其年轻的宇宙发生膨胀并逐渐冷却下来时，电弱场一分为二成为电磁场和弱场。不过我在前面没有告诉你的是，要使这种情况发生，必须存在另外一个场。

另外一个量子场，它有自己的载力子及其他所有的东西。

这些载力子并不携带你在前面已经遇到过的所有作用力，但是又不存在其他起作用的某种作用力……那么它们是怎么做的？

它们令一些粒子带有质量，另外一些却没有。例如光子和胶子并没有感觉其存在，并且它们仍旧不会有这种感觉。它们能够无视这个场穿行而过。因此它们就依然保持不带质量，到今天仍旧以光速运行。

但是夸克、电子和中子却意识到这个场的存在，于是变得带有质量。因此，它们无法做到以光速运行。

还是这个问题，我们怎么知道这就是真相？我们怎么知道这个神秘的场给了我们宇宙中所有有质量的粒子以质量？

好吧，与所有场一样，这个新的场也应该有它自己的基本粒子。

如同预料之中，它们不是那么容易见到或检测到的。

根据计算，为了唤醒它们，需要巨大的能量——比电弱场所需要的能量都大。然而听起来难以置信，在 2012 年，科学家们终于在位于瑞士日内瓦附近的欧洲核子研究中心最强大的粒子加速器 LHC①中唤醒了它。他们探测到属于这个场的一种基本粒子。这是整个拼图中缺掉的一块：我们宇宙中所有带有质量物质的质量起源，无论是否归因于胶子。种种猜想这时才真相大白。

这个发现真正证实了物理学家们一直走在正确的道路上。

媒体们称它为“希格斯粒子”（虽然或许存在着许多种不同的希格斯粒子），于是它的场的名字叫希格斯场或希格斯－恩格勒特－布鲁特场。英国理论物理学家彼得 · 希格斯（Peter Higgs）与比利时理论物理学家弗朗索瓦 · 恩格勒特（François Englert）因这个发现共同分享了 2013 年的诺贝尔奖（他们和罗伯特 · 布鲁特早在 40 多年前就预言了这个事实。遗憾的是，布鲁特于 2011 年去世②）。简短地说，他们发现了在 138 亿年前，当我们的宇宙冷却下来时，质量是如何产生的。这是一个了不起的功绩，无论对他们来说，还是对整个人类来说。

这个发现登上了各大媒体的头条，不过尽管如此，这里还是有必要强调一下希格斯场并不能解释所有物质的质量起源，它只能解释其中的一部分。就像我们在前面所说的，中子和质子的大部分质

① LHC 代表大型强子对撞机（Large Hadron Collider），所有能与强相互作用场发生相互作用的粒子都被称为强子。质子就是强子的一种。LHC 的作用基本上就是让质子带着相当强大的能量互相碰撞。

② 诺贝尔奖仅授予在世的科学家。

量来自将夸克束缚在其边界之内的作用力，来自夸克－胶子浓汤。如果希格斯场突然失效了，那么夸克就会变成没有质量，我们也会死亡。但质子和中子的质量却几乎不会改变。

既然强作用力场对于我们存在物的质量如此关键，既然你知道所有我们已知物质的质量来自何处，现在，回想一下那些你在本章开头看到的从真空冒出来的粒子。你看到了它们……但你还是不要看到的好。天下没有免费的午餐，大自然不会允许粒子凭空出现而不付出代价。

这个代价，你马上就要看到，就是一种新的物质的存在，它的名字叫作“反物质”。

第 3 章　反物质

在地球整个历史的大多数时间里，它表面上的绝大多数地方都不为人类所知。今天我们可以借助人造卫星所拍摄的整个地球的照片来绘制全球地图，但仅仅近至几个世纪之前，只有欧洲、美洲和亚洲的小块土地被当地居民绘制过地图，从来没有人绘制过整个世界的地图。来自许多不同文明的勇敢无畏的探险家们因此不得不离开自己安逸的家园穿过狂风巨浪航行在海中，去探索在他们的家国之外是不是还有其他地方存在。一个接一个地，他们发现了遥远地方的大片从未被自己同伴踏足过的陆地。他们也发现了其他文明。被水域包围的小块岩石被命名为岛屿，大的，被命名为大陆。每一次这样的发现都扩展了人类的疆域，同时，也让我们的祖先进一步认识到一个很简单的事实：我们都生活在一个漂浮在巨大宇宙里的极其丰富多彩但又相当小的球体表面上。

数十年过去了。

经历了各种各样的暴力、贪婪和好奇，我们对地球有了更多的了解，未知世界逐渐从地平线外变成了头顶之上。太空成了每个人只要抬头看一眼就充满好奇的新谜团。但那里的距离尺度大得无法想象。当我写这本书时，人造卫星已经飞到了离地球几亿千米外的地方，试图寻求存在于我们星球上的水的起源，或许还有生命构件本身起源的答案。探险已不再是将人类送往危险的航程中。机器人能够代替我们完成这个任务。但星际旅行所带来的兴奋正在上升，在21世纪，有没有可能我们身处地球，却依然当一个探险者？

当然有这个可能。

人们可以将目光对准海底，那里的环境对我们的技术（更不要说身体）是巨大的挑战，真正潜到大洋最深处的人比踏上月球的人还少。

或者，人们可以走完全不同的另一条路：搞科学。

虽然科学与驾驶帆船或宇宙飞船相比没那么拉风，但它可以带你去任何地方。从海底深处，到我们可见宇宙边缘。甚至更远。在阅读本书的过程中，或许你已经注意到，你的意识能够带你到达你的身体无法接近，以及从来没有人到过的地方。在深入研究空间与时间的本质，或者粒子与光的量子行为的过程里，没有两个读者在阅读本书时经历完全一样的旅程——没有人可以在各自大脑中看到完全一样的图像。通过在你的大脑里创建星系和虚拟光珠，你进入了理论研究的世界，一个没有限制与边界的世界。

没有人能够事先知道朝着哪个方向航行，他们能够找到岛屿或大陆，必须经过许多探险家的失败，才能铺就通往伟大发现的道路。运气的确存在，但无法被依赖。以过去的发现为基础，是一条更可靠的捷径。科学也同样如此，反物质的发现，走的就是这条我们古老的祖先所走过的探索之路。人类中的一位天才以下面这个令人惊讶的事实打开了所有其他人的眼睛：构成我们的物质，构成我们行星、恒星以及星系本身的物质，只是所有物质的一半——他并不仅仅是依赖运气想出了这点。他是在别人在他之前已经盖好的大厦上加盖了一层。确切地说：依据爱因斯坦对于物体在非常高速度下运动时行为的研究，再结合以量子粒子们奇怪的行为。这个人就是保罗 · 狄拉克(Paul Dirac)。他创建了量子场理论,作为结果,他发现了反物质。狄拉克是英国科学家，并在 1932 年至 1969 年间担任英国剑桥大学卢卡斯数学教授,这是世界上最崇高的科学教授席位之一。艾萨克·牛顿在 1669 年到 1702 年担任此职，这把交椅上还坐过史蒂芬 · 霍金，从 1979 年直到 2009 年。

那么反物质究竟是什么东西?

你已经知道方程式 $E=mc^2$ 代表什么意思：质量能够转化成能量，同样，能量也能转化成质量。这是一个相当高的交换率。就像你在前一章中所见，能量能够从真空里，从场里借出一小会儿，创建出粒子。

现在，回到微缩版的你。

你仍然在被掏空的宇宙中，被真空包围——确切地说，被电磁场的真空包围。

就在你的眼前，一个电子凭空出现。

为什么它会出现？因为它可以。所以你看到一个电子出现了。噗！就这样。

瞬息之前，除了真空，什么都没有。现在，有了一个电子，而电子带有质量。它凭空出现这一事实就意味着一些沉睡着的能量被转化成质量。那个 $E=mc^2$ 的公式在行动。很简单。

但电子还带着电荷。这就带来一个问题：那个电荷是从哪儿来的？

质量来自能量，质量与能量是等同的，因此从借来的能量中产生质量是一个平衡的过程，只是将一种形式的能量变换成另一种形式而已。但电荷完全就是另一码事了。电子出现后，也随之出现了一个负电磁荷。而在这之前，没有电荷；在这之后，有了一个电荷，这，显然，无论如何都是无法接受的。如同我在上一章结束时所提到的，你不能无中生有地创造出某样东西而不付出代价。这从来不会在现实生活中发生——我能听见你的叹息——至少这次，你会因为听到在量子世界里也同样如此而感到高兴。

那么，我们怎么处理这个电荷？我们只能对此视而不见吗？

我们不能那么做，因为这太重要了。宇宙中的每一个电子都带着一个电荷，其他许多基本粒子也都是如此。

那么这个电荷从哪里来？

最简单的答案往往就是正确答案，这就是：一个电子从来不会被单独创造。它必须与另一个跟它除了电荷之外一模一样的粒子一同产生。那个粒子所带电荷是正的，它被称为“反电子”。

我们是为了让所有被“无中生有”的电子－反电子对的电荷总和为零才设想出这个反电子概念。在这里我们不需要 $E=mc^2$ 或其他任何公式帮忙。这种现象并没有违反任何规则：在电子与反电子被创造出来以前，总电荷是零，之后依然是零。

这就是保罗·狄拉克想出来的绝妙主意。

这又怎样？你迷惑不解，可以理解。

当时没有人知道一个与电子完全一样，除了电荷相反的粒子是不是真的存在。从来没有人见过这种粒子。

今天，我们到处都能探测到它们。

电子与反电子对“无中生有”的过程被称为粒子 – 反粒子偶的产生。反方向的过程同样存在：当一个电子与反电子相遇时，它们发生湮灭，消失了，噗！不见了，它们的质量变回能量，在一瞬间，变成光。

电子们与它们的相反自己产生于电磁场，当它们相遇湮灭后又变回到电磁场。

既然电子自身存在着，又因为它们是从电磁场中通过电子 – 反电子偶生成的，那么推论就是反电子们也应该自身存在。事实上它们的确存在，但不是在任何地方都能找到它们。

1928 年，狄拉克称反电子为“海里的洞”，他说的海就是我们现在所称的电磁量子场，“洞”则是因为它所反映的缺失电荷。

他的“洞”——反电子，在五年之后的 1933 年被实验发现，狄拉克因他出类拔萃的直觉获得了当年的诺贝尔物理学奖。他关于场的理论涵盖了自你开始探访微观世界以来到处可见的各种场，并引导他自己发现了反物质。

真正首先探测到狄拉克的反电子的是美国物理学家卡尔 · D. 安德森（Carl D. Anderson）。但安德森没有把它命名成反电子，而给了它一个新名字：正电子，至今这个名字仍在使用。安德森在三年后的 1936 年因为这出色的侦探工作获得了诺贝尔奖。

这样，反物质诞生了。

我刚才说所有物质中的一半是反物质。但如果只有反电子的话，那就不是所有物质的一半了。那么有没有反夸克、反光子和反胶子?

对于电子适用的，对于其他粒子也适用。

它们都有相反的自己。

反夸克的确存在，反中微子和反光子也一样。但有些粒子，不带电荷的那些可以同时属于两个阵营，成为它自己的反面。光子就是一个好例子：因为光子与反光子都不带电荷，所以它们一模一样。

那么为什么不管在哪里，我们都看不到所有其他反粒子出现在我们身边?

答案是它们就在这里，就在你身边，但很少量，因为每次一个反粒子出现，都只能存在非常非常短的时间。记住，任何反粒子与它对应的正常粒子遇到时就会立刻湮灭，依照 $E=mc^2$ 变成一缕能量与光消失。

然而，在宇宙中的某个地方，是否存在一整个由反物质构成的世界，一个反世界，如果你想这么称呼它的话。没有谁知道是否有这样的世界存在，但如果它们的确存在，而且如果你真的有一天碰巧在外太空见到一个来自它们世界的你,不要握手。你和你的“反你”将变成炸弹立刻爆炸。非常剧烈的爆炸。[①]

就是这样，我们周围依然有一些反物质存在。甚至就在你体内，就现在。

每次放射性衰变发生时，就会产生一些反物质，但会迅速和与

① 多剧烈? 根据 $E=mc^2$ 来算，仅仅 1 克反物质与正常物质发生湮灭，就能产生当年投在广岛原子弹所释放能量的三倍。 70 千克重的你与同样重的“反你”湮灭将等同于引爆 210 000 颗这样的原子弹。真是一次有力的握手。

之对应的正常物质湮灭，产生非常高能的光线，通常它会直接射过你的身体，你和其他人都不会注意到它。

你的眼睛看不到这些光线，因为，我们早先已经讨论过，你的眼睛从来不需要进化出这种探测它们的能力。但虽然你的眼睛看不见，科技却可以——一些机智的工程师们成功地把这个发现转化成一些高效的医疗诊断和研究工具。PET 就是一例。它们被应用于医院。PET 的意思是正电子成像术（Positron Emission Tomography）。医生们将液体示踪剂注射到你体内，这种示踪剂本身具有放射性，每次发生衰变时就会释放出一个正电子。这个正电子随后与它遇到的第一个电子发生湮灭，变成强大的伽玛射线，被体外的 PET 探测器测到，这些信号能被用来重建你的身体如何运作的三维模型。相当聪明。

很好。

你现在已经知道了场和它们的真空。

你知道了它们可能被统一。

你知道质量和电荷以及反物质。

这意味着你已作好了准备，可以超越你在第一部分见到的宇宙，开始新的旅行，奔向大爆炸，甚至更远处，直到空间与时间的源头。

所以，如果我是你的话，会深吸一口气，然后再翻到下一页。

第 4 章　墙外有墙

多年以来，在潜意识里，不用经过思考，你就理所当然地认为，我们的宇宙大多数地方都是空的,完全固定不变。与我们的祖先不同，你或许听说过大爆炸理论，但或许你从来没有真正思考过这个词所代表的真正意义。

事实上，在很多方面，我们都像那些在大海里游来游去的鱼儿。只是我们不在由水构成的海洋里游动，而是在我们的朋友狄拉克所发现的许多海洋里游动，那些海洋被称为场，它们充满了整个宇宙。你本身就是这些场混合而十分复杂的表现。

仔细想想，你就会觉得这一切都很有道理，所有的一切用这种方式来看会变得更容易理解：时间、质量、速度、距离，都在这些场里纠缠在一起。

场连接起了一切的一切。

这种想法让你更加坚定。

你正准备回放我们宇宙的整个历史，直到空间与时间的源头，你或许会疑惑：在整个人类历史中，可不可能所有那些巫师、圣人和那些嗑药者从古至今哭着喊着、说过唱过、写过画过、跳过舞表达的“一生万物，万物归一”的想法是对的?

好吧，以某种略显牵强的方式看，他们或许有一定的道理。

但显然他们并不知道为什么如此。

我们的超级计算机已再次出现。

那台亮黄色的网球发射器再一次出现在你面前。它依然没有脸，以它的粒子输出管空洞地看着你。但现在，你已不再仅仅把它看成是一台普通的机械装置了。

你至今所了解到的知识让自己感觉强大而有自信，你准备再次拉伸你的心智，去目睹我们宇宙的整个历史。

一种金属音质的声音从虚空中传来——

“你准备好了吗？”它问道。

你明白它要把你带到时间和空间的源头，但你还来不及回答，一瞬间它就把你带到空中。你们在一幢房子的上空。那是你自己的家。

不管你刚才在什么地方，计算机把你带回家乡。

现在它正带着你朝上飞去。

你们穿过地球大气层不同的层面，再次到达太空，到了我们居住的这个行星之上，你们在这个位置稍作停留，朝外太空望去。

你的机器人伙伴干巴巴地说：“我将是你的导游，我将带着你飞过我们做过的最好的模拟。我的程序让我遵循一切已经被了解的自然规则行动。就算地球上最强大的超级计算机也难以实现你将看到的景象。”

“那我们就出发吧！”你大声喊道，感受到这次旅行带给你的兴奋之情。现在，你一心想超越你所见的范围，穿越所有那些堆积在地球周围互相交织的层层历史。

你知道，如果在正常情况下，要让你的身体（而不是意识）到达某颗恒星，你就要在旅途上花一些时间，当你到达那里时，你的恒星所展现的将与现在的它不同。它会发生演化。就像如果你现在就想去纽约，路上要花几个小时。你到达纽约时所看到的纽约将不同于你决定出发时那里的景象。人、车、云彩和雨滴都将变化，没什么东西会丝毫不变。

当你要去一个遥远星系中遥远的恒星旅行时，差异会更大。等你到达那里时，宇宙将会膨胀。宇宙微波背景辐射，也就是宇宙整体温度，将会变得更冷，临界最后散射面将会移到更远处。正常的旅行，无论速度有多快，你都无法到达过去。

那么，计算机模拟又如何能将你送入过去——非常遥远的过去呢?

你很快就想出了答案：你想要进入处于婴儿发育时期的宇宙之中，你想要看到这一切如何发生，时间就必须反过来走，而这立刻就开始实现了。

没有移动，你就开始了全新的旅程，沿着时间反向前进，回溯我们宇宙的历史，直到大爆炸及更前，以你现在所在的地方为观察点。

计算机机器人推进器甚至贴心地隐去自己的颜色以便让它自己的存在不影响你的视线，你怎么没预计到它这么贴心呢?

一眨眼，你已经回到了 700 万年前的过去。

临界最后散射面，那个标志着从地球上看到的可见宇宙边界的表面已经略微接近了一些——而且其中充满了略微热一点的宇宙微波背景辐射。但与我们长达 138 亿年的宇宙历史相比，700 万年实在算不上什么，外面天空中的一切与刚才相比没有什么特别不同。但你下面的地球倒是不一样了。在下面，没有城市或小镇，没有闪烁着的街灯。第一个人类刚开始表现出与猿类的差别。你远古的祖先们还都长满了长毛，正在围猎野兽。人类真的已经走了好长的路……

又一眨眼，你已经在 6500 万年前了。

恐龙们刚因一连串剧烈的火山喷发，以及被直径 10 千米的小行星灾难性地撞击地球而灭绝，只有小型哺乳类活了下来，其中的一些，经过许多成功的进化，有一天变成了你刚见到的长毛祖先，然后，又变成了我们。

又一眨眼，这次你到了 40 亿年前。

地球刚被一个火星大小的行星撞击，并撞飞了一大块物质，形成了月球。宇宙微波背景辐射明显变热了，而且临界最后散射面真的比以前看起来近了。从你所在地方看到的可见宇宙，比在 2015 年时看到的小了 70% 还多。

你又往回倒了几十亿年。

可见宇宙只有你出发时不到一半的大小了。地球尚未形成。在这里，恒星们正在你的眼前死去，巨大的爆炸将构成恒星的物质散布到太空各处。在未来的几亿年时间里，这些尘埃与残片将聚集成巨大的星云，引力将会引导它们形成至少一颗恒星——太阳，还有它的行星们。

又一眨眼，你已在地球诞生前 50 亿年，你自己出生的 95 亿年之前。

你的可见宇宙只有 2015 年的 25% 不到。临界最后散射面已经离你更近了。在这道墙与你之间，星系们正在一些巨大的黑洞周围形成，有时候，星系们以大得无法想象的规模撞在一起。

再一眨眼，你到了 137 亿年以前。

你依然在某天地球将要出现的地方，但可见宇宙——那个包裹着你的宇宙，它的大小只有你旅程开始时的 0.5% 不到。你处于我们宇宙的黑暗世纪。

你在本书第一部分时到过的黑暗世纪是冷的，因为那次旅行时你是从 2015 年的地球上看到的它们，是经过了 137 亿年的宇宙膨胀之后的样子。

然而 137 亿年前，那里既不冷，也不黑。你现在就在那里。

第一颗恒星都还没被点燃，所以你所见到的所有物质都不是来自恒星内核的核聚变。因此包围你的全是最小的原子们：氢原子占了绝大多数，还有一些氦原子。整个宇宙中发生的辐射——宇宙微波背景辐射——也还不是微波。你能够用眼睛看到它。它是最初充满我们宇宙的光，一种在所有地方闪耀着的光，一种只有在很久很久的将来，我们的宇宙经过几十亿年的膨胀之后才会变成微波的光。

再一次眨眼之后，你又往回退了 1 亿年，到了 138 亿年之前。

临界最后散射面——那个位于可见宇宙尽头的表面现在离你只有 1 光分的距离，意味着你的可见宇宙只有 1 光分之深，不到地球与太阳之间距离的 1/8。

整个宇宙从变得透明到现在，只经过了 60 秒。

真热。

3000° C, 在所有的地方。

依然在黑暗世纪中，但周围的一切却如此明亮，你不禁怀疑这个名字取得一点都不恰当。

你暂停在那里。

过一会儿，计算机还会继续回溯时间，尽管会放慢速度，但你还是会进入一个奇怪且完完全全看不见的地方。再往回走一分钟，你将开始那听起来就像终极旅途般刺激的体验……

临界最后散射面正在你的面前。

你深吸一口气，准备穿过它，去墙的另一边旅行，到达看不见的地方。

时间回溯……

你穿过去了。

你进入了我们宇宙那段永远不能通过光被看见的历史之中。

的确，你什么都看不到。

光在这里无法前行。就是因为在它周围有着太多能量。

但你知道该如何行事。

你立刻进入瑜伽模式，出乎你最狂野的预料，你发现，宇宙——在那个你刚穿过的表面之外，还很大。

而且古老。

至少有 38 万年那么老。

你的旅程远未结束。

你再次将注意力集中在自己周围，在正在发生的事情上，在那标志着可见宇宙尽头的墙的后面。

周围的温度是 5000° C。所有的在未来某一天会绑定在原子核外面成为氢原子或氦原子的一部分的电子们自由自在。光子撞到了它们，激发它们，还没来得及变回光子飞出，又与另一个电子撞上。电磁场里充满了能量，所有属于它的基本粒子不停地互相变换，几乎不需要时间。

再一次眨眼之后，你来到了宇宙变得透明之前的几万年处。

你像是被密集的粒子浓汤所包围，那锅浓汤是量子场的各种激发态以及它们所对应的基本粒子、载力子混合而成。所有一切都在互相碰撞，没有任何东西有机会移动。到处都是强大的能量。它们出现，然后碰撞，然后消失。随着时间进一步回溯，宇宙接着收缩，能量密度也随之升高，一切都变得越来越激烈。

你试图不被转晕，依然将注意力集中在随时间后退的旅程上。你是纯意识，处于瑜伽状态，正穿行在一个看上去非常非常逼真的模拟之中。宇宙在不停地缩小，它的构造——时空——被弯曲到惊人的地步。没有任何你所知道或想象得到的东西可以承受这么大的挤压与剪切力。

有一个瞬间，你迷惑为什么自己从没听说过这个状态下引力如何作用，但你没有时间细想。时间又退后了几万年，你现在被包围在一种无法想象的炼狱之中。你的虚拟心脏越跳越剧烈，你感觉到温度、压力以及引力效应已经升高到了难以置信的水平。

你现在处于宇宙变得透明前的 38 万年。从现在位于地球的望远镜往回看 138 亿年前的景象，瑜伽态的你正在标志着可见宇宙范围的墙后 38 万光年的地方。

从另外一个方向看，你大概在我们可称之为空间与时间诞生后的三分钟的时空处。

随着时间接着往回走，甚至原子核都已崩解，让所有作为夸克监狱的中子与质子们互相分开，自由行动。强核力自身都已被背景能量所淹没。质子与中子，那些最牢固的构件，开始疯狂地舞动，受到从夸克转变来的载力子的撞击，在混乱中不由自主地变成了中子的质子们，从宇宙中消失。

温度?

10^{11} 度。

到处都是。

但你依然没有停下。

你继续移动，一秒一秒地回溯时间，围绕在你身边的光子们都变成了物质与反物质对。到处都是这样。看上去反物质与物质一样多。半恍惚中，你不解：后来怎么会一种物质多过另外一种呢？这里一定发生了什么特别的事，导致了平衡被打破。这个谜或许在 2015 年或 2016 年被解开，当 CERN（欧洲核子研究中心）于 2015 年 6 月再次开动它那更新过并提高了性能的粒子加速器 LHC 之后。[①]

你希望自己能在这里多待一会儿把这些问题想清楚，不用 CERN 费事，但这儿由不得你作主，你现在正穿行在这个充满着可怕能量

① 然而目前为止（2021 年）这个问题仍无定论。——编者注

浓汤的宇宙之中，所有的一切都在猛烈摇晃，被引力弯曲并压碎，各种场被激发到疯狂的水平。

在这里，作用在每个场上的引力，不是来自恒星的重量对空间与时间的弯曲，而是将整个宇宙压缩到一个直径为一百光年[①]的球状空间中所产生的能量。今天，这样规模的一个以地球为中心的球状空间所含恒星不超过 5000 颗。但那时，它所含的能量足够产生几千亿个星系，其中每个星系又含有几千亿颗恒星，还没算上星尘。

虽然你很想多看一会儿，但你还是朝向时间的源头行进。

现在你离最后目的地只有 10^{-6} 秒的差距。

温度已经上升到 10^{16} 度。

这么高的能量水平之中，就连作为夸克监狱看守的胶子们都无法禁锢它们的犯人了。中子崩解。夸克们获得了自由，与它们的反身相互作用，变成了纯粹的能量。

你看着周围，意识到物质、光与能量的差别已变得完全没有必要。

从地球上的今天回溯至现在的时间中作为不同实体独立存在的各种场，在地球上通过各种相互作用以描述你所能想象的所有东西的各种场，正一个一个互相融合，如我们所预期的一样。电弱场还在。一些你以前到处可见的粒子已经消失，但全新的属于电弱场的基本粒子在各处出现。希格斯场已经不见了。具有质量并在那么长时间里躲过人类探测的希格斯粒子也一同消失了。

你现在看到的是我们以前见过的 W 和 Z 玻色子，它们是电弱场

① 如果你想知道（完全可以理解）为什么宇宙直径是一百光年而非几个光分，你可以在本书第五部分找到答案。

的载力子。

周围有着那么多能量，这些在地球上难得一见的粒子们在这里到处都是。

宇宙的温度现在已经高达 10^{20} 度，此时自然界的规则与你一生中所经历过的那些明显不同。

夸克与反夸克不见了。

胶子们被吞噬于背景场之中。

我们可称之为“开端”的、空间与时间诞生这一事件之后的 10^{-30} 秒的时候，后来有一天成为我们整个可见宇宙的一切现在都被压缩在一个直径 10 米的球状空间里，而且还在收缩。

它所包含的一切都被加热到了 10^{27} 度，并且温度还在上升，构成我们所有物质的各种场已被统一成大统一场。

只有引力位于这个被统一到一起的作用力之外。

与开端如此之近，你开始认为不会再有新奇的事发生。

事实上，你只是到达了被称为“大爆炸”的时间而已：在这个时间，大统一场所储存的能量开始转化成粒子。

出乎意料地，虽然实验物理学从来没有到达过这个水平，但计算机看上去依然不肯罢休，似乎仅仅是为了让你知道宇宙的历史并不始于那里。你的确没有料到，随着时间倒流，整个宇宙的能量与物质突然都不见了——可能完全与你的预期相反，所有一切急剧地冷却下来，所有可用的能量又变成了另外一个场，一个你至今尚未见过的场，充满了它自己的基本粒子。

它被称为暴胀场。

它被认为是我们宇宙最初膨胀的始作俑者。

听起来实在疯狂，所有东西现在突然又开始加速，整个宇宙以无法想象的速度难以置信地塌缩在自身，将你都带入其中。

比光穿过你家厨房里某个原子的内核所用的时间还短，整个宇宙从一个直径10米的球缩小到只有质子几十亿分之一体积的小点中。

科学家们称这个阶段为“宇宙暴胀”[①]。你刚刚反向经历了它。在此之外，没有更多的物质，也没有任何东西。

所有的已知场都已不见。

大自然的规则与你整个一生中所经历的那些毫无相似之处，甚至与你在到达这个点之前所经历的旅程中所有的经历都不同。

就是在这附近某处，那三种在未来某一天统治现在宇宙中一切已知物质与反物质——包括构成你自身的那些——的作用力或场，再次与引力合并成一个。

你还想继续前进，回到比热大爆炸更早的地方，直到我们宇宙诞生之时，但好像哪里出了问题。

你一直使用到现在的空间与时间的概念不再适用了。

引力对于时空带来的弯曲过于强烈。量子效应也过于强烈。

没有了时间，没有了空间，没有时空，你已无法继续行程。在这种情形下，旅行已经不再有意义。

你还没有抵达开端，你甚至不知道怎样才能抵达那里。

多么扫兴。

你突然希望自己能够从外面观察这一切，因为至今为止，你一直待在宇宙里面。但就是外面这个概念本身看起来都没有意义。

---

① 在本书第七部分，你会看到更多。

你到达的这个地方是另一道墙，它与限制了你从地球上所能看到的宇宙的临界最后散射面的那道墙有着不同的性质。这道墙挡住的不是光，而是现代知识。

这道墙的后面，是量子引力的世界。在那里，自然界所有已知的场可能以一种量子的方式被统一成一个。

在那里，我们的宇宙成为由 21 世纪科学、信念与哲学交织而成的谜团。在某种意义上看，这是我们知识的尽头，纯粹的理论研究占据了主导。望远镜在临界最后散射面之外失去了作用，但科学家们建造了粒子加速器接近自己对那道墙外的世界预期的温度与压力，他们成功了。科学家们发现了新的规则，他们也成功地沿着时间回溯爬行，虽然是通过间接的方式。当你读到这里时，他们甚至在建造并非用来探测光，而是探测在宇宙最本质构造——时空——中波浪前行的引力波的望远镜。这种望远镜或许能够探测到从临界最后散射面之外形成的信号，从那些你刚穿过的遥远地方传来的信息。但要在量子引力墙的外面（又被称为“普朗克期”的地方）旅行，又完全是另一个挑战。甚至没有人能够确定该如何想象在墙另一边的东西。那个时候我们整个宇宙如此之小，就算只在脑袋里想想，你也需要一个能将巨大变成极小的理论，一个能够把量子规则——及其量子跃迁等等——用在宇宙本身上面的理论。你需要同时考虑引力与量子两种效应。你需要量子引力和其他更多工具。但这些我们都没有。我们没有可以构筑其上的框架。所以你无法走得更远。事实上，不管在时间上还是空间上，你甚至都无法推测那个普朗克墙之后是什么，因为在那里，这两个概念已经失去了意义。当科学家们说你的宇宙年龄是 138 亿年，他们指的是你所熟悉的时间与空间这两个概念开始在你的宇宙中有意义，时空变得有意义以来，时间已经过去了 138 亿年。那个时刻大概发生在临界最后散射面后面 38 万年，在宇宙微波背景辐射开始布满我们宇宙空间的 38 万年前。那个时刻又是热大爆炸发生前的大概几万亿亿亿亿分之一秒的时候。最后，科学家们可以正确地说从空间与时间诞生以来，这些时间过去了，但这并不意味着我们的宇宙从那里开始，也不意味着这是唯一存在着的宇宙，也不是曾经存在过的唯一一个宇宙。

你又回到了自己的起居室，坐在已经破旧的沙发上，一种非常深刻的感觉击中了你，让你紧紧地抓住沙发扶手。

你已穿越过时间与空间，你看过了星系，看过了恒星，见到了场，还看到了引力如何作用，宇宙所含的内容如何决定了它在时空的形状与命运上产生的效应。

是的。你做了所有这些。

现在，一些令人惊叹的事正开始在你身上发生，似乎你就要作出一个惊天动地的发现……

各种想法不停地在你大脑中飞旋。你觉得自己又回到了突然意识到世界能够被认识的孩童时代，那个世界，直到某一个时间点，已经被认识，计算机已经向你展示了这一切……

你从爱因斯坦的广义相对论中知道，如果你能够知道宇宙中包含什么，就能想出整个宇宙的历史。

你现在知道宇宙由不停运动演化并互相作用的量子场构成——今天已经是三种但在很早很早以前是一种的场。

这些场是我们宇宙中所有粒子和反粒子的父母，这也是为什么所有同类基本粒子都完全一样，无论是在你的身体里，还是在另一个星系中，无论是现在还是过去。

所有这些只能意味着一件事。

它只能意味着，潜在地，你已经成为了上帝。

是的。

上帝。

你知道引力。

你知道宇宙里面有什么。

把这两个信息合并起来，你就知道了所有。

宇宙的历史。

它的过去。

它的现在。

它的未来。

你就是上帝，几乎完全确定。

你兴奋得满面红光，立刻拿起电话拨出了你现在唯一记得的号码。

“你是谁？”

电话另一头的声音听起来充满怀疑。那是你的阿姨。

“是我！”

“啊！你好，亲爱的。你现在怎么样？感觉好点了吗？”

“好点？我感觉棒极了！”你大声叫道。

“好极了，亲爱的。发生了什么事吗？”

“我一直在旅行，我对宇宙有了了解，而且……好吧，我知道这听起来有点傻，但是我能够创造并演化我们的宇宙，只需要自己的想象力就行。这种感觉肯定就像是自己成了上帝。”

你的阿姨有一会儿没吱声。

“我明白了。”她终于说道。

“你明白什么？”你问道，不明白为什么她没有分享你的热情。

“没什么，没什么。只是，呃，我以前也听到过这种话。”

“你听到过？”

“人们喜欢做上帝，不是吗？你记得我的好朋友卡蒂和加比吗？”

“我不记得，不是的，但你听我说，我……”

“亲爱的，让我把故事讲完。卡蒂、加比和我上个周末一起去了射箭场。你知道的，卡蒂和加比很喜欢射箭，她们这样教我：只要对世界是如何运作的有一点基本了解，就知道如果一个人知道一支箭如何被射出以及从哪里射出，就应该能够预测它将落在哪里。真有趣，不是吗？”

“当然，阿姨，那是弹道学，牛顿的定律。”

“是吗？我学到了。你能够把它用在整个宇宙上？”

“什么？”

“你有从哪里开始，或者如何开始的信息吗？你有什么东西能将弹道学，或者你显然已经发现的那个什么自然规则应用上去吗？”

“我……你指的是，某种初始条件之类的东西？”

“我不知道。要不要我让卡蒂和加比给你打个电话，让你们好好聊聊？她们对这类东西很在行。”

“不，不要！不需要那些……”

“那么，好吧。在找到你的初始条件后你能再打电话告诉我吗？”

“我……我会的。”

“谢谢你给我打电话，亲爱的，你真好，那么先再见了。”

说完这些，她挂掉了电话。

在你盯着电话发呆时，请让我告诉你吧：或许你自己也已经意识到，她说得没错。要想了解宇宙，你需要两方面的信息。第一方面是一条规则，或者一组规则。另一方面是初始条件。

如果要将你刚才想出来的理论应用到整个宇宙上，从头算出它的命运，你就算拥有世界上一切规则都还不够。

你还需要一个确定无疑的初始条件，一个你能将演化规则应用其上的初始状态。可是你就是没有这个。更糟的是，你怎么能够确定你所知道的关于引力和量子场的规则确实适用于我们宇宙的开端？

你长叹一声，坐回沙发，抓起自己的咖啡杯，觉得一些重要的数据肯定被遗失在某个角落了……

第 5 章　遗失的过去无处不在

空间。

时间。

时空。

关于它们，还有什么可以发现？还有什么你尚未见过？

粒子。载力子。

场。

引力。

你难道没有把所有已知的都体验完？

为什么你感到心烦意乱？

你睁开了眼睛。

你大吃一惊，自己并不在家里，而是莫名其妙地坐在一架熟悉的飞机里窄小的座位上。

精确地说，是 13 排 A 座。

其他乘客们正站在走廊里排队，准备下飞机。

你望向小小的窗子外面，满心疑惑，但毫无疑问，你的确又回到了那架能够穿越时光的飞机里。它刚降落，在 2415 年。你发现自己已经无法正常思考，你站了起来，跟随着其他乘客朝外走去，行走在一条长长的看似没有尽头的走廊里，走廊的墙壁是玻璃的，从这里可以俯视海洋。

你怎么又回到了这里？

就在刚才，你还在家中，你在完成了穿越已知宇宙之后刚给阿姨打了电话。

你还记得，以地球为中心，存在着一个半径为 138 亿光年的球体，包含着人类可能用光收集到的关于宇宙过去的全部信息。在它外面，还存在着另一层 38 万年的现实。再外面呢？没有人知道。

当你沿着还没走完的走廊前进时，明亮的 2415 年的太阳将它八分半钟前发出的光芒照在未来地球上，一种不可思议的深深的孤独感突然击中了你。

这一切有什么意义？

我们的宇宙怎么可以这么大，而身处其中的我们又如此渺小？我们是不是永远注定会迷失在空间与时间之中，并因为我们意识到这一事实而备受折磨？或者我们人类正处于一个伟大技术进步旅程的开端，终有一天能将遥远的世界带到我们面前？那就是我现在看到的一切吗？你马上要看到的就是我们星球或许能够到达的许多未来之一吗？在这样的未来里，遥远与接近没有差别，过去与未来只是我们后代可以随意选择的一个出行方向？

时间旅行是人类多年以来的幻想，但你从来没有听说过有人真正经历过这种旅行。

史蒂芬 · 霍金曾经在 2009 年 6 月 28 日办过一个关于时间旅行者的派对。为了确保只有时间旅行者才能出席，他在派对结束后才发出邀请。结果，没有人来。

那么这个新的旅程又想要告诉你——那个迷失在巨大的空间与时间里的无足轻重的生命的你——一些什么东西？

你行走其中的玻璃走廊最终拐进了一个巨大的机场大厅，或者我们应该叫它时间车站。几百名乘客正在看上去像某种海关性质的柜台前排队。大厅里很亮。阳光从巨大的窗户中照进来。窗外正对着矗立在海中的摩天大楼。你排在某一条队伍里，与其他乘客融在一起，突然之间，你害怕起来，觉得你所经历的不是梦，而是现实；你回到家里的那段才是梦境。这明显让你焦虑，我很理解。

如果这是现实，那么你的过去是怎么回事？

如果你真的在起飞后飞了400年，那么你留在身后的那400年是否依然保存在某个地方？如果你愿意的话，你是否能够回到过去，重新把失去的400年再活一遍，还是它真的已经永远消失？那些送你回家的亲爱的朋友们，他们真的早就去世了吗？你终于明白事实一定如此，你已超越他们的时代来到了现在。

时间与空间的纠缠或许难以把握，你难以想象同一个人能够活在几个不同的人生当中，这个人竟然还能意识到这一切居然发生在同一个宇宙中，虽然量子场看上去完全允许这样的情况发生，至少对于无人观察的粒子来说是这样的。

对于单个粒子来说有可能的事，对于由亿亿万万粒子的集合体——比如人类身体来说，就变成了不可能的事。当你意识到这个事实时，心中涌起明显的悲伤，你几乎全身心地感受到了现在横亘在你与你所有亲爱的人之间的那道无法跨越的巨大鸿沟，悲哀淹没了你的心。

但至今你所看到的一切依然给了你一丝慰藉，因为他们已经成为过去的生活还是留下了一系列图像在时间与空间中移动。从它们身上反射出来，或与他们发生了哪怕最微小作用的所有光及其他不带质量的粒子都形成了他们存在的记忆，这些影像成为一个以地球为中心的圆壳，以光速向远方的未知世界扩散，成为那虽不可见但却无处不在的场里面的小小涟漪。他们生活的可见记忆现在正冲刷着离地球 400 光年处的恒星与行星们。他们的影像还会继续前进，散布到更远，或许会被外星人们在这里或那里设立的光线捕捉器收集，永远伴随着我们的宇宙。

那么那些构成他们的物质呢？那些在变成你的朋友和那些挚爱的人的身体之前，几十亿年前就已诞生于早已死亡的恒星内核中的那些原子呢？他们亿亿万万的粒子，现在已撒遍整个世界……或许你现在就在其中一粒的边上。所有的粒子其实都是同一个。

或许我们在物体尺度上还不是那么小。你陷入自我反思之中。这儿有着我们的影像，而且将一直存在。知道自己的人生记忆会永远留在那里，穿行在恒星之间，我们备感欣慰。

时间、空间和场，让我们成为一个巨大现实的一部分。

张开你的手臂去感觉那构成了你的场，将它们高扬起来去看它们攀爬地球在围绕自己的时空里形成的不可见斜坡，你开始意识到所有过去、现在和未来实际上是如何紧密地联系在一起的。

“先生，有问题吗？”一位穿着制服的女性突然问道。

你从冥想中惊醒，为自己没有意识到她走近而尴尬万分，你用几乎听不见的声音嘟囔着告诉她一切都好——但是生活中有些事情永远不会改变。即使到了 2415 年，面对训练有素的海关官员的盘问，每个人都会立刻觉得自己举止可疑。

“先生，你从什么时候过来的？”这位女士问道。

“21 世纪初。”你回答道，尽可能让自己的声音听起来已经熟悉了这种旅行。

“请跟我来，先生。”她又说道，语气明显地表示出这是一个命令，而不是请求。

你身边几乎所有的乘客都对你投来责备的一瞥，看得出来你陷入麻烦了，你走出队伍跟着那位官员穿过大厅。

“有什么不对吗？”当一扇门在海关官员身前滑开时，你问道。

“请进来，先生。”这是你得到的唯一回答。

房间里，一个看起来很凶的官员坐在一张大桌子后面。在他身后，头顶上方挂着一个大大的指示牌，写着“时间旅行者压力症心理病房——任何针对我们职员的冒犯将会被立刻起诉”。

这位官员不耐烦地挥手让你坐下，因为不得不处理又一个病人，他流露出明显的不快。

你绝望地环顾四周，身上冷汗直冒。房间里空荡荡的，只有一张桌子、一位毫不友善的官员、一个指示牌和……那个熟悉的黄色管子从桌子的一边伸出。你的一切担忧顷刻间消失无踪，因为你认出了你那位投掷粒子的朋友。

这是另一场模拟吗？你迷惑不解。如果是的话，它显然让刚才还在反思自己在宇宙中的地位以及生死本质的你，感觉好了一点。

希望理解现实是一种个人的追求，说了这么多，无论是超级计算机还是我，都不应该将自己的观念强加于你。你有权形成自己的观点。但是，我还是要提醒你，至今为止，你只是浅尝了科学家们用来描述我们宇宙的两种理论：量子场理论与爱因斯坦的引力理论[①]。它们显然看起来都很自洽和优美，但你应该知道它们所涉及的概念中都有缺陷。

事实上，完全坦白地对你说，现在还没有人真正了解宇宙。

甚至就是现在，围绕着你的这部分宇宙，甚至你的沙发，或者那个热带海滩，都笼罩着层层迷雾。但有一件事是确定无疑的，所有这些秘密，不管是你身边的还是你体内的，或是遥远的大爆炸之前的，最后都归结到量子场与量子引力论的统一。

虽然这种解释一切的理论尚未出现，但至少量子引力的一个性质已经被发现。或者可以说是一条线索，一条给出了普朗克墙后面是什么的线索。

这是个好消息。

坏消息是我们只知道一扇窗户通向这条线索，暗示着或许我们有一天，哪怕只有意识，可能通过它穿越时空的起源。这就是为什么超级计算机到时间车站接你。你所在的房间又一次消失不见，展现出宇宙深处黑暗的景象，你正想要询问自己的目的地，才说了半句，就被无情打断。

“我要带你去黑洞。”计算机宣布道。

虽然在你刚开始宇宙探险时就已去过那里，但或许你正想弄清楚第一次访问时自己遗漏了什么。

① 这两个理论均涵盖了爱因斯坦有关快速运动物体的狭义相对论。

答案很简单。

你靠得不够近。

第六部分

意料之外的谜团

第 1 章　宇宙

你仔细想想，就会发现我们所属的宇宙有一些特别之处。看看它的名字（宇宙的英语单词是 universe），其中 uni 和 verse 分别代表“一”和“成为”的意思，所以它的名字基本上可被理解为“成为一个”，含蓄地表达出它所带来的一个大问题。

任何一个在我们宇宙中进行的实验都能多次重复。你想在地球上确认牛顿的引力定律？射一支箭吧。你不能确信自己做对了？再射一支。一遍遍重复吧。只要有耐心，你就能发现只要有了它的初始位置、角度和速度，你就能预言箭会落在何处。这就是弹道学的根本。它的确管用。要不是这样，弓与箭早就不存在了，英国就会变成法国。

因此，有了规则和初始条件，你就能够——并且已经被证明了——预言箭落下的地方，并且保卫国家。

但对于作为一个整体的宇宙来说，好像难了一点点。

就算你已经有了能够解释一切并普遍适用的规则，又能怎么用它？我们怎么能够预测我们的宇宙是如何演化成今天这个样子的？你需要一个初始条件，但是你没有。

不过你可以试图比自然更聪明。从今天开始，沿着时间回溯，你或许能够找到发生在很久以前的初始事件。这就是科学家们已经在做的，也是你在本书第五部分中所经历的。他们到达了普朗克墙，与你一样。这是一个相当不错的开端，因为它对应于空间及时间成为我们现在所熟悉概念的开始。

但那些仍然不足以去除那个让人沮丧的事实：与你的射箭实验不同，你只有一个宇宙，你无法使用不同的初始条件去另建一个，验证它的结果是否符合你的理论。至少，不能在实验室里那么做。

但如果我们这个宇宙并不是唯一的呢？如果我们只是另一种多宇宙中的一部分，不同于你在第二部分结尾时所看到的那种呢？我们的现实有没有可能只是无数种可能性中的一种，每一种可能性都有着不同的开端，甚至不同的规则，因此有着非常不同的现在？

你很快就会面对这种多宇宙的想法，因为你在本书这一部分的探索将会遇见各种谜团，而多宇宙是现代理论物理学家们想出来试图解决这些谜团的一部分答案。

事实上，本书的这一部分会与前面几个部分有所不同。在第一和第二部分，你在非常大的尺度上旅行，学习引力。在第三和第四部分，你看到了在以高速运动及很小尺度上观察我们的宇宙所表现出来的样貌。简短地说，直到现在，你探索了关于时间与空间的相对性，以及量子物理学。但直到现在，你还从未将引力与量子理论混合在一起。这就是你将要在这里完成的体验。

要达成这个目标，你需要锻炼一下你的思维，就像你通过拉伸锻炼你的身体一样。

将引力与量子物理学混合起来，意味着你将极大的与极小的世界相混合。因此，你需要准备好，你的大脑将学会从非常小的世界跳到非常大的世界，然后再跳回微小世界，反反复复。

在这个过程中，你会看到你至今为止所见过的理论在哪里出了错。

当这结束之后，你会与你的机器人导游到一个引力与量子效应同时存在的地方去。

现在，就让我们一起去看看现代科学的谜团吧。

你可以认为物理学中有三种谜团。

第一种内在于理论本身；它们是理论性的。第二种根植于观察与实验，它们在通常情况下——但也并非一直如此——是推动研究发展的力量。第三种谜团出现在没有人能够再理解任何东西的时候。黑洞与时空诞生前的物理学就同时属于这三种谜团。它们既是桥梁，又是障碍，存在于我们与现代研究的圣杯之间：一个能够统一量子世界和爱因斯坦想出来的时空特性的理论。这就是为什么它们令科学家们如此兴奋。

这也是为什么那台计算机迫不及待地想带你去黑洞。

但为什么是黑洞？为什么不是宇宙源头本身？

因为在黑洞与宇宙源头这两个例子中都牵涉到巨大的能量被禁锢在很小的空间中，而且这两个例子中都有将非常大的尺度缩小到非常小的尺度的情形，引力和量子效应都不能忽略。

从某种意义上说，黑洞与我们宇宙的起源看上去非常相似。

我们显然无法从外面观察宇宙。在实验上，就算我们有了统治一切的规则，不管能不能从外面看，我们也无法验证不同的初始条件会不会给我们整个宇宙带来不同的演化模式。我们无法在实验室中实现大爆炸，也无法看见新的宇宙出现在夜空里供我们分析。

这就是为什么黑洞变得有用。

首先，有许多黑洞。在宇宙中随便选一个星系，很可能在星系中心就有一个超级黑洞。除此之外，还有许多小一些的黑洞，质量只几倍于我们的恒星，分布在宇宙的各个地方。到 2015 年为止，我们所探测到的最大黑洞质量是太阳的 230 亿倍。它位于大约 120 亿光年之外，当这些今天被我们捕捉到的光离开那里时，它还是一个相当年轻的星系。而在大小尺度的另一个极端，理论上最小的黑洞可以是任何大小，小到所谓“普朗克尺度”，在这个尺度上，引力效应与量子效应同时出现。普朗克尺度用数字表示，大约相当于 1 毫米的 $16/10^{33}$，这个数字如此之小，实际上就意味着任何大小的黑洞都可能存在。

回到我们刚才讨论的要点，黑洞和宇宙的最早时期有着共同的重要特性。它们都有一个极限，在这个极限之外，引力只有在考虑了量子效应之后才能适用。这个极限就是普朗克墙，就是你在本书上一部分的最后阶段逆着时间旅行到达并越过大爆炸之后所遇到的那道墙——在宇宙诞生时，这道墙遮住了所有。对于黑洞，它通常隐藏在视线之外，在那扇只能单向通过的门——地平线——之后：你将在这一部分的最后阶段穿越那个地平线。

那个旅程将是带你进入本书第七部分的关键，在那里，你将开始你的终极之旅：你将穿越最广为接受的现代理论中所描述的宇宙，试图统一空间、时间和量子场，解释一切。但是这些被称为“弦理论”

的理论非常疯狂，引入了多宇宙、平行宇宙、多维空间和更多概念，让你开始相信科学家们都已经发了疯，失去理智。

如果不是看在他们解决这些谜团的份上，他们真的是疯了。

不管怎么说，你都已经读到这一页了，你或许会发现这难以置信，20 世纪的物理学远远没有完成了解一切的任务，它留给我们的宇宙图像的大部分地方都是深奥且黑暗的未知。这并不应该让你失望。这些未知是明天科学的（模糊的）窗口：你我私下说说，在过去不到一个世纪的时间里，看到人类对所有事物的了解的突飞猛进，看到今天在理论物理学家们的脑袋中还不停地冒出来奇奇怪怪的想法，你就几乎能够确信更多革命性的想法尚未出现。其中一些说不定已经成熟，正等待着盛开，只是缺乏恰当的实验验证，有一天，它们将用奇怪魔幻的新现实来重塑我们对世界的认知。

现在，这就是将要发生在你身上的事。

首先，你将再瞧一眼那充满我们整个宇宙的量子场，你会看到尽管有着那么多我已经告诉你的东西，但它们还是绝对没有道理。然后，你会再次回顾这些量子场所产生的粒子，在量子引力的范畴里你会看到它们还是不合理。然后，你会遇见一只猫，它既是死的，却又活着，你会——如果你还继续跟着我的话——不再能够理解任何事情。

在你成功地经受了这些考验之后，你将听到从我们宇宙中不断分叉出来的平行宇宙，就像树上的分枝一样。

与我们的常识对这个世界的认知相比，量子世界的认知就如天方夜谭，在你充分认识到这一点之后，你会进入略微熟悉的领域，期待最终能够在分隔开微小世界与巨大世界的鸿沟上建起桥梁，你会再次面对大场面，重新审视爱因斯坦的广义相对论、我们宇宙中的星系以及宇宙膨胀，希望发现它们的重新定义能够令人放心。有趣的是，结果是否定的。你会看到我们宇宙中占比居多的东西既不能被望远镜探测到，而且还未被了解。不管怎么看，大尺度上的宇宙依然充满了谜团，与微观世界一样。

不管你是不是愿意，最后你都得接受这个事实，尽管爱因斯坦的时空弯曲理论曾经非常强大，将来也永远如此，但它还是不够完整，甚至预言了它自身的崩塌，因此不可能是那种能够解释一切的理论。我们的宇宙中有一些地方它无法适用。这意味着如果我们想要解释一切，就需要寻找一个更宏大的理论。

它在哪里崩塌的呢？

你大概已经猜到了：在黑洞里和大爆炸之前，通向普朗克墙路上的某处。

到目前为止，你已经游历了人类为描述我们周围世界所构建的最好模型。实际上，你对我们宇宙的了解已经和就读于地球上最好的大学的优秀研究生一样多。显然，这只是理论和想法，技术细节除外。不过这已足以让你在任何晚餐聚会上熠熠生辉了。

现在到了让你更进一步的时候，去看看有哪些东西不对劲，这样你不仅能维持自己的光辉形象，还能让你的朋友们抓破头皮都无法想象。

第2章　量子无限

你还记得看到外太空里的真空“实际上”是什么样的吗？那些在此之前看起来只是虚空的地方原来遍布着波动起伏的场。波动变成了从场的真空中冒出的粒子，无处不在。

在量子世界，某事只要可能发生，它就一定发生。因此，暂时忘记你的日常大小和引力，想象一下微缩版的自己沉浸在量子场的包围中，位于非常小的世界里，坐在小椅子上。你就像是裁判，像观看网球比赛似的观看两个电子互相作用，只是电子变成了网球选手，在它们中间飞舞的虚光子变成了球。

你的右边某处有一个电子，另一个在左边。它俩完全一样，带着相同的电荷。跟磁铁一样，它们应该互相排斥。这是一场有趣的比赛。现在电子们还离得很远，在诞生了它们的电磁场中前进。它们越来越接近，几乎就要撞到一起，还好没有。它们发生了相互作用。球赛开始。虚光子们从电磁场中冒出，让电子变道，把它们打碎。然后，就像开始时一样迅速，球赛结束了。电子与虚光子都不见了。

你等着下一场开始。

又一对电子正在路上。

这次你决定要把注意力集中在虚光子身上，而不是电子。你那微缩版的双眼目不转睛。

电子们正在运动。它们越来越接近，然后……砰！虚光子出现了。为了不漏掉任何一个画面，你放慢了时间。

电子们正要变道。

虚光子也在那里。

但有些事情发生了。

在一个自发出现在两个电子网球选手中间的虚光子身上，发生了一些奇怪的变形。

它变成了粒子－反粒子对：一个电子和一个正电子。

你迅速瞥一眼电子们，好奇它们是不是受到它们间虚拟光珠消失的影响，但看上去它们毫不在意。你又去看刚被创造出来的那一对，然而……它们已经不再是一对，而是两个半。

你闭上自己的微缩版眼睛，揉了揉。

这是什么比赛啊？

你再次睁开双眼。

突然之间，两个电子之间出现了几千对粒子－反粒子对。

你眨了下眼。

现在变成了几亿对。

几万亿对。

你再眨了下眼……它们都消失了。

你看了下电子们。

它们已经破碎了，就像之前的网球选手一样。奇怪。

你刚刚见到的是统治微小世界的量子规则的后果之一：某事只要可能发生，它就一定发生。对于虚光子来说，它很可能从运动中的电子们那里借到能量，变成虚拟粒子 – 反粒子对，又会随之变成其他粒子 – 反粒子对，或者湮灭成光，再……

你自己想象吧。

哪怕就是两个微小的电子相互作用，在此过程中虚拟粒子对们出现的可能性也是无穷大。所以会有无穷大数量的虚拟粒子牵涉其中。

你依旧开心地坐在自己的微缩版裁判椅上，思考着，你等着下一场比赛，开始再次观察焰火，但是没有新的选手参赛了。没有电子朝你走来。但现在你已知道如何搜寻，你还是看得到虚拟粒子 – 反粒子对不时出现，只是出现得慢了一些。它们就像从空气中出现的网球和反网球，只是没有打网球的人。

这些粒子对的出现是来自真空的“量子涨落”。

它们一直都在，但只要存在它们能够借助的能量——例如运动中的电子们的动能——它们就更容易被激发。

一对电子 – 正电子对在你眼前出现，然后又湮灭成光子，然后它又自发变成另一对，这次是夸克 – 反夸克对，现在，一个反夸克发射出一个胶子，随之……

即便是在真空中，那些看起来没有任何东西的地方，要准确地描述我们的世界，我们仍需要考虑所有无穷多种粒子 – 反粒子对相互作用的可能性，任何地方，任何时间。

一团糟。

而且这种一团糟还带来相当灾难性的后果：这些可能性都很重

要而且数目众多（事实上它们的数量是无穷大），其结果是宇宙中的任何一点都应该对应于无穷大的能量值，哪怕是在没有其他东西的真空中。很显然，实际情况不是这样的，不然我们的宇宙就会在任何地方开始塌缩，就在现在，因为这些无穷大的能量给时空带来的巨大引力效应。因此，这幅画中显然有些不对头的地方。

为了让这个讨厌的问题变得容易对付一点，量子场理论学家们想出来一个机智的办法：他们纯粹简单地决定忘掉引力，将它从游戏中整个驱离。既然这样，他们还顺便把无穷大也去掉了。他们关掉这个开关，只计算剩下的部分，连哄带骗地……居然成功了。

荷兰理论物理学家霍夫特（Gerard't Hooft）就是开创这种数学外科手术方法的几位极其聪明极其出色的物理学家之一，他因为这个贡献和他的博士生导师马丁努斯·韦尔特曼（Martinus Veltman）一起获得了1999年的诺贝尔物理学奖。因为他(和其他几个人)的贡献，虽然他们粗暴地用数学开关关掉了无穷大，但还是通过其精准的预言能力将量子场理论变成历史上最成功的科学理论。去除无穷大的结果导致了一些以前从未被见过的粒子被预言，而且是精确预言——对于它们的质量和电荷——精确到误差小于$1/10^{11}$。如果随便一个人能那么精确地猜测，他将成功地猜出送到各个酒吧的100万品脱啤酒里是不是少了一滴。如果我们真的具备这种能力，估计酒吧里每天都会有暴动。

量子场理论所作出的预言都精确得让人吃惊。但这种“赖皮”手段给寻求解释的我们来说，所带来的伤害就算痛饮一百万杯啤酒都难以消解。

为什么这些无穷大会发生？

难道仅仅是因为在我们宇宙当中比这些理论能够有效探测的更小的区域里，我们不知道那里究竟发生了什么？

也许是吧。

不管怎么说，有一位非凡的美国物理学家就是这么想的。他的名字叫肯尼斯·格迪斯·威尔逊（Kenneth Geddes Wilson），他不再试图解释无穷多个更小的领域以得到有关粒子的某个结论，而是认为如此令人头晕眼花的尺度可能确实是问题所在：人们没有必要为了能够讨论粒子而考虑更加小的尺度。就像人们在市场上挑拣苹果而不必去比较原子那样，威尔逊提出并且证实了未知的东西也能够被测量，被规定，和被抛到一边。

这的确有用——事实上威尔逊因为这个贡献而获得了 1982 年的诺贝尔物理学奖。

威尔逊并没有解决无穷小状况下会发生什么的问题，他只是舍弃了这个问题。通过对未知情况的切除和粗粒化，以前影响场论的无穷的问题不复存在了。

移除无穷的过程有个名字，叫做“重正化”。就像我在前面所说的，它在计算方面的效率非常出色。但是对于渴望理解所有事物的人来说，对于未知并不能简单地忽略而过。有必要深入下去。尤其在考虑到引力的情况下，这些重正化手段并不起作用。

另一方面，量子场论是关于宇宙真正包含什么的理论。它们非常精确，真的精确到让你难以相信，但只能在不考虑时空背景，固定不变，以及引力不对任何东西发生作用时才有用。这不是一个真实的世界。

我们必须找到一个途径把引力拉回来。

我们必须把引力导入量子场。

那么该怎么做呢?

量子场论断言只要有场存在，就能产生小块的能量，或者小块的物质,它们被称为“量子”[1]。电磁场的基本量子就是其最小能态的基本粒子，即光子和电子。与此类似，强核力场的基本量子是夸克与胶子，引力场（被视为一个假设的量子场）的基本量子是引力子。

在本书的第五部分，你已经听说了这些词，但我们当时否定了它们。为什么它们又出现在这儿?因为我们要看看它们究竟错在哪里。

我们设想一下引力来自某个类似于你目前所见的所有其他场的量子场，那么引力子就是这个场的载力子。当理论物理学家在纸上计算这些量子是如何影响其周围时，他们发现效果就如同时空曲线。

写在纸上，它们就是引力。

一个很好很有希望的开端。

但是再进一步思考，科学家们发现引力场的量子，就是这些引力子，使得关于引力的明确的理论完全失效。

这可就不是什么好事情了。

为什么会这样?

首先，引力子没有理由不会彼此相互作用:如果引力子真的存在，

---

①“量子”一词（拉丁语 quantum）字面意思是“小包”，复数形式是 quanta。

它们无论如何要与引力以及其他任何事情有联系，也包括它们自身。

其次，作为量子场的基本粒子，引力子也能够出现在场真空之外的任何地方，导致类似霍夫特和韦尔特曼所要矫正的无限的问题。然而，这一次，引力量子无限无法借助任何“重正化”手段来移除：霍夫特和韦尔特曼的算法彻底失败，威尔逊的方法也无法起作用，因为它忽略了引力子发挥作用的距离。

总之，这意味着在试图以某个标准的方式将引力导入量子场时，毛病多多的无限问题随之而来，并且显然我们无法对引力视而不见，因为引力子就是引力。

如果引力就是我们刚才提到的一个量子场，如果引力子正确描述了引力在自然界中发挥作用的机制，时空将与这些无限发生作用，并且在各处崩塌。但时空并没有崩塌，要不然我们就没法在这里讨论这些了。

有趣的是，尽管如此，并且你或许会认为那些相信引力子存在的人脑子都不太正常，但许多科学家（包括我自己，我会在本书第七部分加以说明）还是相信引力子确实存在，至少是在一个所有人都在努力寻找的更宏大的理论中存在。

现在，既然我们已经谈到这些，就让我们再进一步，这样你就能够从一开始就知道，为什么爱因斯坦的广义相对论与量子场论无法相容。

引力与时空相关。也就是说，与时间和空间有关。交织在一起的时间与空间。

在量子场论中，从真空中冒出的基本粒子是由它的场本身所构成。因此在有关引力的量子场论中，基本粒子也是由它的场本身所构成。但是这个场是时空。因此其基本粒子应该由空间和时间来构成。

这意味着我们周围应该有时空的基本小块存在。任何地方都如此，也就意味着空间与时间都不再是连续的。

更糟糕的是，这些时空基本小块能够表现出既是波又是粒子。它们服从量子隧穿，服从量子跃迁……

如果你试图在脑中构造这幅图画，祝你好运。

事实上，如果你是一个普通人，试图去想想这样的概念都会让你的大脑融化。

然而，从大自然的角度，这并不是什么问题。

真正的问题在于就算我们能够忘记讨厌的无限的问题，所有其他量子场理论能够如此强大地描述构成我们的各种粒子，全依赖于周围不存在这样的时空小块。

换句话说，这意味着广义相对论与量子场论所使用的时空概念是不同的。

这是个问题。

一个很大的问题。貌似无法解决。

因此我们只剩下一种奇怪的感觉，感觉自己被禁锢在一个不上不下的地方：人类已经发现了两种极其有效的理论，一种描述了我们宇宙的结构（爱因斯坦的引力理论——广义相对论），另一种则描述了我们宇宙所包含的一切（量子场论），但这两种理论互不理睬，老死不相往来。有很长一段时间，甚至研究这两个领域的物理学家们也跟他们的研究对象那样互不交谈。美国理论物理学家理查德·费曼是历史上最聪明的科学家之一，因其在量子场论方面的成就而获得诺贝尔奖，他曾给他太太写过一封信。“我在这次会议上什么都没得到，”他在 1962 年出席了一次引力研讨会后这样写道，“我什么都没学到。因为没有实验，这个领域不是那么活跃，几乎没有什么最好的科学家在这个领域从事研究。结果就是这里都是些笨蛋（有 126 个），而且对我的血压也不好。下次提醒我不要再参加任何引力研讨会！”

然而，因为有了新的技术以及像史蒂芬 · 霍金那样的理论物理学家们的工作，科学家们很快就发现再也不能对他们不知道的东西视而不见，来自两个领域的想法开始流入对方的领域，促成了那些你将会在本书第七部分中体验到的疯狂想法的诞生。接下来我将向你一一介绍。

第3章　活着，或是死去

你还记得那个机器人在带有金属柱子的白色房间里把玩的量子粒子吗？在那个非常微小的世界里，粒子们真的走过各种可能和不可能的路径从一个地方跑到另一个地方，从一个时间到另一个时间，只要没有人看着。

那么为什么那些构成你身体的所有粒子的所有量子性质没有让你也变成量子化的你？

那不是很有趣吗？

所有你能想象的不同生命轨迹将同时发生。你会很富有又很贫穷，结了婚又保持单身，快乐又悲伤，获得诺贝尔奖而又完全是个笨蛋，在这里又在那里，活在现在和其他时间……你能活过所有你梦想的人生，真的，还有所有那些你不想要的生活。

但看上去这并没有发生。

你是由量子物质构成的，不是吗？那就应该是那样啊。

但事实并非如此。

为什么？

好吧，听起来或许难以相信，没有人知道答案。事实上，这与量子世界最大的神秘事件之一有联系：为什么我们在自己周围哪儿都见不到量子效应？

世界上所有物质都由量子粒子以及量子场的表现所构成，为什么我们以我们现实中所经历的方式经历这个世界，而不是以那些粒子在微小的亚原子水平所经历的方式？

你可以反驳说世界就是这么存在的，物理学的职责并不是对规则提出问题，而是揭秘规则。

然而，这种谦逊的表述依然有一个小问题：量子世界的规则与我们每天生活中感受到的现实世界如此不同，应该存在一个某种类似转折点的地方隔开了量子世界与我们日常体验到的、习以为常的所谓“经典”世界。如果那些构成我们身体、存在于空气之中和外太空里的粒子们就像老老实实的网球或棒球般运动，天下就一切太平，那么我们就会了解一切东西——从最微小的到最巨大的。

但它们并不如此行事。

你在通往微小世界的旅程中不止一次地看到它们并不如此行事。例如，在你试图抓住绕着氢原子核旋转的电子时，还记得想要同时了解它所在的位置和运动的速度是多么困难的事吗？好吧，让我们现在再仔细看看这个事实。

再次把你自己想象成微缩版状态。你比原子还小。一颗粒子正朝你飞来。你对它一无所知，不知道它的大小、所在的位置和接近你的速度。你只知道它遵循这量子世界的规则。

你从随身带着的微缩包里拿出一个微缩手电筒，准备打开它，期待着它发出的光能从粒子身上反射回来，不管那个时候粒子位于何处，反射回来的光将飞回你眼中，告诉你那颗粒子的位置。

但并不是任何光都能完成你的任务。

你需要使用“正确”的光。

记得光能被看成波吗？那么，“正确”的光意味着这个光波的两个波峰之间的距离（光的波长）需要大致与你的目标大小相似或更小。如果你用的光波波长太长，它将无法注意到那颗粒子，直接穿过去，就像无线电波能够穿透你房间的墙壁，似乎没注意到这些障碍的存在一样。然而，当波长“正确”时，你就能看到反射回来的光，并且得到你的粒子所在位置，其精确程度就是你使用的光波波长。同时，你还能测量粒子的速度，这样，你就得到了你想知道的所有信息。

简单。

你调节着你最先进的手电筒，获得了一个强有力的光脉冲。瞄准，发射……砰！你击中了某个东西。一个粒子。就在那里。就在你前面。光被反射回来，向你的方向飞来。它从发射飞往粒子并回到你这里所用的时间精确地告诉了你撞击时粒子所在的位置，因此该粒子不可能位于所有地方了。一旦被探测到，粒子就失去了它的量子波动性。从一秒钟的许多分之一之前的所有可能同时位于的位置之中选出了唯一一个，仅仅借助于你的手电筒探针的这个行动。就像那个机器人在白色房间里抛出粒子，这颗粒子无处不在，直到它被某个探测器检测到。这个不可逆的过程被称为“量子波塌缩”。

在塌缩发生之后，你知道了粒子所在的精确位置，精确度是你使用光波的一个波长。现在你想知道它在与光相遇时速度有多快。

但这并不容易。

事实上，你无法精确地回答这个问题。

永远不能。

记住：波长越短，所对应光的能量越高。

所以，对粒子所在位置要求的精度越高，你的手电筒所使用的光波能量就会越高，也就是你对粒子撞击得越厉害——因此你对它接下来的速度知道得越粗略。

对于一个我们所熟悉的世界，这句话的意义很简单。

试试看，在黑暗中，通过射击的方式试图发现某个运动着的物体的位置。撞击会影响你所要探测的东西。如果你发射的东西弹回你处，你就能知道当撞击发生时，你想要探测的东西在哪里。如果你接着射击想知道它去了哪里，你就会发现你的第一次射击已经改变了它的速度。

真的很简单。

然而，在量子世界里，这不仅仅是一个简单的不确定性，而是大自然的一个深刻性质。它表明在本质上你不能同时知道一个粒子所在的位置和它运动得多快。这条规则被称为“海森堡测不准原理”，以发现此原则的德国理论物理学家维尔纳·海森堡（Werner Heisenberg）命名。海森堡是原子世界的量子理论的奠基人之一。他在1932年因此工作获得了诺贝尔物理学奖。他知道自己在说些什么。但与后来其他许多人一样，他并不理解这一点。因为它超越了我们的直觉，违背了我们的常识。

这个测不准原理立刻就令量子世界与我们日常经典世界完全不同。

就在现在，从你的身体来说，你知道你阅读的这本书的位置以及它正以多快的速度运动。因此你了解它的位置和速度，而且还算是精确。关于它的位置与速度的不确定性还是存在——但这个不确定性实在太小，你无法注意到，因此这种不确定性对实际生活不会产生什么影响。

然而，在微小的世界，处于微缩版状态的你，将无法把书拿在手上，甚至那个手电筒也一样。一旦你精确地知道了这本微缩版的书的位置，关于它速度的不确定性将变得巨大，因为你得发射许多粒子来确定它的位置，你将永远无法盯着它看。或者，如果你精确地知道它移动得多快，那么无论你用什么方法，都无法知道它所处的位置，在那里，阅读变成了一件困难的事。在非常小的世界里，位置和速度合并成一个模糊的概念。随着技术应用变得越来越小，这是一个工程师们越来越需要面对的挑战。

说了这么多，海森堡测不准原理并不神秘。

它是个事实。

严格说来，它甚至不是测不准。它只是显示出我们在日常经典世界中对于位置与速度的理解不适用于微小的世界。在这里，大自然以一种非常不同的规则运行，我们也有理论解释它、预言它，这就是量子物理学。而且这个测不准原理也的确延伸到我们生活的尺度，只是我们不能感觉到而已。当涉及太多粒子时，其效应变得不那么显著。这也是一个被彻底研究过的事实。

那么我们所要寻找的谜团在哪里？到底存不存在？

存在的。

在你的测量过程中我们忽略了一些东西：量子波的自我塌缩。

那就是谜团。

真正让人无法理解的谜团。

如果不去管它，量子粒子表现出它自身的多重影像（确切地说，像波），在时空中同时沿着所有可能的路径移动。

现在，再问一遍，为什么我们从来没有在自己身上体验过这种多重性？这是因为我们一直不停地观察我们身边的一切吗？为什么所有牵涉到确定某个粒子位置的实验可以让此粒子突然从无处不在的状态变到只存在于此处的状态？

没有人知道。

在你观察它之前，一个粒子呈现出波动状的可能性。在你观察它之后，它就位于某处，而且永远位于该处，而不是接着再回到无处不在的状态。

很奇怪，那种行为。

量子物理学中的所有规则中，没有一条允许这样的塌缩发生。这既是一个理论上的谜团，又是一个实验上的谜团。

量子物理学规定，只要那里存在某些东西，它就能转化成一些别的什么——当然如此，但它不能凭空消失。因为量子物理学允许多种可能性同时发生，这些可能性就应该保持存在，即便你对它进行了观测之后。但事实并非如此。除了一个现实，其他所有的可能性都消失了。我们在自己周围再也见不到那些其他可能性。我们生活在一个日常经典世界，所有一切都基于量子规则，但这个世界却又与量子世界完全不同。

所以问题就是：我们如何才能让量子效应出现在我们人类生活的尺度上，这样我们就能在对它们进行观测时亲眼看到塌缩——如果这种塌缩真的存在的话。这可能吗？如果我们能够看到这样的量子效应，我们预期将看到什么？

1935 年，在因量子物理学方面的研究获得诺贝尔奖两年之后，奥地利物理学家埃尔温 · 薛定谔（Erwin Schrödinger）设计了一个将量子效应带入我们生活尺度的实验。实验里有一只猫和一只盒子。虽然这只是一个思想实验，但所有的科学家们自此之后都没有停止思考“那只猫到底是死的还是活的”这一问题。

你再次重复他的实验。我希望你不要对可爱无辜喵喵叫的小猫有太深的感情：很有可能这只小猫会在这个实验中受到伤害。不管怎样，请记得我们在这里只是要让量子效应出现在宏观世界中。一些牺牲是不可避免的。

作出了这些声明之后，让我们开始吧。

对于那些不知道猫是什么的人，一只猫就是一个有着四条腿，通常毛茸茸并长着一条尾巴的哺乳动物，生活在同我们一样尺度的现实之中。大多数人都喜欢爱抚它，但并不是所有人都如此。它们几乎什么颜色都有，不过据我所知，好像还没有绿色的。

要做薛定谔的思想实验，你需要选定一只可爱的小猫，黑白花的，再找一只能够完美封闭的盒子，一旦关上，没有人能够从外面知道里面的情况。

除了猫和盒子，你还需要找一种放射性材料，这种特殊材料，在你的实验过程中会有 50% 的机会产生射线。放射性材料很难被预测。根据量子规则，没有任何方式可以事先预测它会不会衰变并发出射线。只有概率。50% 的可能性——对于你发现的材料来说。

现在，你还需要再找到三个物体：一瓶装着致命毒药的管子，一把锤子和一个放射性探测器。

接下来，你把所有东西联接在一起，一旦放射性探测器探测到放射性物质放出射线，锤子就会打破管子释放出毒药。如果你不真的把这些东西——锤子、放射性物质、毒药——和猫放进盒子并且封上盖子的话，就不会造成伤害。

然后你就等着。

然后呢?

有 50% 的机会小猫被毒死了。一切都取决于放射性衰变。

这是一个变态的实验，我同意。

你绝对不要在家里重复它。

现在，问题来了：那只猫死了吗?

量子效应正在出现，如我们所期待的。后果是宏观的——大到足够让我们看见。

但除非打开盒子，你无法知道放射性衰变发生了没有，因此你也没有办法知道管子有没有被打破，以及那只猫是死了还是活着。

阳光之下并无新鲜事，你这样觉得? 好吧，在一个量子世界，你应该时刻警惕，尽量不要依赖常识。或者绝对不要。在这里做任何推断，都需要按照量子世界的规矩来。在真实生活中，你可以预料盒子中的猫死了还是活着。

但两种回答都可能出错。

在量子世界，只要可能，就必然发生。你现在应该已经熟悉这个规则了。

这里，放射性物质发生衰变和不发生衰变有着同样的概率，因此两者都发生了。就像一个粒子能够同时从金属柱子的左边和右边穿过一样，放射性衰变也同时发生了和没发生，只要没有人在看。

我们前面已经说过，大多数时间，基于各种不明确的原因，这种可能性的叠加不被我们注意到。它们从来没有发生在——或者到达——我们的尺度。然而，在这个特别的实验里，我们却通过设计让我们的眼睛能够看到：两种量子可能性（衰变发生或未发生）同时存在并且直接联系到一只猫戏剧性的死亡或存活之上。

那么量子世界的规则怎么说？

它们的说法是：衰变还是未衰变这一事件被直接联系到毒药和猫，只要盒子未被打开，这只猫既没有死去，也没有活着，而是同时存在。

在你打开盒子之前，衰变同时处于发生了和未发生状态，因此毒药已经被释放，也尚未被释放。

所以猫咪死了，却又活着。

死了并且活着。

听到这些，你立刻打开盒子去确认。

猫跳了出来，毫发未伤，依然非常可爱。

盒子底下也没有躺着尸体。

你挠了挠自己的脑袋。

这整个所谓“状态叠加”和“随后量子可能性塌缩”立刻听起来就像一个设计精巧的恶作剧，而不是真实现象。

我们搞错了吗？猫真的曾经有一段时间处于既生又死的状态，还是整个实验就是一个骗局？

让我们看看。

打开盒子意味着你与实验发生了作用，对不对？

啊哈。

所以你的确进行了干扰。你的确观察了。当有人进行了观察，大自然就必须作出选择。

因此，这个选择——也就是塌缩——如果是真实的话，显然已经发生：让猫活了下来。[①]

但你在打开盒子之前，猫的命运已经决定了吗？还是在你打开盒子之后，极快的瞬间里被决定？

你又回到了最初的问题：塌缩真的发生了吗？

薛定谔在 1935 年设计了这个实验，许多年过去了，没有人能回答这个问题，直到法国物理学家塞尔日 · 阿罗什（Serge Haroche）和美国物理学家大卫 · 维因兰德（David J. Wineland）成功地设计了一个真正的实验，并且能够在预期发生塌缩的瞬间探测到状态的叠加。

不过，这次他们没有用猫。

他们用的是原子和光。

他们看见量子叠加非常真实；几乎所有量子粒子都能够，也确实同时以不同且互斥的状态存在。今天，这也是工程师们试图建造量子计算机的基本原理。利用量子粒子能够同时以不同状态存在这一能力，能够实现同时“平行”计算的量子计算机的计算能力在原则上能指数级地强大于我们现在所用的经典计算机。阿罗什和维因兰德因此分享了 2012 年的诺贝尔物理学奖。他们证实了薛定谔的猫真的处于既生又死的状态，在某个时间，两种状态同时存在。

那么这儿的谜团在哪里？

① 它也很有可能死去，但快乐的结局总是更受欢迎一点。

在于是什么东西消失了。

叠加是真实的，好吧。阿罗什和维因兰德证实了这个。我们只能接受。

但是当你打开盒子，当活着的小猫跳出来以及塌缩发生的时候，你没见到的那个可能性去了哪里？既然它在某个阶段显然是真实的，那么那只死猫哪儿去了？

那才是谜团。

许多科学家冥思苦想这个问题，一些潜在的答案近来开始流行。一些人猜想那些没被观察到的可能性褪色了，就像滴入湖里的一滴墨水，湖就是我们生活其中的世界，就像未被实现的一串可能性在湖中扩散消失，只剩下实现了的那种——包括我们自身也是其中的一部分——被留下。另一些人认为这与我们的意识有关，我们进行实验这一动作本身或者甚至思想本身能够把现实冻结在某一个状态中，因此创造了现实。

然后出现了美国理论物理学家休·艾弗雷特三世（Hugh Everett Ⅲ）。

·

出生于1930年的艾弗雷特是个非常古怪的人。他极端聪明，同时研究数学、化学和物理学，最后在最有影响力的物理学家之一、美国普林斯顿大学的约翰·阿奇博尔德·惠勒（John Archibald Wheeler）教授的指导下完成了博士论文。得到博士学位后艾弗雷特立刻就放弃了物理学，主要原因是他显然觉得物理学太过诡异。虽然惠勒教授尽了努力，科学界还是未能认真考虑他学生所提出的想法，这显然也是艾弗雷特放弃的原因之一。在21岁时，艾弗雷特离开理论研究，开始为美国军方进行绝密武器研究，最后死于过量的酒精和香烟。他的一生就像一些著名的诗人或画家一样，在早年因其天才而散发光芒，可惜却不为当时的同行尊重。艾弗雷特1956年发表的博士论文后来成了经典。在他的论文里，他大胆而出色地声称，既然量子理论在非常小的尺度上如此完美，那么到我们日常生活的尺度上，它也应该一路被重视。我们宇宙中的一切都由量子物质构成，因此所有一切都应被看作是一个各种可能性同时存在的巨大量子波。

如果从这个视角看，那么没有什么塌缩发生。所有的可能性都依然存在。

从这个视角看，整个宇宙在每次作出选择时产生了分支，缘于实验或是其他观察。因此应该存在着无法想象之多的许多平行宇宙，其中每一种可能性，每一种可能的后果都以事实存在。

按照艾弗雷特的看法，我们的周围到处都是平行历史。

你站在两部电梯前犹豫要上哪一台，另一个你，在分叉出去的另一个平行宇宙，选了另一台。在又一个平行宇宙中，你撞在了两台电梯中间的墙上。还有一个宇宙中，你走楼梯。因此，所有的可能都被实现了。

在某种意义上，艾弗雷特对于量子物理学的理解在字面上的解释是，如果你能克服自私的障碍，你就永远不需要悲伤。任何时候，位于这里的你遭受什么不快，在无穷多的平行宇宙中无穷多的其他平行的你正因躲开了这个坏消息而满心快活。

艾弗雷特也还依然活在无数个这样的平行宇宙中，甚至还在阅读这本书呢。在某些宇宙中，他会喜欢我对他的描述；在另一些宇宙中，他不会喜欢；在还有一些宇宙中，他自己写了这本书，而且书里薛定谔的猫变成了一只绿色的狗。

按照艾弗雷特的解读，宇宙根本就没有作出任何真正的选择。所有可能的都实现了。

只是你不知道而已。

怪不得他放弃了物理学。

艾弗雷特的理论的确奇怪，但现在却有一些我们当代最伟大的物理学家认真思考他的学说，许多与我们时空起源有关的数学模型使用了他的想法。当然关于艾弗雷特的断言我们没有实验上的证据支持（或反驳），但它的确为为什么我们生活其中的现实不是量子可能性的叠加提供了颇具吸引力的解释：那些我们没有体验到的可能性都很真实，只是存在于别处。

现在，在你试图习惯这种想法的时候，让我们很快地总结下迄今为止你经历了些什么。

自从你开始自己的旅程以来，你已经分别探访了非常巨大的世界和非常微小的世界。在宇宙王国快速飞行时，你发现了我们宇宙巨大尺度的样貌以及它们如何服从广义相对论的统治。在微观世界，你看到了大自然的量子规则与我们在日常生活中熟悉的一切如此不同。直到本书这个部分开始之前，在理论和实验中，你所旅行的都是已知的疆域。你看到了在一个 21 世纪初的科学家眼中的宇宙的样子，不管是在哪一个尺度。

在这个部分里，你开始看到这些知识的局限。你看到了不仅广义相对论和量子场论难以互相交流，还看到了在一些人眼中量子规则看起来没有统治我们日常活动的原因，或许是因为有平行世界的存在。

在本书第七部分，你甚至会看到更诡异的事情。

现在，让我们继续你的头脑练习，离开微小世界，回到爱因斯坦的疆域。他的理论又怎么样了？那里又隐藏着什么谜团？

真的有吗？

它们也像给量子场理论蒙上灰尘的无限性那么普遍吗？

最后那两个问题的答案都是：是的。

第 4 章　暗物质

忘掉猫啊狗啊以及带有另一种现实的平行宇宙。

忘掉量子世界。

忘掉那个微缩版的你。

你现在又回到太空中，变成了纯意识。

你已经看到微观世界充满谜团，现在你想验证一下爱因斯坦的理论是不是普遍适用在所有地方，还是说它也有着同样的局限性。

你在太空。地球现在在你身后，你正朝前飞去。你飞过了月球、太阳和我们的恒星邻居们。

直到这儿，爱因斯坦的引力理论依然完美适用。恒星们与行星们按预期运行着。

你飞离银河系，进入星系间空间，然后停了下来。

银河系在你的下面，就在那里。其他星系在远方闪闪发光。含有几千亿颗恒星的巨大旋臂们放射出光亮照耀着黑暗的宇宙背景。

你对引力的知识让你知道，就像围绕着太阳转动的行星一样，星系里转动着的恒星的速度也不会是随机的。转动得太快的恒星将脱离星系的护佑，成为孤独的飘荡者，游荡在星系与星系间的巨大空间里。如果恒星们转得太慢，它们将沿着被其他所有恒星们造成的时空斜坡滑落，这个斜坡将引领它们滑向星系中心——那个满是恒星的中心突起处，最终被耐心等待在那里捕食一切的巨大黑洞吞噬或毁灭。如果没有一个正确的速度让自己保持稳定轨道，一颗恒星或者飞出星系，或者注定掉落，就像在大碗中转动的玻璃珠，或者落到碗底，或者飞出碗外。

你记得牛顿的引力理论就恰恰在引力太强时出了问题。在太阳边上，他的方程式需要修正才能解释水星轨道的漂移。爱因斯坦通过革命了我们对于时空的理解而完成了对牛顿理论的修正。现在，一百年之后，轮到爱因斯坦面对尺度的挑战了。在整个星系边上，爱因斯坦的理论表现如何？ 面对几千亿颗恒星而不是一颗的时候，他那个关于时空弯曲的理论还适用吗？

这就是你现在要验证的。

你拿出秒表，开始给那些在银河系中运动着的恒星们计时。同时调查 3000 亿颗恒星可不容易，所以你从最外围的那些开始，那颗位于一个巨大旋臂的顶头的恒星，它与我们银河系中心的巨大黑洞人马座 A* 距离遥远。

你数了 10 秒钟。

那颗你正计时的恒星移动了 2500 千米。不错。

这相当于围绕银河系中心以 90 万千米 / 小时的速度旋转。真是不赖。

它邻近的恒星运动速度也一样快。

事实上，任何两颗与我们星系中心距离相同的恒星运动的速度都一样，离中心远的速度慢，而速度最快的那些，如你早先见过的那颗快速运动的 S2，则位于很中心的位置。如果你想知道这些位于银河系边缘的恒星们需要多久才能绕银河系一圈，答案是……大概 2.5 亿个地球年。真是一个漫长的旅程。银河系很大。太阳（因而地球也一样）位于离中心稍近些的地方，绕中心一圈需要将近 2.25 亿年，这个时间段被称为“星系年”。上一次地球位于现在它在银河系中所在位置的时候，恐龙还有 1.6 亿年可以活……用这种术语表述的话，大爆炸发生在 61 个星系年之前，如果我们从今天开始算，再转二十几圈，银河系和仙女座星系将接近到相撞。顺便再说一句，太阳将在随后的几个星系月中爆炸。这样说来，听起来这个危险离我们也实在不算太远……

很好。

至今，一切都好。

看起来爱因斯坦的理论没有什么问题，除了……

除了问题已经出现了。

坦白告诉你，你并不是第一个检查这些恒星以多快的速度绕着我们星系旋转的人。它们的速度很早以前就被了解了，早在 20 世纪 30 年代早期，荷兰天文学家扬 · 奥尔特（Jan Oort）就测量了它们。

但是扬 · 奥尔特还更进了一步。

首先，他估计了一下整个银河系可能含有的质量。然后，他检查了他测到的速度是不是符合预期，能够让这些恒星既不飞走又不掉落。

它们不符合。

它们一点都不符合。

你现在就在那里，在银河系之上，你不妨自己算一下。

将每个恒星和尘埃云以及所有属于我们星系的你看得到的物质质量都加起来，你会得到同样无法解释的结论：要稳住银河系里任何一颗恒星按现在的速度运行而不飞走，银河系的质量远远不够。

更糟的是，与牛顿理论和水星轨道的微小差异不同，现在这里的差距可一点都不小。

与你现在见到的质量相比，银河系应该有五倍以上的质量，不然的话，所有的恒星都会飞走。包括太阳。

你肯定漏掉了什么，奥尔特也是。

漏掉的可不是几亿颗恒星和它们的尘云，那样的话，你大概可以责怪自己或奥尔特没有准确地估算整个星系。那倒或许可以接受。但是五倍的差别？怎么回事？再说了，这个奥尔特又是谁？我们可以相信这个家伙吗？

我们能。他可不是一个普普通通的天文学家。事实上，他无与伦比的直觉帮助人类弄明白许多你在本书第一部分穿越太阳系和银河系时所见到的景象。例如，是他发现了太阳不是我们银河系的中心（现在听起来这一点都不稀奇，但在他证明这点之前人们可不这么想）。也是他最早设想在太阳系里存在着一个巨大的彗星库（几百亿亿颗之多），现在奥尔特云这个彗星库还以他的名字命名，你在穿越太阳系边界进入我们的红矮星邻居比邻星的引力范围之前就曾穿过它。

奥尔特在1932年的时候，就已经不是默默无闻的科学家了，为了解释他所能见到的我们整个星系的质量与它的恒星们速度之间所存在的巨大差异，奥尔特作了一个惊人的预言。他认为银河系中充满了一种我们尚不知道的物质。一种至今为止尚未被任何一种手段探测到的物质，不仅在地球上，在其他任何地方都探测不到。因为它不与光相互作用，因此任何人都无法通过收集光线的望远镜看到它们。他称它为"暗物质"。按照奥尔特的说法，暗物质的可见效应只能是非直接的，通过引力显示：暗物质无法被看见，虽然它显然不是普通物质，但它与普通物质一样能让时空弯曲。构成它们的不可能是那些构成我们所知道的一切东西的粒子们，因为如果是那样的话我们就能看到它们。

这种发现听起来可能太伟大了——太令人兴奋——以至于不太可能是真的。不管奥尔特曾经多么出色，但没有人永远不会犯错。他或许弄错了呢。为了检验这个结论，你决定看看其他星系，看看它们如何互相转动。瑞士天文学家弗里茨·兹威基（Fritz Zwicky）在奥尔特最初的结论发表之后一年的1933年就是这么做的。

如果暗物质是真实存在的，而且它的引力效应不只局限于银河系，而是一样存在于其他星系之内与之间，它就不仅会改变恒星们在星系内的运动，还会改变星系间互相围绕旋转的方式。

所以你盯着它们看，聚精会神。

你分析了这些汇聚了闪亮恒星们的巨大集合体间独特的宇宙舞蹈……你已不再怀疑。

就像兹威基一样，你没有选择，只能承认所有的星系互相围绕旋转的速度实在太快，那些巨量的具有引力吸引效应的暗物质的存在已毋庸置疑。

而且暗物质不是物质。

它也不是反物质。

它也不是其他什么东西。

没有人知道它到底是什么。

从 20 世纪 30 年代起科学家们进行了许多次其他实验，每次得到的结论都一样。暗物质就在那里。它的确存在着。任何地方只要有物质存在，边上就有暗物质伴随。虽然我竭尽所能，在这整本书中，向你展示任何我想与你分享的关于我们宇宙的一切，但在暗物质这一点上，我不得不承认我无法再带你到更接近的地方了。

为什么?

因为就算是今天，奥尔特大胆猜测的 80 多年之后，我们依然对这个暗物质由什么构成一无所知。我们知道它存在。我们知道它在哪里。我们有它在我们整个宇宙的各个星系内部和星系周围分布的地图。我们甚至还有一些严格限制确定它不是什么，但我们对它是什么却依然一无所知。是的，它的存在无可置疑：每 1 千克由中子、质子和电子构成的普通物质，都有着 5 千克没有人知道到底由什么构成的暗物质伴随。

暗物质。

意料之外的第一号引力谜团。

它可能意味着爱因斯坦的理论不适用于这个尺度，就像牛顿的理论在离太阳太近时不再适用一样。但科学家们也做了许多独立的测量。看起来暗物质的确无处不在，在星系周围，在我们自己的银河系周围以及整个宇宙，而且你看不见它。

看上去我们宇宙所含的不可见部分远远超过了可见部分。

第 5 章　暗能量

在宇宙黑暗世纪结束之后的各个世代里，发生了许多次星系相撞，整个星系们碰撞后融合在一起。在太空中，暴力事件无处不在。而你现在看到的星系就是这些暴力事件过后的明证。

暗物质的质量超过了正常物质的五倍，却不可见，它们的量这么大，它们必定在你眼前的宇宙华尔兹中曾经起过——也依然起着——重要作用。你现在已经知道，这场华尔兹的参与者们，都是穿着由暗物质做成的大衣的恒星集合。

你盯着这些星系越久，就能看到越多的舞者和形状——你能够想象出更多那里的世界，有着与我们完全不同的天空。你突然开始怀疑是不是某些遥远的文明早就找到了你那些问题的答案……等等，那是什么？

一个非常强大的光源掠过你的眼睛。

你盯着夜空想找到它来自何方，但它已经消失不见。

和刚才同样突然，另一道光击中了你，来自另一个非常遥远的地方。

又有一个。

这些光将你从冥想中唤醒，你将注意力集中到似乎是这些光来源的星系上。

不知为什么，你的心脏跳得几乎要蹦出来。你看着它们的光，看着它们退往远处并互相围绕旋转的路径。

那里好像有点不对。

那些发出这些光的星座不应该以这种方式后退。

我们说的不是它们之间互相围绕旋转的运动，而是关于宇宙的膨胀，关于它们如何一起退向远方，就像正烘烤胀起的蛋糕中的罂粟籽。考虑到你对宇宙膨胀的了解,就会发现这些星系的运动不对劲。

这是意料之外的第二号引力谜团。它牵涉到被隐藏的能量远远多于上一章里关于暗物质的例子。

要明白这一点，你需要先知道我们如何估算自己宇宙中的距离。

当你躺在那个小岛海滩上，开始你进入外太空的旅行之前，你是如何判断夜空里的某颗星星离你近，而另一颗离你远的？只看亮度显然是不够的。恒星们个头不同，各种大小都有，因此它们的亮度也有着巨大差别。在地球上看到的一颗明亮的恒星，可能体形巨大而距离遥远，或体积小一些却离得很近。我们显然还需要一些别的手段才行，历史上的科学家们想出了三种不同的方法来估算宇宙距离。

第一种方法适用于各种天体，包括恒星或行星，只要它们离我们不是太远。这是三种方法中最简单的一种，而且依赖常识（这里没有量子效应掺和，所以使用常识还是允许的）。想象你坐在行驶于高速路上的车里，透过侧面车窗看向两边的树木。离你车近的树很快经过，而离得远的那些则以慢许多的速度移动。高耸在远处地平线上的山脉看上去就像根本没有动。它们可以被看成是固定的背景。在太空里，我们可以利用同样的原理。当地球绕着太阳转动时，那些离地球近的物体相对于非常远的看上去固定不动的恒星背景有着相当明显的移动。通过测量某一天体因地球围绕太阳运动相对于远处背景所发生的位置变化，科学家们就能估算该天体与地球之间的距离。早在2200年前的欧几里得就已经知道其中的几何原理了。对于短距离的估算——比如，银河系内的距离，它的效果极好。但对于星系间距离的估算，这个方法就显得力不从心。因为星系们离我们实在太远了。位于地球上，绕着太阳旋转的你，冬天与夏天对于天体的视角差别可达3亿千米，但依然不够。星系们都属于固定背景。要猜出它们的位置，你需要第二号戏法，牵涉到一种非常独特的被称为“造父变星”的恒星。

造父变星是一种非常明亮的恒星，而且它们发出的光会非常规律地在最亮与最暗之间变化。让人难以相信的是，科学家们找到一种方法能够将这种亮度变化的周期与它们所发出的总光量联系起来。而这个信息就足以告诉科学家们那些恒星离我们有多远：就像号角所发出的声响传到我们耳朵中时会随着它从源头走过的距离增加而变轻，光也一样。我们能够收集到的位于远处的造父变星到达地球的光占其总发光量的比例就告诉了我们它们的距离。幸运的是，宇宙里有许多造父变星。

但这个戏法依然有着自己的局限性：要测量宇宙中最远的距离，单个的造父变星已经不够了，因为就算最强大的望远镜都无法将它们从其所在的恒星群中区分出来。要测量宇宙深处非常遥远的距离，我们还需要第三种戏法。

你或许还记得，在本书的第二部分，美国天文学家埃德温·哈勃所进行的研究。在20世纪20年代，哈勃成为第一个注意到宇宙在膨胀、远处的星系都在离我们而去的人。你的一些朋友在地球各地用你买给他们的价值10亿美元的望远镜观察夜空，好心地替你验证了这个结论。

在20世纪20年代，哈勃用来自远处星系的造父变星的光线颜色移动来计算它们的速度，而且他还发现它们一心离我们而去的意念强度（速度）与它们离我们的距离成正比：若一个星系离我们的距离是另一个星系离我们距离的两倍，那么前者的退行速度也是后者的两倍。这条定律现在被称为哈勃定律。

第三个戏法就是，当造父变星无法从它们的环境中被分离出来时，我们就反过来使用哈勃定律。通过测量从远处星系们传来的光线颜色变化程度，科学家们就能判断出这些光线在我们的宇宙中膨胀了多久，利用这个信息，也就有可能知道这些星系离我们有多远。

哈勃定律足够简单，而且它与已知现实吻合得很好：空间与时间早在几十亿年前就已变成今天这样，时空的膨胀从一开始就一直进行，并且看起来作为能量被激烈释放（大爆炸）的结果也非常合理，在随后的几十亿年里，宇宙膨胀的速度也已经慢了下来。

在这个相当符合逻辑的系统里，一切都很完美。

除了它不符合你所观察到的事实。

你的眼睛刚才看到的光脉冲就与它不合。它们颜色漂移的程度不符合上面所描述的宏大、漂亮、自洽的图景。有什么地方出了问题，第二号谜团隐隐约约就在这里游荡。

要想搞明白这到底是怎么回事，让我们再去旅行一小会儿，去看看到底是什么引发了那射入你眼中的无比强大的光脉冲。

从银河系上方出发，你飞向一个特别美丽而多彩的旋涡星系，它离你大约有80亿光年之远。你穿过那横亘在我们自己的宇宙大家庭银河系与这一个光岛之间无比巨大而且还在不断膨胀中的空间。当你到达它附近时,选择从侧面进入。你飞过属于它的几百万颗恒星，穿过比几千个太阳系的大小合在一起还大的星云，突然，你再次停了下来。

就在你的眼前，不是一个，而是两个闪亮着的天体，吸引了你的注意。它们彼此围绕着转动，非常快，而且不怎么对称。两者中的一个家伙是一颗巨大的红色愤怒火球。另一颗也很亮，但却小了太多太多。它的大小只和地球相仿，却亮得发白。不要被你看到的大小所迷惑。虽然两者的大小非常悬殊，但那颗微小的星球才是这里的主宰，而不是那个红巨星。那个小小的白色圆球是在你到达前几亿年就发生爆炸的恒星留下来的内核遗骸。当一颗恒星死亡时，它将自己的外层朝着四面八方抛入太空，但内核则被压缩，变成现在在你眼前发光的新的星体。它的名字叫白矮星。它是一个极为致密和炽热的天体。通常情况下，白矮星需要几千万年时间冷却褪色，最终成为寒冷孤独的太空流浪者。然而，这一颗，却替自己选择了一条完全不同的道路。

给你一个白矮星密度的大致概念吧，让我们用不同的材料做一只棒球。一个普通的棒球，用橡胶、皮革和空气做成，大约重145克。同样的体积，如果材料是铅，这只棒球的重量将是大约2.3千克。如果使用的是地球上自然存在的最致密元素——锇——这只棒球就又重了一倍：大概 4.5 千克。

现在，用来自白矮星的材料做这只棒球，你的棒球将重 200 吨。在极端致密的王国中，白矮星排名第三，仅落后于中子星（它被取了这个名字是因为它只含有中子）与黑洞。所以你或许猜测它们都正进行着非常猛烈的核聚变，就像在恒星内核中一样，但事实并非如此，除非它们能够找到办法不停生长。事实上，只有在质量小于太阳质量的 140% 的情况下才能叫白矮星。

但这颗白矮星有东西“吃”。一颗恒星。一颗红巨星。

那颗红巨星正被活活吃掉，就发生在你眼前。

白矮星巨大的密度带来的强大引力远胜于红巨星自身，这颗恒星注定难逃厄运。它都无法保住自己的外层。在围绕着白矮星转动时，红巨星自己的表面被撕开，形成一长条明亮炽热燃烧着的等离子尾巴，在你的注视下向着它贪婪的舞伴盘旋而去，形成一条闪亮扭曲的宇宙大河，蜿蜒流向白矮星的表面，在那里，它被收获并压缩。

这个过程牵涉到巨大的能量。时空本身就能感受到：就像在湖表面互相围绕转动的小船之间产生的水波一样，红巨星与白矮星之间的舞蹈也引起巨大的引力波，在时空这一宇宙构造本身中波动与传播，冲刷着周围的天体，改变着时间与空间。[①]

---

① 顺便告诉你一下，两位美国物理学家拉塞尔·赫尔斯（Russel Hulse）与约瑟夫·泰勒（Joseph Taylor）在几十年前第一次间接地探测到这种引力波。他们因此获得了 1993 年的诺贝尔物理学奖。这种波或许某一天能让我们超越最后临界散射面，“看到”我们可见宇宙尽头墙外的世界。因为它们不是光波，而是时空的波动，它们可以到处传播，甚至能穿过最致密和厚重的墙壁——一直到大爆炸。引力波望远镜正在建造之中，其目的也正是为了看穿临界最后散射面。

你看着那颗体积巨大的恒星越来越多的物质掉落到白矮星的表面，明显感觉到某些不同寻常的事就要发生。你是对的。白矮星的确收获了许多质量，到达了太阳质量的 140%，一个质量门槛。越过这个门槛之后，白矮星自己内核的压力突然大到以一种新的剧烈到超乎想象的链式反应，给自己带来了非凡的死亡。一眨眼间，它炸了开来。这种爆炸所发出的亮度超过太阳 50 亿倍。真是让人印象深刻的告别演出。

这种爆炸形成了所谓的 Ia 型超新星。在所有星系中，它发生的频率都是大概一百年一次。对于我们来说，它们是一种非常方便的工具，因为它们都很相似，甚至一模一样：它们的发生总是在一颗白矮星吞噬另一颗恒星后质量超过了太阳质量的 140%，因此它们永远放射出同样亮度的光——50 亿个太阳发出的光被合并在一个不比我们地球大多少的小点上。它可比造父变星亮多了。这个特点让它们成为照亮我们宇宙最远处的理想的蜡烛，我们可以借此验证哈勃的膨胀定律。

Ia 型超新星比其他一切天体都亮许多，因此与造父变星不同，人造的望远镜能将它们从遥远的星系中分离出来。知道了它们真正的亮度，就像利用造父变星的原理一样，科学家们就能推测出它们离我们的距离，以及它们离我们远去的速度。

1998 年，两组独立的科学家研究了这种遥远的超新星并且发表了他们的研究结果。其中一组由美国天体物理学家萨尔 · 波尔马特（Saul Perlmutter）带领，另一组由美国天体物理学家布莱恩 · 施密特（Brian Schmidt）与亚当 · 里斯（Adam Riess）带领。两组科学家们都发现大约 50 亿年前，在经过了大约 80 亿年的正常行为之后，宇宙的膨胀开始加速。

科学界被震惊了。

你也应该如此。

不仅因为它们出乎意料，而且相反的结论看上去才更合理。

在大尺度上，统治一切的是爱因斯坦的广义相对论，爱因斯坦的引力理论与牛顿的理论一样，只允许物体间相互吸引。因此，充满整个宇宙的不管什么物质，无论是普通物质、反物质，还是暗物质，在长期看来，终会让膨胀变慢，而不是加速。

然而波尔马特、施密特和里斯的观测给出了另一种结果，唯一能够让这种矛盾自圆其说的办法只能是引入一种全新的东西来解释这种加速。而且这种东西必须布满整个宇宙。而且它还必须具备一种独特的性质：它必须能够产生类似反引力的作用力，让物质与能量之间互相排斥而非吸引。

因为某种我们尚不知道的原因，这种新的力量在大约50亿年以前超过了其他所有大尺度力量，而在此之前，它的效应是零。

这种令人迷惑不解的能量被称为“暗能量”，而且有趣的是，为了对应它所被观察到的效应，暗能量应该大量存在。

现代人们推测，事实上，那是非常巨大的能量。

是暗物质的量的3倍之多。

是构成我们的普通物质的量的15倍。

因为发现了宇宙膨胀在加速而非放慢，波尔马特、施密特和里斯获得了2011年的诺贝尔物理学奖。我们宇宙的整个能量分布不得不被彻底重新估算。今天，依据NASA卫星的估算，我们宇宙的能量构成如下：

暗能量：72%。

暗物质：23%。

我们已知的物质（包括光）：4.6%。[①]

你在自己整个旅程中所看到的一切只占我们整个宇宙所含物质总量的 4.6%。

其余的都是未知。

与暗物质不同，很久以前，就有人推测有某种类型的暗能量的存在。大约在一百年前，作出这个推测的就是爱因斯坦本人。他甚至称此为他自己“最大的失误”，虽然在今天看来，他的失误在于把这个预测看成失误。

或许你还记得，还是在第二部分里，爱因斯坦不喜欢我们所处的宇宙正在变化、演化这种说法。他更愿意认为时间与空间现在是，以前也曾经是，将来也将一定是他自己所体验到的那样。不幸的是，就是他自己的广义相对论——最初所用的最简单的形式——展现出另外一种图像。广义相对论显示时空可以——也的确——发生改变。为了给宇宙不变留出可能，他发现自己能够通过增加一个附加项来修改自己的方程式，那是他的方程式中唯一允许的附加项。在那个时候，这是一个大胆的修改：爱因斯坦的方程式在当时意味着（现在也依然意味着）我们宇宙的局部能量绝对对应于它的局部几何特性，因此一旦两者中的一项能够改变，另一个也将随之改变。将某

① 总数之和并不是 100%，因为在所获取的数字中永远有不确定的误差存在。来源：WMAP。

种新形式的能量加入到宇宙各处也就意味着改变了宇宙各处的形状和动态。所谓能量，爱因斯坦指的是所有具有引力效应的东西，现在包括物质、光、反物质、暗物质和一切具有正常、恰当的引力吸引行为的其他所有东西。

但爱因斯坦加入的附加项能够具有两种效应（吸引或排斥），具体表现出哪种效应则取决于它的值。在实体上，它与充满了整个宇宙的能量相对应。他称其为宇宙学常数。

有了它，宇宙能够静态存在，并行为合理，遵循了爱因斯坦的哲学观。

放下心来的爱因斯坦终于能够在晚上睡好觉了。

然而，大约十年之后，哈勃的研究将宇宙的膨胀变成了已被实验证明了的事实。没有所谓静态宇宙。因此爱因斯坦放弃了他的宇宙学常数并称它的引入为自己最大的失误。

大约又过了一百年之后，现在看起来充满讽刺的是，他从纸上擦去的，可能正是理论物理学家们孜孜以求的、解释人类发现的最大谜团所必需的工具：驱使宇宙膨胀加速的暗能量。宇宙学常数能带给我们一个与静态宇宙完全对立的宇宙，这个宇宙正经历着加膨胀，如同观测证实的那样。它能够解决暗能量问题。剩下的唯一问题就是找到这种能量的来源。我们将在第七部分再来讨论此事。

现在，我希望每个人都能犯爱因斯坦那种失误。

不管最后暗能量是什么东西，它的出现已经改变了我们对宇宙学的看法。在波尔马特、施密特和里斯的发现之前，我们的宇宙被认为有两种可能的未来，具体是哪种取决于它的总体质量。如果含有的物质太多，它的膨胀注定要在某天逆转，引力将占据主导，就像在每两个现在正分开的物体之间挂有非常有力的弹簧。在这种情况下，整个宇宙将会收缩，所有一切都会以所谓“大挤压”结束。它就像大爆炸，只是倒过来，就像你所经历的旅程，是快进，而非回溯。

另一种可能性是没有足够的物质或能量防止一切彼此分离。波尔马特、施密特和里斯所引入的暗能量显示出这或许是更有可能发生的未来。除非某天我们的望远镜又捕捉到了什么出乎意料的事，不然很有可能这个反引力作用场将确保宇宙的膨胀永无止境，带来非常寒冷的宇宙未来。两种方式（大挤压和冻死）都凄惨无比，我同意。但你将在接下来及最后部分中看到，寒冷而死或许也远远不是结束。

现在，再说一次，还有一种可能就是爱因斯坦的理论在这么大的尺度上不适用。如果是这样，那么我们就不能用他的方程式来推断暗能量的存在。就像在一颗大恒星边上使用牛顿的引力定律会带来错误的轨道一样，爱因斯坦的方程式也很可能在某个状态下飘离现实。到今天为止，更有可能暗能量是真实的，甚至其中还牵涉到量子效应的可能性。对于那些想把非常微小与非常巨大联系在一起的人来说，这是一个非常令人兴奋的前景。

不管怎样，无论它们的本质到底是什么，暗物质与暗能量都至关重要。牛顿的引力理论让我们在太阳周围找到了新的行星。爱因斯坦的引力理论带我们找到了更大的谜团。这些谜团大到包含了我们打开大门进入极大尺度上的现实世界所需要的线索或钥匙。

带着这些发现带给我们的谦逊感，现在是时候去看看为什么广义相对论不可能是适用于一切的理论，为什么它预言了它自己的失败。

第 6 章　奇点

还记得量子无限性吗？

记得那些数量无穷大的粒子在量子场的真空中，在所有时间与所有地方到处出现，带给时空的灾难性后果吗？

为了应付它，科学家们不得不将引力关掉，试图把那些无穷大当作不存在。结果得到了一个完美的理论。

现在，忘掉量子之类。

引力自身又是怎么样的呢？我们已知的物质，在日常生活中每天遇到的经典物质能否在宇宙构造上产生同样效果？它能让时空自己崩塌吗？

答案是绝对能。这次，我们甚至能在天空中直接看到这个结果。

在这里我们可以用这种画面来帮助我们：我们可以想象把许多很重的玻璃珠扔到一片薄薄的橡皮膜上。

因为它们所造成的橡皮膜弯曲，邻近的玻璃珠们应该滚得彼此接近，变成能让橡皮膜变得更弯曲的一堆。随着每一颗新滚下来的玻璃珠加入已经聚成的一堆，橡皮膜的变形就会越来越厉害。

到了某个阶段，或者所有的玻璃珠都掉落在一起，或者剩下的那些玻璃珠离这里过于遥远而不再向这里滚落，这个过程结束。

这里没有什么奇怪之处。

但如果这张橡皮膜就像口香糖那么软，如果它的强度不足以将那堆玻璃珠与自己的张力保持平衡，它就会继续弯曲下去——哪怕没有新的玻璃珠加入——直到断裂。

没有一片橡皮膜能够强大到可以承受任意重量而不断裂。这就出现了密度门槛：将过多的重量置于太软的表面上，重物周围的柔软表面就会变形变形再变形，最后断裂。

现在我们来看看时空又会怎样。

虽然时空不会断裂，但它们对于非常致密物质的反应或许更为剧烈，因为在这里，承受重量的基础不是橡皮膜，而是时空本身。

时空，不是一块平平的橡皮膜，而是一块具有体积的空间。加上时间。

时空在它所包含的物体周围弯曲和拉伸，不管那种物体是质量还是其他形式的能量。这就是爱因斯坦对此的理解。

不停地将能量（不管是什么形式的）加入到某个空间，就像在橡皮膜的例子里一样，你注定会碰到问题。过了某个门槛，没有什么能够阻止时空的弯曲变得越来越深，即便没有新东西掉进去。

当弯曲变得越来越厉害时，最初形成这种弯曲的不管什么东西都会被进一步挤压，让那里的密度更高，形成一个恶性循环，直到无情地让时空崩塌，这种崩塌蒙上了无限大所带来的灰尘，超出了广义相对论所能应对的范围。这种无限大被称为“奇点”。它们不同于你早些时候看到的量子无限性。它们与量子进程毫无关系。它们出现的原因在于有太多质量或能量出现在太小的体积里。它们是局部的。它们存在的可能性宣告了爱因斯坦引力理论的失效。

在20世纪60年代末、70年代初，在几乎所有其他人都嗨着，听着迷幻音乐或寻找新的基本粒子的时候，英国数学物理学家罗杰·彭罗斯（Roger Penrose）和英国理论物理学家史蒂芬·霍金在一系列出色的定理中证明：在一个以广义相对论统治的大尺度宇宙中，这种崩塌是必然发生的。通过这些定理，他们显示了爱因斯坦的广义相对论的确非常谦逊，因为它预言了自身的局限与失败之处。

就像牛顿需要一个更大的理论来解释水星轨道的漂移，现在爱因斯坦也需要一个更大的理论，哪怕仅仅是为了解释这些崩塌。

你觉得它们会发生在哪里呢？它们真的能在大自然中被找到吗？或者仅仅是些理论上的设想？

它们是真实的，我觉得你应该知道到哪里去寻找它们。

这种奇点中的一个，可说是所有奇点之母，位于我们宇宙的过去，是在我们整个宇宙的能量都被限制在一个极小的空间中的时候。

从某种意义上说，我们的宇宙就是从这样一个奇点中诞生，因此它发生在时间与空间还不是今天这个样子的时候。

另一个奇点位于遍布我们宇宙的每一个黑洞深处。

同许多人可能的想象相反，黑洞是“空洞”的反面：它们因某种灾难性的塌缩而产生，太多质量被挤压到太小的体积之中。你接下来就会知道，巨大的恒星死亡就可能引发这个过程。

自从彭罗斯–霍金定理发表后，就有了一个问题一直折磨并激励许多聪明的脑袋，这个问题就是：既然奇点显然发生于自然之中，我们又怎么能把握在它内部发生的事？我们又怎么可能思考某个时间与空间都已经失去意义的地方？又有什么理论能被用来考察那些灾难性的塌缩？

一个同时统治极大和极小的理论。

因为黑洞与我们宇宙的开端都具有将巨大数量的物质和能量禁锢于一个非常小的空间里这个特点，因此解答这一现象的理论也应该混合了引力和量子进程。

不管那个能够比爱因斯坦更好地解释我们宇宙的理论是什么样子，它肯定需要包含时空引力的量子方面。

彭罗斯与霍金证明了爱因斯坦的引力理论有着深层局限性，无法解释我们宇宙中的一切，不管是过去，还是现在：在我们到达时空的起点之前就失效了，在我们能够探寻今天的黑洞深处的秘密之时也同样失效。

说了这么多，有些人可能认为难以找到引力的量子理论的错全在爱因斯坦的宝贝——引力理论上。但你已经看到事实并非如此，量子视角中的世界也一样有问题。

然而，不管多么困难，你将要试着将两种理论混合在一起，因为现在你就要出发去探索黑洞了。

第 7 章　灰色就是新的黑

仔细想想，你觉得一切都很正常。

你现在不再是无形的，你无法透视自己，你的手臂、腿和身体各个部位对于要求它们动作的指令都能作出正常反应。你有着血肉骨头，心脏跳动如常，是一个活生生的正常人。你头颈上的一点点痛感更证实了这一点：你就像回到了地球上一样，虽然自己还是在外太空。你的机器人导游，带着它小小的黄色外壳和传递粒子的管子，就在你身边，就像你自己一样具体真实。

你环顾四周。

未来机场已经不见了。你什么都不认识，但你猜自己肯定位于某个星系中，接近它的中心。几十亿几十亿的恒星们闪耀着，一如往常，到处都是。除了你面前，一块黑暗的时空中没有任何恒星。

当你随着机器人一同移动时，你意识到黑暗的区域相对于恒星背景移动着。

所以它很近。

一片虚空挂在宇宙中，隐藏着一种黑暗的危险，威胁着一切。

你知道那是什么。

它非常巨大，大概是我们太阳质量的 100 亿倍。但这个黑洞与你在银河系中央见过的那个一点都不像。它的周围没有一圈燃烧的光焰围绕。周围也没有恒星掉落其中。这个黑洞已经吞噬并消化了所有曾经存在于它周围的恒星们，以及几乎所有残骸。现在，它的周围已经干干净净。除了偶尔因发生在远方某处的变道而陷入厄运光临此处的石头,周围已经没有什么能被它吞噬的东西了。说来正巧，现在就有几块这样的石块正往这里飞来。

“哪怕这里只有一点点量子引力存在的迹象，我们都不会让它躲过我们的火眼金睛。”你的机器人伙伴宣称。

“会有危险吗？”你问道。

“当然啦，这可是黑洞。”

你再次看向黑洞，将它与你在本书开始时遇见的那个比较起来。这个黑洞的两极处没有光线射出。只有一个看上去呈圆盘状扁平的黑色虚空挂在那里。你正沿着它在时空中造成的斜坡盘旋而下。远处掠过它边缘的恒星们看上去都有些变形，都不在哪怕不到一秒之前它们所在的位置上。刚才它们看起来还是一个光点，现在已成为装饰这个黑暗圆盘边缘的细细亮线。然后，它们消失了，似乎被黑暗的虚空吞噬，突然又在另一边再次出现——变形的过程再次发生，但却是以相反的顺序，直到它们又变成远处闪亮的光点。

看起来，这个黑洞让光线变了形，这个洞显然从内向外延伸，就像一口黑暗深井，而它的边缘如同一块变形的透镜。

机器人还在你的身边，你们还在盘旋向下滑去。你离那个黑洞其实还有相当的距离，但你已经感觉到毁灭的气息，你突然希望不管那个机器人想向你展现什么，最好快一点，能让你在太迟之前离开这个可怕的地方——不管这个“太迟”是什么意思。

“快看你的左边。”你的机器人在沉默片刻之后说道。

你转过身去，看到一块岩石正直直地冲向黑洞。它是一颗像大山那样大的小行星，不停地旋转着。它以惊人的速度掠过你的身边，大概离你有 100 千米远。

你将自己的目光锁定在它暗银色的表面，这是黑洞黑色圆盘背景中唯一移动的天体。

这块岩石在你眼中的尺寸随着它的飞离而迅速变小。现在它大概是离你一臂之远的桃子那么大。现在又变成了同样远近的变了形的坚果那么大，突然，你的盘旋而下把你带到了黑洞的另外一边，出现了两幅石块的画面。一幅在你左边，另一幅在你右边。黑暗空洞边缘的时空变形似乎能让光线通过不同的路径到达你的眼睛……

“那块岩石很快就要掉穿过去了。”机器人说道，几乎带着遗憾。

“掉穿过去？”你问道，觉得自己更担心了。“‘掉穿过去’是什么意思？穿过什么？”

“穿过地平线。”

“什么？”

“黑洞地平线。过了那个界限就再也回不来了。你会看见的，也有可能你看不到。从来没有人或机器来到过离黑洞这么近的地方，更不要说在黑洞里面了。有一个理论告诉我们在这里应该会发生什么，但有可能它是错的。穿过地平线之后，我们就到了已知科学的疆界之外。”

“或许我们不应该走到那么近的地方去。”你建议道。

“或许我们应该那么做，”你的机器人伙伴回答道，“这就是研究，我们应该承受一些已经被考虑到的风险。”

“那我们又能在哪里找到地平线呢？”

“所有地方。”

机器人将它的抛物管左右移动，来回指向黑洞边缘两个相对的方向，指向那块石头的两个图像及其之间。

你的目光不断地从一个图像移到另一个，等着它们继续掉落，消失在地平线后，进入黑洞。但等你又绕着黑洞转了一整圈之后，那个坚果大小银褐色的小行星依然漂浮在黑暗的空洞里。奇怪啊，与上一次你位于它上面的时候相比，它看起来一点都没有改变，实际上，看上去它已不再移动，甚至不再转动了。

“它没掉下去！”你叫道，放下心来，或许你也逃脱了被今天这个黑洞撕得粉碎的命运。

“它已经掉下去了，”机器人纠正道，“它已经不在那里了。”

“真有趣。”

“它消失了。”机器人依然坚持，“留下的只是它的影像。那是时空变形的结果。我们的时间，你的时间与我的时间，与石块上的时间不同步。小行星已经穿过地平线了，而它的影像还留在地平线上。就是这样。”

你正在消化机器人的话，又一个天体越过你飞去，进入空洞：这次是一颗闪闪发光的石头。它看上去就像一块巨大的钻石——实际上它就是钻石。有些恒星死亡后，能留下月球般大小的钻石。

在你看着它跌落时，你又绕着黑洞转了一圈，意识到自己离黑洞比刚才近了好多，而且速度也快了好多。你转了一圈又一圈，那颗小行星留下的好几个影像边上又出现了钻石的影像，看起来就像冰冻在一个超现实的黑暗背景之上，而且正变得越来越走形。你所能看见的其他东西也一样。

不管你的眼睛告诉你什么，机器人显然又对了：小行星与钻石都已经绝对回不来了。黑洞吞噬了它们之后又变大了一些，至少它的地平线变大了。

“这就是你要我看的吗？”你问机器人，“那个空洞在吞吃了东西之后长大了？”

“黑洞一点都不空。”机器人回答道，像是在暗示什么。

事实上，黑洞是空洞的极端反面：它们诞生于过小的空间里，却聚集了过多的物质与能量。需要巨大的能量才能创造出黑洞。就我们现在所知，只有最为巨大的那些闪亮的恒星死亡时，才能释放出足够的能量将自己的内核压缩成黑洞。

在你早先的旅程中，你已见识过白矮星，白矮星们也是被相同的压缩过程创造出来的——但没有黑洞那么极端。所有这些恒星塌缩后的残留物都很厉害，但黑洞超过了它们所有。既然我们已经到了这里，在你向着黑洞无情坠落的下面几圈时间里，让我告诉你黑洞之所以显得那么可怕和神秘的另一个原因。

如果你坐在我们宇宙中的任何一个天体上，不管是一块岩石、行星还是恒星，你都能发出光信号来告知自己的位置。但你所在的天体越致密，它周围时空的坡度就越陡，你也需要越多的能量来使你的光信号越过这个陡坡。就像那只大碗一样，碗越深，你就需要将你的玻璃珠速度加到越高才能让它一路滚上去，翻过碗边。坐在行星、恒星或白矮星上，你依次需要越来越多的能量来让你的信号逃脱它们的吸引到达外太空而不会掉回来。

黑洞就更糟了。它们所含的物质与能量如此之多，所产生的时空坡度如此之陡，能让所有不小心离它们太近的东西注定掉入，无法逃脱。按照广义相对论，在我们的宇宙中，没有任何东西拥有能够逃脱黑洞引力陷阱的能量。甚至光也不行。那个一旦进入就无法回头，同时也就是没有任何东西能够出来的点——黑洞的地平线——就在那块石头与钻石看起来被冻结的影像那里，从外面能够清楚地看见。

黑暗在你眼前越变越大，就像一张张得大大的嘴，准备将你整个吞噬。

那遍布各处的遥远星星们，现在看起来已经完全不同。你似乎有了一种幻觉，觉得你眼前看到的实际上是你背后的景象……回头四顾之后，你意识到这不是你的幻觉，而是真的这样。那些在你身后闪耀着的星星所发射的光线，以光速高速飞来，穿过你，并沿着黑洞所产生的时空陡坡穿行。那些从黑洞这个庞然大物左边穿过的光线又从右边绕了回来，就像过山车一样在黑洞后面调了个头。这些光线又再次射向了你，进入你的眼睛。当你看往前方，你实际看到的却是后面的景象……

在你现在所处的地方，只需要往前看，你就能够看见整个宇宙。

随着你进一步盘旋下降，一切都变得更加让人困惑。

石头与钻石的影像现在又开始移动了：当你接近它们的时候，你的时间流速与它们的时间流速也变得越来越接近，它们突然完全消失不见了。

你刚看见它们穿过了地平线，虽然按照它们的钟表，这件事发生在几个小时之前。

在你身边，机器人转了个身，它的投掷管子现在正指向外太空。

你也慢慢转过身去，害怕又会看到什么可怕的景象。

你所看到的一切已经远远超出了你的想象。

所有的星星，一秒钟以前看起来还是静止的，现在却都移动了起来。正常情况下人类终其一生都看不到它们的移动，现在却明显地呈现在你眼前。从离你最近的到最遥远的，它们都在时间与空间中高速移动。它们中的一些移动速度如此之快，甚至在你的视网膜上留下了一道尾迹，在宇宙留在你眼睛中的图像里划出一条条稍纵即逝的光迹。就像你早先高速旅行那会儿以越来越接近光速的速度穿行在宇宙中时看到了一个宇航员的一生，以及她孩子甚至孩子的孩子的一生在你眼前飞速掠过，与你的时间相比，她们的时间被加速。那个时候，你的时间与她们的时间流速不同是因为你的速度。这次，一切都缘于引力，缘于黑洞的存在给它自身周围的时空造成的弯曲。在这里，黑洞周围，你的时间流逝得比其他所有地方都慢。你看到了宇宙的未来在你面前展开，这就是空间与时间统一在一起，成为时空后实际上产生的效应。

“我们穿过地平线了吗？”你突然担心起来，“我们真的注定将永远坠落吗？”

机器人转过身来，面对着你，你吃惊地觉察到它的抛掷管变宽了，实际上，现在它看起来一点都不像是用来抛掷粒子的，而更像是用来发送保龄球的……

“我们还没有穿越地平线，没有，”它回答道，“但你马上就会了。”

如果你还不知道发生了什么的话，你会说自己在机器人的声音里听出了一丝高兴。但在你作出反应之前，它已经向你的胸口发射了一颗重重的保龄球。你无处躲避，除了伸手抓住向你飞来的球之外别无选择。刹那间，它的速度把你向下推去，朝向那吞噬一切的黑暗巨口……

你大叫起来，拼命想要抓住些什么阻止你坠落，但周围没有任何东西能被你抓住。

你还在继续掉落中。机器人已经移开了。

你的一秒钟是机器人的一分钟。

现在已经一小时了。

现在一天了。

现在一年了。

机器人已经退回很远处，你眼前的世界已经过去了几百万年。有些恒星已经爆炸，另一些新的恒星诞生。你看到了一切。

现在已经过去了几十亿年时间。另一个星系与你现在所在的星系融合在一起。

机器人已经离开了你的视野。只剩下你自己。

你恐慌起来。

你已经穿过了黑洞地平线。惊吓中，你目瞪口呆地看着外面世界发生在未来的一切。你沉浸在恐惧之中，无法集中思想，你还在往下跌落，脚朝下，眼睛紧盯着上空，看着宇宙向你展示未来，消失在未知虚空的深渊中，奇点就躺在这个深渊的底部。

现在，你转过身来紧盯着它，进入黑洞那神秘的核心，那个虚空的对立面，那个创造了这一片毫无道理的现实的物质，应该就在这荒谬地方中的某处。

你无比惊讶,因为你什么都看不见。甚至你自己的身体。没有脚，没有鼻子，甚至连自己的手都看不见了。

或许上面还有一些来自外面的光线可以照射到你，但没有任何光线从下面照上来，任何方向都没有，不管离你多近。光已经没有足够的能量这么做了。你已经穿过了黑洞地平线，注定将永远跌向那个由许多塌缩了的恒星内核无休止的爆炸掉落并重新聚合起来的物体表面，它们将时空延伸到无法承受的程度，带来没有人知道的后果。

事实上，如果你真的身处那里，你早就死了，因为如果连光都无法完成从你的脚尖到眼睛这一短短距离的旅程，你的血液就更没有可能攀上你正沿着滑落的时空斜坡到达你的大脑了。

不过既然我们还有许多有趣的东西没看，你就依然活着吧。

你实在不愿意盯着这无底的黑暗，决定要再次转过身来，透过现在已经离你非常遥远的黑洞地平线看看依然向下向你飞来的宇宙图像。但是你做不到。任何牵涉到让你身体的任何部分向上的动作，朝向“上方”——外面——的努力都被禁止，因为它需要连光都不具备的能量。

所有向上的运动都被禁止。

就在你想象是否还有什么比这更糟糕的时候，潮汐力开始让你的身体发痛。黑洞中那个看不见的存在物所产生的引力现在开始以不同的力拖拽你的身体，脚上受到的力开始明显大于手臂与头部。黑洞的引力正在拉伸你的身体，你将成为被拉细的意大利通心粉。

就算那个奸诈叛徒机器人给你装备了能够被人类发明出来的最强大的火箭推进器，也改变不了你的命运。

无论这个引擎多么强大，如果你想从黑洞地平线之内向上移动，都会感觉自己就像是沿着光滑而不停延伸着的时空基质上用力，在一台永远超过你奔跑速度的跑步机上跑动，而且超过的速度差别不是一点点，你不可避免地被拽向后面。

按照彭罗斯与霍金的说法，你被位于你下面某处的时空奇点拉住，这个奇点永远无法从外面看到。没有光线能够逃离地平线，奇点就躲在地平线之后。在这里，时间与空间的概念都已经失效，就像大爆炸前的某个时间一样。没有谁能够进入奇点的心脏后再回来告诉我们他看到了什么。这样的地方，看起来盖在它们身上的屏障必然永远不会被揭开。

按照广义相对论，不管是你还是那些属于你的原子，都永远无法离开那里。

真是一个让人悲伤的想法，特别是现在你已被完全撕开，成为一条由曾经是你身体一部分的所有粒子们所形成的长长纤维。

的确是一个悲伤的想法，但是在这里，广义相对论未必可信。

因为我们必须记得广义相对论并不是关于量子场的理论。

这个想法一出现，希望就立刻回到你心中，你将自己变成微缩版。

然后开始等待。

一开始，什么都没有发生。

然后，难以置信地，你看到构成你自己的所有基本粒子消失不见了。

或者，更准确的说法是，它们都跃迁了。

事实上，是量子跃迁。

现在，它们都已离开了。

它们离开了黑洞，幸运的是，它们组装成了一个微缩版的你。

机器人就在那里等着你。

此时此刻，自然而然，你想一脚踢飞那个机器人，试图掰断它的那根向你射击把你推入黑洞地平线的金属管，但你还没来得及动手，机器人又用它的金属嗓音说道：

“我已经在这里等了你大概 100 亿年。很高兴你还认得我。”

突然之间，你失去了报仇的愿望。而且，现在还有更重要的事等着你去思考。其中一个重要的事实是，你刚才所经历的正是引力与量子场互相作用的实例。

在你周围，那些恒星们又开始以让人难以觉察的速度慢慢移动。从你跨越（对不起，被推过）黑洞地平线后到现在，真的过去了 100 亿年。你看着那悬在太空中的黑色空间，你刚从那里奇迹般地逃脱。第一眼看去，它看起来似乎没有什么变化，但现在你已知道要寻找什么。就像面纱被揭开，你的确能够看见了。粒子们正从黑洞中逃脱，从那里离开，辐射出去，那个黑暗的怪兽就像在蒸发中。

你意识到或许它一直如此，只是你先前不曾注意。但这怎么可能？

就像理查德 · 费曼曾经说过，只有一个人能给出多个不同理由来解释某现象为什么会发生的时候，他才真正了解了这个现象。

你与机器人接着观看粒子们如何奔腾着离开黑洞进入太空吧，让我来告诉你黑洞为什么会发生粒子泄漏的四个原因，它们都与你已经见过的那个过程有关联。

第一个原因最简单。

你知道，量子粒子能够从产生它们的场中借到能量。它们在黑洞地平线之内也同样如此。拥有了这种借来的能量，它们可以在一小段时间里比光走得更快。时间不长，但足以通过量子跃迁跳出黑洞的不归区域。这就是你在微缩版状态时所经历的。这是量子进程。

所有试图对你经历的事进行的解释本质上都是量子的，所以它们都带着通常的谨慎对待的警告，如同你在量子世界中所见到的那么多诡异景象一样，听起来就像是天方夜谭。

第二个原因也不例外：你可以说所有掉入黑洞地平线的粒子们也没有掉入。掉入了,也没有掉入。在所有可能发生的路径中它们(理解为波）可以选择掉入，也可以选择没有掉入，而且大多数途径是没有掉入，因为黑洞外面的空间大于黑洞内的。令人惊奇的是，这个经过深思熟虑的想法，在描述黑洞的蒸发方面与上述第一种原因异曲同工，给出了同样的结果。

第三种原因如下：因为地平线将空间分成不同的两部分，黑洞内的真空与黑洞外的不一样，因此某种形式的真空作用力——卡西米尔效应，应该将地平线向里推，让黑洞变小并蒸发。这种解释又一次奇迹般地给出了同样的结果。

我在这里给出的第四个也是最后一个原因是，在所有黑洞地平线附近都会生成粒子－反粒子对，反粒子掉入黑洞的可能性比粒子掉入的可能性大，就像我们身边的反粒子的数目大大小于粒子一样。穿越了地平线的反粒子被黑洞禁锢，肯定会与已被禁锢在那里的粒子发生湮灭，让它们两个粒子同时消失，只剩下一个粒子留在黑洞外面：那颗早先与反粒子一同被创造出来的粒子。而它那掉入黑洞的反粒子伙伴已经在黑洞中湮灭了。这种原因又一次给出了同样的结果。

这些都是你以前见到过的量子效应，只是现在它们发生在黑洞附近。而且它们都带来了相同的结果：黑洞在蒸发。有物质从它们内部泄漏出来。

现在你能看见黑洞发光，因而意识到黑洞这个持续几个宇宙世代吞噬整颗恒星的宇宙巨兽不再是黑的，而是灰色的。而且在收缩。

甚至还有一个更让人惊讶的事实，一个黑洞射出的粒子越多，它就变得越热，而随着黑洞变得越热，它射出的粒子又会越多。这又是一个恶性循环，将导致黑洞不可避免地死亡。

一个黑洞的死亡。

黑洞会死亡？虽然听起来难以置信，但你正注视着的黑洞的确正在收缩，并释放出一些辐射。通过吞噬整个世界而储存在里面的时空能量现在正被还给太空，一个粒子一个粒子地，就好像是放射性衰变，黑洞就像是为了降解一切而生，为了给粒子们一个新的机会……

自然界中所有的量子场，都被我们宇宙中最强大的引力源所激发，都开始利用这飞来横财给自己补充能量。当黑洞变得越来越热时，至今还一直休眠着的基本粒子们开始苏醒并飞离黑洞。你看着它们发生。黑洞越小，量子场的能量被激发得越强，粒子以越高的能量飞出黑洞。引力能量再一次被转化成物质与光。

你看着这一切展现在你眼前，你意识到它与地球上的法则完全相反：在地球上一杯热水蒸发时不会越变越热。通常，它会变冷。如果不是这样，那么把热咖啡放在桌上不管不顾就会引发灾难性的后果。晚间新闻的头条将满是“又一杯咖啡引燃了桌子，烧着了整座房子。记得一定要将你的热饮料放入恰当的垃圾桶中”。

黑洞显然不同于咖啡，它们蒸发得越多，收缩得越小，会变得越热。没有谁知道这个过程的终点是什么。黑洞会伴随着一个最后的爆炸消失吗？还是会有带着某种奇特特性的微小诡异的残骸剩下来？要找到这个问题的答案，我们需要找到是什么规律统治着藏身于黑洞最深处的奇点。从 1975 年起，科学家们就在寻找这种规律。

就在那年，英国理论物理学家史蒂芬·霍金在纸上发现了黑洞会蒸发。

最开始，他都不敢相信他自己的计算。光线看起来正从原本应该不会有光离开的地方辐射出来。他再次重复了自己的计算。又重复一次。再一次看到光与粒子能够找到逃逸黑洞的途径。他在《自然》杂志上发表了自己的发现，一下子在世界范围内声名鹊起，甚至超出了学术界。量子效应让黑洞蒸发。掉入其中的一切未必永远被禁锢其中。它能逃出来，虽然不是通过你所知的途径。黑洞能够蒸发，就像具有温度一样。这种温度在今天被称为霍金温度。

你看着黑洞将自己最后的能量辐射出来，意识到你现在所看到的正是最大与最小世界确实发生的互相交流，当然它们的交流本来就应该是期待之中的。黑洞辐射是人类至今为止获得的，或许能够证明自然界在大与小的世界发生交流这方面能被理论认识的唯一证据。至今为止，这是显示量子引力理论可能存在的唯一暗示。其他任何理论挑战必须都要解释并预言霍金温度，以及黑洞蒸发——直到黑洞的死亡。

“黑洞会死亡？”你大声说，无法相信。

“如同宇宙中的一切一样。”机器人回答说。

但在 20 世纪 70 年代末期，霍金的发现也带来一个非常奇怪且相当令人不安的结论。利用他的温度公式，以及他所发现的黑洞辐射，霍金试图了解黑洞一开始是怎么产生的。为了让问题简单化，他从一个已经完全形成的黑洞开始，往里面扔入各种材料，看看它们会受到黑洞辐射的什么影响。让人惊讶的是，没有差别。黑洞发出的辐射中没有任何显示被吞噬的是什么物质的信息，除了它们的质量。以他自己所见，黑洞活生生地剥夺了一切它们所吞噬物质的所有特征信息，除了质量。不管穿过黑洞地平线的是几个人类，一些书本，一块岩石还是一块钻石，如果它们最初质量恰好一样，以后被蒸发出来时会变得完全一样。在霍金的理论里，人类、书本与石头在黑洞眼中都一样。对于我们所有人来说，黑洞只在乎我们的质量，其他都无关紧要，对于有些人来说，这种过于简化或许只是有些令人沮丧，但对于科学家们来说，却是一种哲学上的灾难。

在霍金的发现之前，所有人都认为黑洞会永久吞噬跨过它地平线的一切，并不停长大。这并没有什么问题，所有掉进黑洞的东西并未丢失。它们只是被储存在地平线之后，难以（实际上是不可能，但这不要紧）从外面回收而已。

但现在黑洞能够蒸发，而且剥夺了其中一切物质的信息，我们就面对一个麻烦的结果：事物开始从现实中消失了。霍金辐射[①]与进入的物质无关，这些黑暗的巨兽成为我们宇宙的记忆流失处。等到黑洞将它们的过往蒸发完毕，它们所储存的一切不再是难以或无法回收，而是根本就不再存在于任何地方。完全消失了。科学在寻求一个全面的理论，一个能够用一个方程式解释所有一切的理论，但这种努力得到的第一个结果居然如此具有爆炸性，颠覆了整个科学。科学既然永远没有办法重获这些在黑洞中失去的过去，那么有一天能够描述和理解我们宇宙整个过去的希望应该被放弃。霍金辐射敲响的不是量子物理学或广义相对论的丧钟，而是试图通过物理学来了解我们整个宇宙从哪里来这一希望的丧钟。 这个问题有个专门的名字：黑洞信息悖论。

今天，物理学家们对于当年霍金用来得出他著名结论的方法已经相当熟悉。四十年后，当霍金邀请我与他一起继续研究这个问题的时候，这个问题依然被层层迷雾所包裹。但现在似乎有些线索显示可能存在解决这个问题的途径，如果将我们对于量子世界的了解应用于黑洞本身，那么黑洞可以在那里，同时又不在那里……这些想法会将科学家们引向何处，将是本书下一部分，也就是最后一部分所要讨论的内容。

然而现在，在我们尚未明了到底是多少个十亿年之后的将来，你突然记起了机器人在看到你终于出现在黑洞外面时隐隐露出的喜

① 霍金辐射是指黑洞蒸发时逃逸离开黑洞的情况。

悦之情。那个时候你有没有想过为什么它会对你依然认得出它这件事感到如此高兴？

你觉得它是真心的，不是吗？但未必如此，现在你知道原因了：机器人并不肯定你能记得任何往事。它不知道黑洞会不会将你的身体和意识中储存的信息抹得一干二净。既然你认得出它，一见到它就想把它撕成碎片，它知道了答案……

它知道了你真的拥有记忆，在你身上那些信息并未丢失，虽然你完全不记得自己是如何退回到黑洞地平线之外的。

你记得自己变成一组基本粒子。然后就出来了。

在这中间，发生了量子跃迁，或者别的什么。

要弄明白整个过程的准确细节，本身就是一个较好的量子引力理论所需要解决的问题。因为这就是你很快就要再次探索寻访的内容，让我在这里再次强调我在本书这一部分一开始就说过的事实：你现在进入的是一个纯理论的世界。暗物质从来没有在实验室中被创建出来，暗能量也一样，还包括黑洞：它们的蒸发至今尚未被任何实验证明，不管是直接的还是间接的。不然霍金早就已经获得诺贝尔奖了。

一个原因是，探测黑洞蒸发非常困难。

有多难？

我们来看看。

以太阳为例。

要将太阳变成黑洞，你需要将它挤压在一个直径 6 千米的球状空间里。这大概是伦敦大小的 2/3。[①] 宇宙中的大多数黑洞都诞生于

① 如果不是把太阳，而是把我们的行星地球变成黑洞，你需要将它的所有内容（也包括你自己）压缩到一颗圣女果（小番茄）大小。

巨大恒星的死亡，因此它们的大小可能略大于此（太阳并不算巨大的恒星）。现在，再让我们假设一个这样“太阳质量”的黑洞已经吞噬了周围的一切，现在安静地漂流在某处，远离其他一切。它的辐射温度，也就是霍金温度，应该比绝对零度高 10^{-7} 度（绝对零度是 −273.15° C）。

10^{-7} 度实在不算多。测量这个温度本身就是一种挑战，但这还不是最大的问题。大问题是它远远低于浸没了我们可见宇宙一切地方的宇宙微波背景辐射的 2.7 度。其结果就是，太阳质量的黑洞现在看上去并没有蒸发。事实上，直到今天为止，它们从来看不出蒸发，因为它们正在也一直被大爆炸时期残留的背景余热所掩盖，甚至它们还从这余热中吸收能量。

因为黑洞越大，其温度越低，对于位于宇宙中大多数星系中心的那些更大的、具有超级质量的巨兽，这个问题变得更为困难。因为它们的霍金温度比太阳质量的黑洞更低，更不要说它们周围还围绕着掉入其中的物质产生的巨大而极热的光环。

霍金想要拿到诺贝尔奖，答案可能隐藏在非常微小的世界里，因为微小的黑洞应该非常热。

不幸的是，还有一个问题：科学家们相当确信自己见到过巨大的黑洞，但他们从来没有见过任何微小的黑洞。先不去管它。让我们假设这种微小黑洞的确存在，它们能在实际中给我们提供任何信息吗?

要搞明白这一点，先让我介绍一个小小的插曲，关于我早先提到过的那道普朗克墙，看看那道墙到底有什么奥秘。

在 20 世纪早期，人类历史上最令人印象深刻的科学家之一建立了我们今天所称的量子物理学。与爱因斯坦一样，他是德国人，叫马克斯·普朗克（Max Planck）。他在 1918 年获得了诺贝尔物理学奖。

从他自己的发现中，普朗克了解到在宇宙中存在着一个尺度门槛，低于这个门槛，量子效应将不能被忽略。而比这个门槛大的物体，一切都显得正常。对于它们，牛顿所理解的自然规则都能够适用，它们的一切行为都与我们日常生活经验相符合。但将那个物体压缩得越来越小时，牛顿的描述开始失效。让我再说一遍，牛顿找到一种方式，能够在我们所熟悉的日常生活尺度上描述我们的世界。它符合我们的常识。对于非常巨大和高能的世界，爱因斯坦的理论占据了主导地位。而对于很小的世界，是普朗克理论的天下，那就是量子世界。自然界中有一个常数告诉我们大概在什么尺度上，量子效应开始出现。它被称为普朗克常数。

普朗克常数与另两个常数一起构成了自然界普遍适用的基石，一个是光速，另一个是引力常数，引力常数告诉我们物质之间如何通过引力互相吸引。

一天，普朗克开始摆弄这些常数，他用它们构建出三样东西。第一个是质量单位，第二个是长度单位，第三个是时间单位。

质量单位是 21 微克，也就是 1 克的 $21/10^6$。它被称为普朗克质量。

长度单位是 1 米的 $1/10^{35}$。它被称为普朗克长度。

时间单位是 1 秒的 $1/10^{43}$。它被称为普朗克时间。

它们对应的是什么？

它们对应的是门槛，只要尺度低于这些门槛，引力与量子物理学就无法脱离对方单独适用。它们是我们需要量子引力理论来解释世界的门槛，虽然有时候量子引力效应在尚未到达这些门槛的物体上就已经显现出来。

在现实中，它们又意味着什么呢?

它们意味着普朗克尺度给出了最小黑洞的尺寸极限。

所以我们今天的科学所能想象的最小黑洞的质量大约为 21 微克。听起来很有趣，我们的意识还是能够把握和想象这个质量的，它听起来没有那么出奇。但要将它挤压到那么小的时空体积中——一个直径为一个普朗克长度的球体——就显得巨大了。这样一个黑洞的蒸发时间是……10^{-43} 秒，一个普朗克时间。

就算我们能够测量这么微小尺度的物体在这么短暂的时间内所发生的事，我们还需要创造出一个普朗克质量的黑洞来研究它。但以我们现在的技术，一个强大到能通过高速粒子互相撞击而产生这样的黑洞的粒子加速器得有我们整个星系这么大。毫无疑问，这已经远远超出了我们的能力，而且我怀疑谁会有兴趣兴建这样的机器(大概除了霍金，显而易见的原因)。外太空或许能给我们带来慰藉，当它们辐射出自己最后的能量时，这种微小的黑洞或许能被探测到。但除非一些目前尚不明了的现象能恰巧告诉我们朝哪个方向看，看什么，不然那个能够直接观测到这种现象的人将需要无与伦比的运气。

但是没有人怀疑霍金辐射的存在性。这意味着一个全新的现实在下面某处躲藏着：一个含有时间与空间本身的量子现实。

你现在就将看到，因为这些，今天还健在的最出色的科学家们的脑中逐渐浮现出关于我们宇宙的最不同寻常的图景。

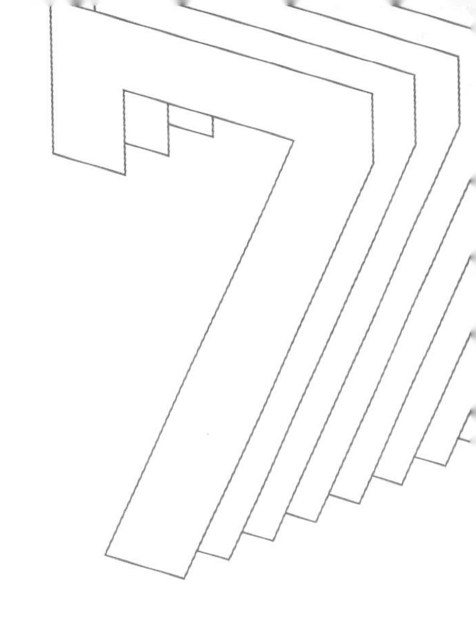

第七部分

迈向已知世界之外的第一步

第 1 章　回到起点

你已经亲眼见证，我们的可见宇宙并非无限；而地球，更确切地说，你自己就是你可见宇宙的中心。这是实际情况，关键词是“可见”：从各个方向传来的光，带着遥远过去的信息到达你的眼睛，而每个方向都一样，使你的宇宙环境呈球形。这并不意味着整个宇宙就是球状的，它只表示你所能看到的部分是球状的。今天你所能看到的最古老的光来自临界最后散射面，可见宇宙尽头的那道墙，出发于大约 138 亿年以前，当宇宙足够冷却、开始变得透明的时候。最后散射发生时的宇宙被普遍认为已经有了大约 38 万年历史，温度高达 3000° C。在此之后，它膨胀并冷却，在此之前，它更小，更热。

因此，可见宇宙是一个以地球为中心的球体，一个包含所有能到达我们的过往的球体。我们的可见宇宙就像一个巨大的洋葱，有着由世代构成的层次，最外面的一层，我们可见过去的边缘，也就是能被观察到的最早历史时期，展现的是我们宇宙的光线第一次摆脱物质的束缚，能够自由移动的时刻。你到过那里，看见过它。你甚至还曾经穿过这个表面。但那里还有一些非常奇特的东西。那些非常非常奇特的东西，那个时候你可能没有注意到。

你还记得那些接受了你价值十几亿美元的望远镜资助的朋友们在观察夜空时发现，不管在哪个方向，哪块夜空，充满我们宇宙的辐射基本上可以说都完全相同吗？这种辐射——宇宙微波背景辐射，是大爆炸理论的坚定支持者。它是证明我们的宇宙历史上曾经更小更热的铁证。但不管是你还是你的朋友都没有注意到这种辐射如此均匀，对于我们宇宙膨胀的模型来说，不应该如此单调不变。你现在会看到，正是这种极度均匀让科学家们引入了宇宙暴胀期这一概念，这个时期处于大爆炸发生之前——甚至就是它，在 38 万年前，宇宙尚未变得透明的时候触发了大爆炸。

你马上就要看到，这铺平了一条道路，将我们引向一种可能性——我们的宇宙有过不止一个，而是无穷多个大爆炸。

让邻居们在晚上熄掉所有灯光，你坐在阳台椅子上观察天空。虽然那些光过于黯淡，你的眼睛无法辨别，但来自宇宙最深处和宇宙微波背景辐射的光线的确进入了你的眼睛。如果用恰当的设备观察足够长的时间，你的辐射地图将显示宇宙中几乎所有背景都具有 −270.42° C 的温度，比绝对零度高 2.73 度。现在，带上你的阳台椅子，去地球的另外一边，与你原先所在地方完全相对的地点，也就是所谓“对跖点”。如果你是在英国某地进行的初始观察，你现在就应该在太平洋中间某地，周围没有灯光。你坐在自己的阳台椅上，下面是漂流艇，你再次凝视星空，收集那些在宇宙中旅行了 138 亿年最后进入你眼睛的光线。

还是 −270.42° C。

完全一样的温度。宇宙微波背景辐射。

但绝对没有理由到处一样啊。事实上，这种可能性应该完全不存在吧?

到达位于英国的你眼中的宇宙微波背景辐射来自可见宇宙的一边，而到达位于太平洋中的你眼中的宇宙微波背景辐射则来自可见宇宙的完全相反的另一边。这两边的光源如此遥远（138 亿光年的两倍距离！），除非有些什么奇怪的事情在中间某个阶段发生，不然在我们宇宙的整个历史过程中，它们应该不可能相互接触。

所以它们不应该有着同样的温度。

要意识到这有多么奇怪，不妨拿着一杯热咖啡走进自己的起居室。

首先，除非你住在火炉里，一般情况下，你起居室的温度应该比你的热咖啡冷，但只要你等足够久，你的咖啡与房间的温度应该变得相同，也就是说，两者都到达一个平衡温度。你肯定早就注意到了这一点，自从你开始阅读这本书以来，咖啡总是因为变得太凉而不再可口。

现在将你的咖啡杯放进冰箱，关上冰箱门。过一阵后，又会到达一个新的平衡温度。一个更低的温度。

带着你的饮料到某个炎热的沙漠旅行，又会带来新的平衡温度。这次是更高的温度。

这一切听起来都很正常。没什么奇怪的。

现在，再给你自己倒一杯热咖啡，将它放回你的起居室。它最后达到的温度与放在某日本品牌冰箱里的咖啡一样的可能性应该很小。

两个从来没有接触过，现在也并不接触，甚至互相都不知道对方存在的物体或地点没有任何理由到达同样的温度。这听起来是个很合理的假设，不是吗？这么合理的假设在外太空应该也可以适用吧。

要让位于完全相反方向的“对跖点”位置的夜空在分别存在了138亿年之后都具有完全一样的 –270.42° C，它们必定在过去某个阶段，通过某种方式互相接触。考虑到宇宙的年龄和它们的膨胀速度，它们之间如此遥远的距离应该确保了它们没有任何方式能够互相接触甚至交流。除非有些非常非常诡异的事发生。

有些东西，比如说，能以比光速更快的速度运动。

不幸的是，作为信号（意思是无论以什么形式，携带信息由一个地方到另一个地方）来说，这不可能。我们这里谈论的不是量子进程，因此，不管这些信号是什么，它们都不可能获得比光更快的速度。事实上那是被禁止的。

但是，宇宙微波背景辐射温度就在那里，所有地方都完全一样，绝对不可能只是巧合。怎么会呢？

可能是时空——宇宙本身——成长得比光速还快，在过去的某个阶段。

这就是你逆着时间回溯到热大爆炸发生之前时所看到的现象，就在你进入那个被称为“暴胀期”的时候，在那时，宇宙中充满了暴胀场。

以现代的形式提出早期宇宙有一个暴胀时期的想法，是在20世纪80年代。提出这一观点的是美国理论物理学家阿兰 · 古斯（Alan Guth），俄罗斯宇宙学家阿列克谢 · 斯塔罗宾斯基（Alexei Starobinsky）及美籍俄裔理论物理学家安德烈 · 林德（Andrei Linde）。

其基本想法是，很久以前，甚至物质、光和其他我们所知道的所有东西都尚未形成时，在可见宇宙之外，大爆炸之前，存在着一种场，充满了整个宇宙，带着互相排斥的反引力作用力。那个场非常强大，它引发了一段极为剧烈的膨胀期，那次膨胀将早期宇宙的不同部分以远远高于光速的速度炸开，所以今天看起来距离非常遥远，过去绝对不应该有接触的地方，实际上曾经紧贴在一起。①

这就是暴胀场的来源。

但这是真的吗？我们能够像在所有其他量子场的例子中那样，探测到它的基本粒子吗？

如果它真的出现过，那么它的大多数粒子很早之前就已消失了（用来引发大爆炸），但它不应该完全消失。无论如何，暴胀场应该依然存在，充满了整个宇宙，以自己最低的能量态——真空状态——蛰伏着，没有足够的能量，它不会被激发到足以产生并向我们展示它的粒子的高度。

暴胀子是我们给这种粒子起的名字，不过至今尚未被发现。尽管如此，许多科学家们相信某种暴胀现象以及它们所对应的暴胀场与曾经发生过的历史非常接近，也因为我个人很喜欢这个想法，就让我们认真考虑一下这个想法吧，并且看看如果这的确是真的，那么包含这种场的宇宙应该是个什么样子。

首先，暴胀场非常擅长于将我们可见宇宙的不同部分以非常快的速度相互分开，它们从此就再也没有互相接触——而且很可能将

① 顺便提一下，这与爱因斯坦对于任何东西都不能以超过光速运动这一限制并不矛盾，因为在这里，发生膨胀的是时空本身，而不是在时空中运动的信号的速度。两个物体以超过光速的速度互相远离将从未，也永远不会被观察到。

来也不会——虽然在过去它们曾经接触过。

然后发生了大爆炸，它带来的所有新的场、粒子和载力子都在正在消退的暴胀场中产生，而暴胀场则慢慢沉寂下来。

我们宇宙的膨胀开始了。正常速度的膨胀，而不是超级快的那种暴胀。

暴胀场并未完全消失，引发大爆炸耗尽了它所含的太多能量，它已无法再对所有东西产生任何影响，直到……80 亿年之后。

大爆炸之后 80 亿年，我们宇宙稳定膨胀之后 80 亿年，暴胀场所产生的物质已经足够稀释，沉寂中的暴胀场再次醒来，带来了极大的效应：它对抗引力的作用引发了宇宙膨胀的加速。

波尔马特、施密特与里斯 1998 年对于这种加速的实验验证，使他们获得了 2011 年的诺贝尔物理学奖。

当然，与在大爆炸前的暴胀期将宇宙中的一切炸开时相比，暴胀场对我们宇宙现在行为的影响完全无法相提并论。但它或许还是影响了等在我们未来的现实。

从地球上看到的相反方向的对跖点宇宙，现在看起来已经过于遥远，无法交流，但在大爆炸之前，两者就在一起。因此，对跖点的夜空有了看上去相同的理由，它们也的确相同。

现在，我们引入的这个全新的场——暴胀场，只是为了找到一条摆脱谜团的道路而创造出来的聪明戏法，以解释地球上相反方向的对跖点夜空为什么具有完全相同的温度。暴胀真的发生过吗？我们有没有可能证实这件事？

难以置信的是，答案是肯定的。

第 2 章　许多大爆炸

前些日子，你做过一个关于猫的实验。薛定谔的猫。它背后的想法是找到一个戏法能将微观世界的量子行为引入宏观世界，变成可被观察的现实。对于暴胀我们也能用同样的原理。而且这次不需要猫。

按时间顺序排列，暴胀时期发生在大爆炸之前。暴胀场将曾经非常微小的宇宙在一个短到无法想象的时间里变成非常巨大。[①] 暴胀场和它的基本粒子（暴胀子）随后通过 $E=mc^2$ 的比例衰变为纯能量，释放出非常巨大的能量，整个宇宙变得难以置信的炽热。这就是我们所理解的大爆炸开始时的情境。暴胀场的物质变成了能量，将后来构成我们今天一切事物的各种场激发出来。

在暴胀时期，宇宙膨胀的速度如此巨大，以至于所有可能（因此也就必然）发生的量子起伏都被冻结，一个接一个的。更令人惊

① 要是你真的对数字非常感兴趣，宇宙暴胀据信发生于大约 0.000 000 000 000 000 000 000 000 000 000 000 001 秒（10^{-36} 秒）之内，或者在空间与时间诞生后的大概 0.000 000 000 000 000 000 000 000 000 000 01 秒（10^{-32} 秒）。在这段时间内，暴胀场让整个宇宙变大了 100 000 000 000 000 000 000 000 00（10^{26}）倍。

奇的是，这些被冻结了的起伏直到今天依然能被科学家们从他们了解得日益精确的宇宙微波背景辐射中分辨出来。

暴胀能够预测出遍布宇宙的背景辐射为什么能难以置信地均匀呈现。但那只是我们当初引入暴胀的原因之一。它并不完全只是一个预测。

它还表明在这个均匀的辐射背景之上应该印着一些量子起伏的印记，以微小的温度差异方式表现。这种差异被称为“各向异性”。

当时这并不是一个已知的事实，但是随后这种起伏被确认了。美国天体物理学家乔治·斯穆特（George F. Smoot）和约翰·马瑟（John C. Mather）因实证发现了宇宙微波背景辐射的极其一致性以及各向异性而获得了2006年的诺贝尔物理学奖。

这种各向异性大概是相差一摄氏度的1/1000，但的确有差别。这种差别甚至被认为是后来引发了恒星与星系形成的原因。

如果没有差别，整个宇宙将到处一片均匀，恒星将永远无法诞生。

因为有了这些起伏，我们幼年宇宙中的一处便与另一处有了微小的差异，引力让这些差异越变越大，这些差异被不停放大的结果就是，恒星以及构成我们宇宙的一切结构的诞生。

现在，暴胀同样将极小与极大混合在一起，从我们宇宙演化非常早期的量子起伏，直到我们今天所见的宇宙结构的诞生，它一直就是这样。它甚至还提示了那些神秘的暗能量可能是什么，因为这些反引力可能来自暴胀场遗留下来的真空能量。

暴胀能够解释宇宙中尚无法解释的许多现象。因此许多科学家们都很认真地考虑这个理论，它也的确值得被考虑。既然我们已经说到这些，我前面也提到过这个画面会带来令人困惑的结果，下面就让我们来看看。

就我们今天的理解，暴胀场不会一直保持平静。它不是那种“一次性”的场，不会只在我们宇宙诞生时出现一次。事实上，它应该不止一次地触发了宇宙大爆炸，而且是许多次，无限多次。

与所有量子场一样，暴胀场同样会发生量子起伏，使自己能够在局部从真空态跳跃到其他状态。通常情况下，在你至今已经看到过的所有场的例子里，这个过程的结果是粒子从一个地方跳跃到另一个地方，或者无中生有地被创造出来。在暴胀场中，意味着它能自发创造一个小规模的宇宙。或者两个。或者许多。在所有地方。我所说的所有地方真的是我们宇宙空间里的任何地点，虽然它所涉及的时间尺度可能（也可能不是）非常巨大。这个过程被称为永久暴胀。它永远不会停止。早已存在的宇宙中又出现了新的宇宙气泡，在那里，暴胀场的真空量子跃迁到了另一个状态，另一种真空。它们就像一滴油滴在了一个大湖的表面。它们变大，再变大，还变大……然后在这正在变大的油滴中又出现了一个新的油滴。

气泡宇宙中的气泡宇宙，里面还有气泡宇宙。

这是多重宇宙的又一个例子，但它不同于你以前曾经见过的那种多重宇宙类型。[①] 在这种图景下，你我或许就生活在一个气泡宇宙之中，而在我们这个气泡宇宙中，在我们的时空里，未来某个遥远的瞬间，会有新的气泡宇宙出现，就如我们自己的这个宇宙或许就

① 第一种宇宙含有我们宇宙中的一切，加上那些我们无法观测的部分，而第二种则是艾弗雷特以“多重世界”的方式对量子机制作出的解释。这里是第三种类型：宇宙之中诞生出的新宇宙。

是出现在另一个宇宙中的某个气泡，那个宇宙比我们的更大，或许已经有些损坏，或者空洞化了。我们可见宇宙在未来潜在的冰冷死亡或许正是一个新的气泡宇宙诞生与成长所需的模具……

好吧。

在本书快结束时进行的弦理论游历中，我们将再次看到这些有趣的泡泡宇宙。现在，这种永久暴胀或许（完全有理由）让你觉得疯狂（至少我有这种感觉，但我颇喜欢这种感觉），不过，与你们将要见到的弦理论相比，这些都是小儿科，到了那里，没有什么能让你感到稍微正常，真的……你甚至可以将你刚见过的这个泡泡宇宙当作你最后旅程的引子。在去那里之前，在回到我们可见宇宙并寻找那些著名的弦到底隐藏在哪里，它们到底是什么，对我们的现实有什么影响之前，让我们看看能否以我们已经学到的知识看看暴胀之外的东西。

对于那些想知道“宇宙是如何开始的”的人，永久暴胀理论听起来并不会让他们满意，因为不存在真正的开始，它只是泡泡，从一开始就这样，始终如此。

但或许还有其他可能性。

在这里，我无法将它们全部列出，我只提其中一个。

历史上最早的一个。

第 3 章　宇宙无疆

暴胀期发生在大爆炸之前。

在永久暴胀理论里，无穷多个宇宙曾经、正在并且将要形成，从过去到未来，一直如此，我们所在的宇宙只是碰巧成为我们的宇宙。现在，就让我们只考虑一个宇宙，只有一个“开端”(不管这个开端所指的到底是什么意思)，只考虑一个暴胀期。

让我们回溯时间，从大爆炸开始。

那就是大爆炸：嘭!

在此之前是暴胀。从后往前看，它是一种急剧的塌缩。

接下来，我们撞到了一个难题。

普朗克墙，或者普朗克期，空间与时间不再具有意义的时刻与位置。

普朗克墙位于最后临界散射面大约 38 万年前的位置，如果我们能够这样猜测的话，这是在所谓“时间零点”之后的约一个普朗克时间的时候。① 但我们没法那么猜，我们没办法从我们自己的宇宙中

① 如果你已经忘记，但愿意再听一遍的话，普朗克时间不是很长：10^{-43} 秒。

到达时间的时间零点。我们没法讨论时间尚未存在时的时间或地点。对于普朗克时期“之前”与“之外”的讨论是没有意义的。我们真的需要量子引力学的帮助，我们需要用那些我们尚未知晓的新概念将时间与空间以某种量子取代。这是一个艰难的任务，类似于寻找我们自身现实存在的初始条件。虽然困难,但不是不可能。史蒂芬·霍金在大约30年前试图着手解决的就是这个问题。他是这么做的第一人。下面就是他所做的工作。

设想一个宇宙，处于非常年轻的状态，非常微小的你身处其中。在这个宇宙中，时间与空间刚刚开始具有意义。它还非常微小，比普朗克尺度大一些，但没大多少。你就在这个宇宙之中，你也非常微小。

你几乎什么都看不到。

任何发生在比普朗克长度还要小的尺度范围内的事情都处于时间和空间之外，因此也隐藏在你的视线之外。

你就在那里，微小再微小，身处一个无比年轻的宇宙，并且两眼一抹黑……但是等等……这是不是有点像以前你曾经遇到过的情境?

当你造访量子世界时，你不是切换到了瑜伽模式，闭上双眼，目的是不与任何东西互动，然后了解到了隐藏在你视力之外的事物吗?在探测原子的内部，猜想那里发生什么情况时，你确实必须进入你的瑜伽模式。为了理解你所发现的东西，你懂得了在量子世界，无论是大自然还是自然界里的一只猫，只要不去加以观察，就同时存在着所有的量子可能性。

但这次，情况更糟。

隐藏起来或者不可见的不是猫或某个粒子，而是我们整个宇宙的过去，它被一道墙所隐藏，这道墙标记了我们所理解的时间与空间的诞生。这道墙——普朗克墙，现在将你紧紧包围，在它之外，你无法去感知。

按照量子规则，普朗克墙因此隐藏着所有量子可能性的重叠。

什么的可能性？你可能会疑惑。

呃，关于过去的可能性。

这个年轻的宇宙整个儿隐藏在普朗克墙之外无法被看到，因此这个宇宙本身就必须遵循量子世界的一条基本原则：只要没有人观察，所有的可能性都会——也的确——发生。

霍金将这个规则运用到处于非常早期的宇宙上。

但他无法以我们所熟悉的日常方式来使用时间。没有人能够在普朗克尺度之外使用时间。所以，他将时间转化为另一种东西，一种更能操控的概念，称为“假想时间”。利用这个概念，他又考虑了宇宙所有可能的各种历史，所有我们无法从宇宙内部观察到的宇宙历史。

他是在 20 世纪 80 年代想到这个方法的。

他想出了一种应对量子黑洞的办法。他知道那些黑洞是灰色的，它们辐射出粒子。他知道量子引力一定存在。而他的思维现在已经超越到了大爆炸之外。

霍金与他的同事，来自美国加州大学圣塔芭芭拉分校的美国理论物理学家詹姆斯·哈妥（James Hartle）一起，写下一个方程式，永远改变了宇宙在人类头脑中的图像，至少我确信如此。

霍金与哈妥假设，引导我们现在这个宇宙出现之前的所有宇宙都是从“无”（真正的空，数学上的“无”）中形成的，这一切都发生在某个有限的假想时间之前。

他们考虑了具有那个性质的所有宇宙。

他们观察它们。

有好多。

然后他们将量子世界的基本原则置于这些宇宙之上：并非挑出其中的一个让它随后演化出我们现在的现实，而是将它们全部放入模型。写在纸上，这意味着他们用加号将这些宇宙加到一起，他们认为这些宇宙之和就是我们所在的宇宙被外部看到的样子——如果有人能够从外面，也就是在普朗克墙之外看的话。他们的数学方程式今天被称为哈妥－霍金宇宙波函数，它的初始条件，就是那个认为所有应该被考虑到的可能宇宙就是那些无中生有出现的所有宇宙的假设，被称为“无边界猜想”。

作为一个年轻的宇宙，我们的宇宙及其所有可能状态，在他们的眼中，没有开端。

然后它演变成了我们的宇宙，在有限的假想时间之后，当时间和空间开始有了意义之时。

这究竟意味着什么在这里并不重要。

疯狂的是他们做到了。

他们写出了整个宇宙在数学上的初始条件。他们从数学上解决了我们的宇宙如何从一无所有中出现。

现在让我小心谨慎地泼一些凉水：这并不代表故事的结束。不幸的是，在哈妥与霍金所创建的数学框架中进行任何计算几乎都十分困难（如果不说不可能的话）。

尽管如此，凭借写出这些方程式，他们已然成为人类历史上给出数学方程式以描述我们宇宙的现实存在的起源及随后演化的第一人。

人类历史上一个了不起的里程碑。

人类在试图揭示自然规律的道路上已经走了几千年。

我们对于这些规律的认知从那时到现在已经有了很大的变化和提高。

一百年前，爱因斯坦提出了思考引力的一个新视角，我们知道不仅在我们脚下挖掘地球的考古工作能告诉我们历史，观察星空也一样能找出我们宇宙的过去。几乎就在同样的时期，许多科学家开始发现那些不可思议的量子理论统治着我们的微观世界。

然后，三十年前，借着自己发现的黑洞蒸发理论的鼓舞，霍金和哈妥又大胆地猜想并提出了描述所有一切起源的数学方程式。

或许，未来会证明他们的洞见有着深层的错误，当然，所有超前于实验的理论都有这种可能，但这并不重要。重要的是，关于我们宇宙起源的问题进入了一个全新的时代，在这个时代中，这个问题至少能够通过数学物理的方式来探讨研究。

然而，霍金关于利用不同的（假想的）时间来考虑所有可能宇宙的想法并非凭空产生。它来自20世纪一些最聪明的头脑，例如保罗·狄拉克和理查德·费曼，是他们提出了开创性的想法，并在此之上建立了我们整个现代量子场理论。

这个场景下的可见宇宙依然是一个半径大约为138亿光年的球体。这也是我们可以观测到的最大范围。而且，再一次，仔细想来非常有趣，当我们收集来自外太空的光线与信号，当这些光来自越来越远、越来越大的空间之外时，我们所看到的不仅是很久以前，更是宇宙体积很小的时候。

我们的祖先们并不知道这些。

你马上会看到，相反的一面也同样正确。

你现在将要再次出发去非常小的世界，但这次你将比以前走得更远。在那里，你将发现一扇通往全新现实的窗户，那是一个比你能够想象的大得多的现实世界。比那些永久暴胀所产生的泡泡外的泡泡外的泡泡还大。

在宏大之中，你找到了微小。

在微小之中，现在你将找到宏大。

但你要去哪里寻找？

第 4 章　一片尚未被探索的现实

正如你现在所知道的，我们整个可见宇宙是一个半径为 138 亿光年的球体。在这么巨大的尺度上，我们注意到的第一个图景是沐浴在气体与暗物质，以及更本质的各种量子场之中的巨大纤维状星系群。在那么远的地方我们无法直接看到它们，但它们能被感受到。它们是构成我们可见宇宙的物质。它们是希格斯场，希格斯场让所有能够拥有质量的东西拥有了质量。它们是暴胀场或者说暗能量，抵消了引力的作用，让宇宙膨胀发生得越来越快。

还有引力本身，将一切都拉得与其他一切更近。

你就在外面，看着这一切，现在你开始放大。

现在你已经能够看到星系，以及它们所包含的几千亿颗恒星。在它们的中心，质量巨大的黑洞喷射出你所能看到的最高能量的光线与质量。你看到了暗物质的存在。你看到这些暗物质阻止了星系因自身的转动而将自己撕得四分五裂。

继续放大。

现在你已到达了恒星的尺度，那些巨大的火球包含着炽热的等离子体，发射出光芒，我们人类就是依靠这种光芒来探索遥远的宇宙。

接下来看到的是行星，这些球状世界体积过于渺小，无法成为恒星。

比行星更小的是小行星、彗星以及我们星球上 100 千米厚的大气层之下存在的各种生命。

然后是微生物、细胞、分子、原子、电子与光子、质子与中子、夸克与胶子。

再放大。

你已回到了量子场的世界。

在这里，引力已被各种量子作用力所盖过。

你接着放大，然后停了下来。

你还记得量子场的问题出在哪里吗？你还记得重正化——那个被量子理论物理学家用来消除纠缠他们的无穷大的戏法吗？你还记得以看待量子场的方式看待引力所带来的完全失败吗（因为那个在量子场的例子里大获成功的手法在这里无论如何都无法消除无穷大，因此令时空在任何一点都发生崩塌）？我们现在需要找出一种方法来消除这个无穷大。在这一幕的背后，你将看到我在上一章结尾处提起的那扇通往一个巨大全新现实的窗户。你现在很快就要穿过这扇窗户了。但首先我们需要去除这些讨厌的无穷大。

我们应该如何完成这个任务呢？让我们来看看，对于时空我们到底了解些什么。我们知道 21 世纪初对它的描述有着自己的极限。在非常大的世界里，这个极限发生在大爆炸之前的某处，在暴胀期之外，宇宙处于普朗克时期的地方。就空间和时间来说，这个极限位于我们现在所在的 138 亿光年之外。

在非常微小的世界里面，同样的极限依旧存在。发生在所有地方。

对着任何东西不停放大，或早或晚，你会到达普朗克尺度。

除非有什么东西阻止你到达那里。

由于霍金对于黑洞的研究，我们已经知道就算引力也无法逃脱量子效应，这种量子引力的确存在，虽然我们尚未了解在它统治的世界里这到底意味着什么。

在非常巨大的尺度与非常微小的尺度上，都存在着我们探索的极限，这个极限来自普朗克尺度。

在实验室中，有任何实验曾经到达过这种大小、能量或时间极限吗？

没有。至今一个都没有。那个极限实在太微小、实在太高能、实在太高速了。直到今天，这不仅是理论上的极限，更糟糕的是，这同时还是实际上的极限，因为事实上没有人能到达这个极限。

为什么？

因为在这过程中会产生一个普朗克尺度的微小黑洞，我在本书上一部分的最后已经提到过。为了探索黑洞之外的现实，我们需要输入更多能量，更多波长越来越窄的光，希望从中反射回来什么东西进入我们的眼睛，向我们揭示它所隐藏的秘密，但这不会发生。黑洞将会吞噬这些光，让自己变得更大，将量子引力隐藏得更深。换句话说，按现代知识和技术，普朗克尺度之外的世界是无法探测的。

那我们还有什么可做的？

我们可以试图变得更聪明一些。

比如，我们可以假设任何东西都无法阻止量子引力（或其他什么新的物理性质）在到达普朗克尺度之前一直发挥作用。

我们有最现代最强大的粒子加速器，对天空观察能加以最好的利用，理论物理学家们颇有信心地说，从最宏大的尺度到最微小的尺度，他们已经了解了自然界。在那里，所有的量子场都融合成一个，那是一个大统一场的尺度。到达这个尺度所需要的能量大概是普朗克能量的 1%。显然，这依然是一个很大的能量。它所对应的温度大约是 10^{29} 度。但它并不是普朗克极限。

现在，你大概依然记得能量与体积是相关的：波的能量越高，相邻两个波峰之间的距离就越短。因此，普朗克能量的 1% 的确对应一个很微小的世界，只是普朗克长度的 100 倍。

这就意味着我们现在有一个尚未被认识的现实世界，它的尺度是从 100 个普朗克长度到 1 个普朗克长度之间。

从实验上说，没有人知道在那里会有什么发生。

当理论物理学家面对实验空白时，我们不妨这样想象一下他的感受：假如你的视力只有 1 米的分辨率，想象一下你看到的这个世界会是什么样子。通常情况下，你能以相当高的分辨率观察世界，你可以看到比人类头发丝还细很多的物体，但现在你却无法分辨任何尺寸小于 1 米的物体。你在观察周围环境时将无法看到任何细节。你甚至无法看到身边的婴儿。直到孩子们长到 1 米高，他们才突然出现在你面前……

我并没有说可能有某个婴儿身高不足 100 个普朗克长度，但我们的确无法知道自然会把什么东西隐藏在那个尺度里。而且我们的现实正根植于非常微小世界的某个地方。因为这是构建我们世界的本质所在，也是构建我们自己的本质所在。因为至今没有实验探索到这个尺度，很可能在到达普朗克尺度之前，那里的时间与空间就开始与我们日常所感知的时间与空间产生了不同。同样可能的是，正因为如此，引力、物质和光的本质在那里就已发生变化，甚至是非常巨大的变化。

比如，很可能它们都融合成一个概念。

到现在为止，你看到的大多是已知的知识。

然后，你看到了这些已知的知识产生的问题。

你现在将要远远地超越这些已知。

我们将假设这些都是真实的，这样你才能穿越这个旅程，但你要记住，接下来的这一切都还只是纯理论。

这依然是我们这个时代一些最聪明的人通过几十年的努力所带给你的图景。

第 5 章　一个关于弦的理论

你的机器人同伴现在呈现出一个剪影，身后是奇怪的蓝色电光薄雾，看上去就像是它内部的电子被激发，从它体内的电路板中向外扩散。你们俩现在一起漂浮在外太空里，周围是遥远的星系，就在那个你从完全消失的命运中逃脱的黑洞边上。

你已经看到了所能看到的一切。

你曾经乘坐过飞得非常快的飞机。

你见过量子场的真空波动并熟悉了物质与光。

你还看见恒星爆炸产生新的世界，以及白矮星和黑洞的形成，随后你还看到了黑洞的蒸发，暗示着一种尚未被我们知晓的量子引力理论的存在。

“现在让我们探索更远的地方。”机器人说道。

话音未落，你俩开始同时变小。

你看到微粒们从身边飞过。光射过你的身体。你看到所有已知场的真空正发生着波动起伏，而你还在继续变小。你正处于大统一尺度，在这里所有三种量子场被认为以相同的方式行事。你还在变小，已经远远小过了那个曾经微缩版的你的大小。你需要把自己周围的

物件放大 10^{27} 倍才能得到大概人类一根头发丝的宽度。在这里，一开始你什么都看不见。然后，你看见了。

在你面前，有些什么东西。一根弦。一根并不由任何东西形成的弦，构成它的甚至不是时间或空间。当你看着它时，你甚至有一种感觉，觉得在你目光下扭动的这个东西似乎取代了时间与空间这两个概念。

你还没有到达普朗克尺度，你也到不了。在你现在所进入的理论世界里，与你可能的想法相反，那个你曾经确信存在的普朗克尺度根本不存在。但这并不意味着你前面看到的东西都是错的。它表示的是，在这里，你所熟悉并使用的概念都不再可靠，除了量子理论；但量子理论在这里被用于弦上，而非粒子上。

那个在你眼前扭动的东西或许就是宇宙中最基本的元素。它是量子弦。

有了它的存在，你或许能够解释你之前看到的一切现象，包括引力。包括你所在的整个宇宙的存在。

那个量子弦就在你的眼前，正在振动。量子化的。你无法真正确认它的边缘，但你知道它的存在，虽然关于这个弦的一切都以非常非常快的速度运动着。

它很美，以一种轻快的能量振动着，你感到自己被它吸引。难以抑制地，你伸出手去，捡起了它，就像捡起了一根吉他弦。

虽然这根弦并不由任何东西构成，但你看到其中包含着许多种振动，互相堆积叠加，就像乐器上的和弦。在真正的吉他上，最粗的那根弦给出了基调，其他的弦给出了更高的泛音或和弦。当你在这里看着弦时，它就像是一根吉他弦的模糊影像……但又不是吉他弦本身。这是一根没有任何实体的弦，或者如果你愿意的话，可以称它为量子弦，却又能够振动。记得当“量子”一词出现在一个普通名词之前，它所暗示的就是这个普通名词所表示的东西在“量子”之后已经面目全非。在这里，“量子弦”也已经完全不是普通的弦了。弦的振动产生的不是声音，而是光。一颗光子。电磁作用力的携带者。

你前面见过的所有量子粒子，那些构成你身体和宇宙中所有物质的粒子，都能用这些弦的振动来表示……

这时，你右边有些东西引起了你的注意，你转过自己那比微小还要微小的脑袋，看到了另一根弦，一根与原先那根不一样的弦。这次的弦不再像一根吉他弦，而是一个闭合的环。它也在振动。也是量子化的。但它的基本振动对应的不是光子，而是引力子，引力的携带者。它就是量子化的引力。这个环，闭合的弦，告诉你正在引力的量子理论里穿行。将它置于任何地方，它的振动都会产生与引力完全相同的效应。弄乱了量子引力理论的无穷大不见了。永远消失了。因为你摆脱了事件的时间与空间的概念。在一个光滑连续的时空概念中，考虑点状的微粒们，你很容易就会联想到某个具体的时空点让它们碰撞。在量子场理论中，虽然它本质上相当怪异，依然会说粒子们是在时空上的某个特定位置发生相互作用的。而在弦理论中，就不再如此。在弦理论中，粒子就是弦的振动。弦的振动就是粒子。在它们整个长度与时间中，它们是散发开的。当它们互相作用时，并不发生在某个特定的地点或特定的时间。相互作用发生在整个弦上。这样你就移除了你先前碰到的那所有无穷大。

这个环，这根闭合的弦，含着引力，它就是引力。因为你又有了能释放光子的开放的弦，这两种弦加起来就统一了引力与电磁力……于是量子弦不只是一种量子引力理论。量子引力理论“仅仅”是解决引力问题，以量子的方式。它可不管别的什么量子场。但你在这里看到的量子弦却不同。

那么其他的场会怎样呢？

这里弦能够成为统一一切的理论吗？将引力和所有我们知道的量子场整合在一起？

为此，它们还得对物质作出解释。

物质在哪里？你没有看到任何物质。为什么这些弦如此特殊？它们存在的诡异之处何在？为什么理论家对弦如此着迷？

你完全有理由这么想。虽然借助你所看到的那两根弦（一根闭合，一根开放），你已经能够解释很多现象，但很多并不是全部。“我们继续前进吧。”机器人说道，于是你俩又进一步收缩。

与你相比，那根开放的弦现在已经变得巨大无比，你仔细看着它，发现与你看到它的第一眼相比，又有了更多细节。你接下来所要做的，没有一个由物质构成的人类能够做到，但现在，你能够做到。记住这一点：要想超越已知领域，就意味着总有一些东西需要被放弃。在这里，你需要放弃的是你所在宇宙的特殊性，也就是你或许认为你所在宇宙独一无二的这种想法。但还不止这些。

从牛顿到爱因斯坦，你放弃了宇宙是静态的和一成不变的，以及引力是一种作用力的想法，你不得不引进时空这一概念，三维空间与一维时间交织在一起，成为四维的时空这一单一概念，而且时空自身还在质量与能量周围变形。从牛顿到量子物理学，你不得不放弃粒子是一个固定的点，你必须引入波、场、不确定性以及不同历史这些概念。现在，从引力理论、量子场理论到弦理论，你必须将一切基本概念转化成由闭合的或开放的弦所构成的理论。

如果只是这样就简单了，可惜并不止这些。你在这里不得不放弃的是现实只有四维的观念。弦无法存在于一个只有四维的时空之中。它们需要更多空间。它们生活在一个十维宇宙中。

当你随着机器人向弦靠近时，你开始看到在你所认为的被包含在我们宇宙中的每一点，还有另外六个全新的空间维度，每个都含着它们自己的世界。就是从这些微小的额外维度中，产生了构成我们自身的各种物质。

如果我们世界的四维已经让你难以想象，更不要说十维了。不过不用担心。你只要知道它们除我们所熟悉的三维世界的上下、左右和前后的三个方向之外还向着不同的方向延伸就行了。它们过于微小，所以在真实生活中你无法感觉到它们的存在，也无法沿着这些新的方向移动。但现在机器人与你已经缩得足够小,所以你们可以。

它们看起来是怎样的?

这个问题无法回答。它们有那么多！有那么多可能性来综合多余的维度以构成一根弦……有那么多方式来用多余的维度包裹弦自身，每一种不同的包裹都产生一种不同的现实……理论物理学家们甚至猜测到底有多少种可能，他们得到的数字是大约：100 000 000 000 000 000 000 000 000 000 000 000 000 000 000 000 000 000 000 000 000 000 000 000 000 000 000 000 000 000 000 000 000 000 000 000 000 000 000 000 000 000 000 000 000 000 000 000 000 000 000 000 000 000 000 000 000 000 000 000

000 种不同的可能性。每种可能性都有对应于一种宇宙的可能，虽然那种宇宙未必会与我们的宇宙相似。

非常非常多的可能性。一个“1”后面跟着 500 个“0”的数字。而你与我出生于其中的那个宇宙或许只是这么多可能宇宙中的一个，或者可能很多宇宙与我们相似。现在还没有人知道。甚至有可能所有这些可能的宇宙在某个阶段都的确存在，就在你不久前刚了解到的因永久暴胀而产生的那些泡泡宇宙之中。但在这么多可能的宇宙中，只有少数几个所遵循的自然规则与你所熟悉的我们宇宙的规则相同。你能够成为你自己，作为人类存在，这个宇宙必须选中一组特殊维度的组合，否则它的自然规则将无法允许我们存在。这种选择是如何发生的？依然没有人知道，只知道这种选择必然已经发生，否则你就不会存在于此处，存在于我们的宇宙之中。这种选择的论点被称为人择原理。它阐述的是在那些难以想象之多的可能存在的宇宙之中，我们只需要考虑与我们人类存在相容的那些，因为只有那些宇宙的存在才确保了我们人类的存在，让我们能够谈论这些宇宙，否则从人类的角度而言，一切都无从谈起。这是一个好主意。而且更好的是，并非所有的维度都必然微小，这些额外维度中的一个或几个可能很大。

“跟我来。”机器人说道，用它的粒子发射管示意你跟上，“我们或许永远都不会再看到这些。”

最最不可思议的事发生了。

从一开始，你就被告知自己无法从宇宙之外来看我们所在的宇宙。那种所谓对于宇宙边缘、边界之类的讨论没有意义。根据定义，宇宙就是一切存在，讨论从上面或下面观察宇宙是什么样子是完全没有意义的。但是现在，你的机器人将你带到了宇宙之外。现在看起来，它的边缘的确存在。但它们并不存在于你的感官通常能够感知的那些维度之中。

你已在宇宙之外。

你看见了一切。

你的整个宇宙。

从另一个维度上。你还看到了那些开放的弦，那些像鞋带似的弦，它们的振动产生了光，现在它们正以许多不同的方式振动着，振动的方式取决于被隐藏的维度所伸展的不同方向。你还看到这些开放的弦的一端都连在你的宇宙上，那个你刚刚离开的宇宙，而那些闭合的弦，那些环，以引力方式振动的弦，则能够自由出入你的宇宙，从宇宙中离开……

这时候你感觉到身后有些什么事情发生，你转过身去，倒吸一口气。

那里有着另外一个宇宙。

那个宇宙与你的，我们的，那个你刚离开的宇宙平行。你还看见那些环状的弦从一个宇宙移动到另一个宇宙，显然两者之间可以通过引力存在交流。这是第四种平行宇宙，四种类型里最令人印象深刻的一种。这种宇宙被称为“膜”，与薄膜相似但并不仅仅是薄薄的一层，也并不只是二维实体。你所看到的就是这样一个膜，另一个宇宙，但或许还有很多。它们也可能有不同的维度。当研究它们的数学物理学家们改变这些宇宙之间的相互作用时，它们之间还能互相转换，就像弦本身一样变化。它们既可以是各自独立的实体，又能被看成同一现实的不同表现，就像是从不同视角看到的同一个现实。而这一切又可能是另一个更大现实的一个表象，虽然我们不知道这个“现实”表示的到底是什么意思。出色的阿根廷理论物理学家胡安 · 马尔达西那（Juan Maldacena）和他领导下的一些科学家们甚至还显示这一切都能够不依靠引力而被解释，在他的理论里，每一个宇宙都能通过描述它在某处边界上的行为而得到表述……

你在宇宙之外，真相正向你展现。

周围还有其他许多东西，到处都是，各自有着不同的维度。有些宇宙的维度非常微小，那里的弦们包裹着自身，蜷缩其间，这些弦的振动所产生的光与物质无法离开它们所在的膜，它们的宇宙，你的宇宙。它们的末端可以在你生活的维度中自由移动，但却无法离开。

从你所在的地方，你看着那些闭合的环状弦从一个膜移到另一个膜，你意识到一些能量或许能够离开你所在的宇宙。你甚至能够看到你觉得是黑洞的东西通过扭曲变形的时空管道将两个邻近的膜连在一起，两个宇宙的引力将它们互相吸引在一起，你突然怀疑，是不是有可能，在另外的膜中，也有人类生活……黑洞会不会就是连接你们两个世界的通道？那个你尚未到达的奇点是不是通向另一个现实？我们的膜，我们的时空的诞生，是不是可能与在此之前存在的其他膜之间的碰撞有关？暗物质和暗能量的源头是不是也在这个场景之中？

你再次将目光转向你刚离开的宇宙，突然之间，感觉就像时间的流逝发生了变化，你看到了新的暴胀产生的泡泡充满了你的那个宇宙，在你的那个膜中到处出现，在曾经是你的世界中扩散，就如同一滴油滴到了池塘的表面。

“我们应该回去了！”你大声叫道。

但只有你自己。

机器人早已消失不见。

你滑入离你最近的膜，希望它就是你刚才离开的那个。

你开始变大。

其他膜又变得无法看见了，那些或许构成了我们现实的弦们从远处消失。

夸克与胶子现在围绕在你身边，接下来是质子和电子，原子。分子。尘埃。沙粒。海洋。

你睁开眼睛。

自己依然躺在你那小岛的沙滩上。

那个你开始自己奇妙旅程的起点。

星星们还在头上闪烁。

温柔的海风给你送来阵阵奇异的花香。

你的朋友们围绕在你身边。

他们微笑着。

“他醒过来了！”有人说道，“给他倒杯酒！”

你坐了起来，疑惑不解。

酒送到你的手边。

你拧了自己一下，感觉到疼痛。

你喝了口酒。

你看着海洋、树木和星辰。

形状。

夜空中似乎出现了各种形状。一些人的脸。

牛顿、麦克斯韦尔、爱因斯坦、普朗克、薛定谔、狄拉克、费曼、霍金、霍夫特、温伯格、马尔达西那、威滕。

还有不计其数的其他人的脸。

他们都在微笑着，看着你。

你想与他们交谈，但他们却转过头去，注视着浩瀚宇宙。

然后他们突然消失，变成星辰。

然后星星们也消失了，海洋也随之不见。

你眨了眨眼。

你又回到家中，躺在自己的沙发上。

你的窗户正开着。

你坐了起来，环顾四周。

你的咖啡还在那里，在桌上。

你再次拧了自己一下，依然感到疼痛。

你喝了口咖啡，想让自己清醒过来。

你的咖啡与你房间的温度已经达到了平衡。

你将口里的咖啡吐出。

“我……我很好。”你大声说着，但还是伸手抓过电话打给你的阿姨，只是想确认一下。

然后，你又眨了眨眼睛。

后 记

自有人类历史开始，哲学家们——现在还包括理论物理学家们——就一直试图在自己头脑中绘出世界。为了揭示规则，那些自然界的规则，那些对于我们每个人都明白无误地展现其存在的自然规则（虽然描述这些规则的语言在相当长的时间内都不为人类所知），他们将自己投入到那些事实上哪怕通过实验都无法到达的场景中。这种体验被称为想象实验，那些纯粹通过思想进行的实验。

在这本书中，你所体验的就是一系列这样的想象实验。它们让你神游今天已知的宇宙，探索未知的尽头。

薛定谔通过这种想象实验向我们显示那些奇怪的量子规则也能够出现在宏观日常世界中。他带给了我们一只既没有死去也没有活着，而且在死去的同时又是活着的猫。听起来的确很诡异，但现在已经证明他是正确的。

爱因斯坦也同样利用了许多想象实验。他想象了如果将光速作为一个不可超越的限速，现实世界将如何呈现。为了回答这个问题，他在想象中坐上一个光子，坐在光子上观察世界，结果就是他的狭义相对论。就是这个理论告诉你如果你乘坐的飞机飞得那么快，你的确会降落在400年后的未来。这也被证明是正确的。

直觉——虽然它未必建立在得以让我们人类这一物种存活至今的常识之上，但也是在最近一个多世纪里推动众多新发现的重要力量。就像爱因斯坦的名言：想象力比知识更重要。

你在海岛沙滩上醒来时看到的在星空中的所有面容，都是那些过去及现在的巨人们。显然，我们无法将所有人一一列出，因为这样的人实在太多，但就是他们，曾经也正在让我们能够更好、更深入地了解我们所在的世界，片刻不停地丰富我们的知识，他们的贡献将在史册中永远流传。是他们创造了我们人类的故事。他们一页又一页地写出了我们今天所知道的智慧之书。他们中的大多数并不为普通大众所知，但他们的重要性无可否认。

然而，提及你当初为什么开始这次旅行，或许你已经意识到自己并没有找到将地球从太阳未来的爆炸中拯救出来的办法。你甚至没有找到一个方法让我们的地球免受在太阳爆炸之前就可能遇到的各种大灾难。但你的确找到了最有可能确保我们这个物种生存的工具：我们的大脑。我们的意识。我们的想象力。科学。

你已经看到我们的宇宙中存在着无数其他行星，或许有一天，它们之中会有能够欢迎我们的家园。

凭借今天的知识，我们还不能在人的一生的时间内从宇宙的一个地方旅行到另一个地方，甚至花一千辈子也不行，你只能在自己的想象中完成这样的旅行。但就在几代人之前，从欧洲到澳大利亚的旅行还需要花费几个月的时间，现在，同样的旅程只需要飞行几小时。我们不知道明天的技术会带给我们什么可能。我们也不知道广义相对论在明天会带给我们什么新东西，但到今天为止，如我前面讲过，它已经带给我们 GPS。只是 GPS 而已。明天，或许它能让我们找到时空中的捷径，即所谓虫洞，它或许能够将两个距离遥远的地方连接起来，而无需穿越分隔两地的巨大距离。

至今为止，我们人类已经成功地旅行到了云层之上，甚至到了月球，我们也已将机器人送去太阳系的边缘。而你，通过一系列想象实验，已经旅行到了我们能够看见的疆界之外，更不要说人类真正踏足的地方。你已亲眼见到了迄今为止我们对于宇宙所有已知和未知的领域。因为这些思想的旅行，你已经在整体上获得了直到 21 世纪初为止理论物理学的所有知识。

然而，你在这次旅途中所学到的有些东西或许有一天会被证明是错误的。暗物质、暗能量、平行宇宙与现实都只是一些理论想法，或许有一天这些都会被最终放弃，但无论如何，它们是我们现在最强大的思想。它们反映了今天我们人类如何努力理解我们所处的宇宙。几个世纪之后，这所有的一切，或许被否定，或许被接受，现在的我们无法知道。但我们既然生活在今天，就意味着我们被今天这些无比美妙的想法所围绕。

因此，在你开始自己寻找真理之前，让我们再次总结一下你所见到的东西，再加上一点点新的。

你已经知道，牛顿并没有发现自然的终极理论，我在本书早先所鼓吹的那个所谓能够解释万事万物的终极理论至今依然未被阐明，虽然弦理论或许能够成为这种理论的一个有力候选者。牛顿的理论甚至无法解释水星轨道的奇怪变化，更不用说时空的膨胀了。因此，在某种意义上说，他的理论是错误的。然而，他的理论依然伟大，甚至可以被称为是完美的理论：我们知道它的适用范围，我们也知道它在哪里、为什么会失败。大致上我们可以在所有我们人类大脑所能掌握的尺度上使用他的理论：在非常巨大和非常微小之间，以及不是非常高速，所涉及的能量也并非非常剧烈的场合。我们日常所经历的世界，我们的进化允许我们的感官所感知的世界，都在牛顿理论的有效范围之内。我们的常识都根植于这个世界。但在这个世界之外，还有着其他现实存在。有着那些非常快速、非常微小、非常巨大或非常高能的世界存在。在这些超越了我们日常生活经验的世界里，牛顿的理论就不再适用，我们的感官也毫无用处，但尽管如此，人类还是令人吃惊地揭示了统治那些我们所看不到的世界的自然规则。量子场理论适用于非常微小的世界，广义相对论则统治着非常巨大、能量非常密集的世界。[①]在这两者之间，牛顿才是王者。当牛顿的理论不再适用时，奇怪的新现象就会出现，暗示着在我们现实世界疆域之外还存在着另外一些全新而神秘的现实世界。

量子场理论与广义相对论都开阔了我们的眼界和思想，将一个远比我们祖先所能想象的广阔得多的宇宙呈现在我们的面前，但是，这两大理论也都有着自己的局限性。然而，与牛顿的理论不同的是，到现在为止还没有人肯定地知道这些理论的局限之外是什么。通过这本书，你已浏览了这些无比成功的理论，在旅程的最后阶段，你

① 两大理论都适用于非常高速的世界。

还试图朝这些理论的局限之外迈出犹疑却又是尝试性的大胆一步。你进入了一个由弦和膜作为基本构成的宇宙，一个由多重现实与可能性所构成的宇宙。在这个与我们自己的完全不同的宇宙中，量子真空呈现出完全新奇而诡异的规则。

爱因斯坦眼光的卓越之处在于他看出了引力的本质并非牛顿所设想的那样，他证明了引力实际上是时空的弯曲与倾斜。引力、质量与能量都以非常直接的方式联系在一起：我们的宇宙有着一个基本构造，即时空，它被它所包含并位于它之中的物质影响，产生变形与弯曲。这些时空的弯曲对周围物体与光产生的影响就是我们体会并感知到的引力。这就是广义相对论。它已经有一百多年了。要了解宇宙在某颗恒星周围的局部形状，了解它的引力如何影响周围的环境，我们只需要知道那颗恒星含有的能量就行了。从德国物理学家卡尔 · 史瓦西（Karl Schwarzschild）开始，许多科学家做过这样的计算。

1915 年，爱因斯坦发表他理论的同一年——那时全世界没有几个人搞得明白这个广义相对论意味着什么——史瓦西算出了一颗恒星外时空的精确形状。当时只有 43 岁的史瓦西是在第一次世界大战与俄国军队作战的前线上完成这些计算的。几个月后他就死于在前线染上的疾病。战争让太多的人失去生命，其中就包括许多像史瓦西那样原本可以帮助我们更好更快地认识这个世界的人。

有了史瓦西的工作，大家才能够猜测物体与光在恒星周围应该如何运动。它给出了水星的正确轨道，并显示光线本身也会被太阳弯曲。到了 1919 年，一个由英国天文学家亚瑟 · 爱丁顿爵士（Arthur

Eddington）带领的考察团探测到了这个以前从未被注意到的现象。那年日全食时摄下的照片显示靠近太阳的恒星们似乎没有在它们原本该在的位置上。相反，它们都精确地位于爱因斯坦的理论在考虑了它们发出的光线被太阳周围变了形的时空所弯曲后预言它们应该出现的位置上。光线本身也受引力的影响。

史瓦西去世后不久，同样的计算被用在更大的天体——星系之上，预言了下述现象的存在：远处的宇宙中间将因弯曲的光线而出现奇特的宇宙海市蜃楼。这是因为更远处的星系之光在向我们地球旅行时被路途中遇到的巨大天体所弯曲。因此，我们周围的星系就像巨大的宇宙透镜，让我们能够看到原本位于它们之后的物体，让我们在观察我们宇宙历史时看得更远、更深。这样宇宙级别的透镜和海市蜃楼在爱因斯坦的研究成果发表 60 年后的 1979 年被观测到。而现在，我们的望远镜拍摄的几乎每张宇宙深处的照片上都有它们的踪迹。顺带说下，它们显示了爱因斯坦对于引力的几何解释不仅适用于太阳周围，也同样适用于整个外太空。

广义相对论给了我们一个全新的宇宙图景。

你，我，所有人和所有事物，我们都被现在到达我们这里的信息所包围，这些信息来自过去，它们在现在，在此时此刻到达了我们身边。我们坐在我们可见现实的中心，这个现实中的一切都遵循爱因斯坦的规则，除了黑洞。同样的原则适用于我们对物质与光的理解：统治整个可见宇宙的规则与统治我们身边宇宙这一小块地方的规则完全一样。构成我们的物质，从我们皮肤上反射出来的光子，它们都遵循同样的量子规则，在我们的可见宇宙之中无处不是如此。

将遥远之处的规则与我们邻近处的规则相统一带给我们的是，我们发现自己的宇宙具有历史，大爆炸就在它的历史之中，宇宙那早已消散的历史时期依然能够从闪烁在我们头顶的星辰中读出，直到那没有光能够透过的时代。在我们宇宙过去的某个时刻，某个地方，宇宙的时空变得足够大，令光能够在其中自由穿行，这个时刻和地点，我们称之为临界最后散射面。当它消散时，宇宙的温度高达 3000° C。那个时刻之前，我们的宇宙不透光，那个时刻之后，宇宙变得透明。那时的辐射一直残存到今天，依然以一定的温度存在，被称为宇宙微波背景辐射。其中包含了我们宇宙过去存在的印迹。

关于那个时刻之前，我们对于夜空的观察只能向我们提供间接证据来猜测过去发生了什么。或许有一天我们能够利用不依赖于光信号的探测器，比如依靠引力波，那样的话我们将能够直接接收来自更远更早时空的信号，但我们现在还没到达那个目标。在此之前，我们只能试图重建我们的宇宙被禁锢在一个极端微小的体积中时曾经普遍存在的条件，来尝试了解当时所发生的事。

20 世纪 70 年代以来，粒子加速器就已在这个领域里大显身手。它们给我们赖以探索粒子与光的理论带来前所未有的巨大自信。量子场理论给了我们一个能够用来了解宇宙的现在与过去由什么构成的切实图景，直到据信时间与空间以我们所认识的方式出现之后的 10^{-27} 秒，爱因斯坦的广义相对论则预言了时空的这种诞生过程的存在。

也是自从 20 世纪 70 年代之后，我们知道了广义相对论的局限，知道它所能达成的目标并非永无止境。在那里——它失效的地方，我们需要一种全新的理论，一种关于引力量子化的理论，甚至更多。

那个理论到底是什么，我们今天还不了解。[①] 但我们的确知道这种理论一定存在。这也是黑洞蒸发给我们的提示。

当你缩小自身试图寻找那个新理论可能的藏身之地时，你进入了一个完全不同的现实之中，一个由弦和膜以及其他维度所构成的现实世界。这是迈向弦理论的第一步，弦理论目前或许可算是有可能成为量子引力理论，或那种可能统治一切的理论的几个候选者中最流行的一个，虽然它还缺少一个能被实验证实的预言。

在这些关于弦与膜的理论（有时被称为 M 理论）中，你的机器人伙伴结束了它作为你穿行在时空之内与时空之外的导游任务，因为你现在所进入的地方就算是人类目前发明的最强大的计算机也无法计算。只有人类的思想能够到达那里。在那里，你终于能够自由理解你生活其中的世界。

我们几乎毫不怀疑未来会有更多的发现，既包括理论上的，也包括实验上的，它们将会把人类的知识推进得更远，打开通往全新宇宙图景的窗户，那些宇宙图景会比今天所有人最大胆的想象更令人难以置信。到那个时候，广义相对论和量子场理论也会与牛顿的理论一样成为完美理论，因为那时候我们会知道它们在哪里失效，以及为什么会失效，它们会被那些新理论所取代。然而现在，它们都只是表现出与当年牛顿理论表现出的同样意义上的错误。

正是有了这些错误，我们才能瞥见未知。

没有牛顿，没有可被我们用以对比的事物，我们甚至不会注意

① 这样的理论甚至可能有许多个，而非只有一个。

到水星轨道的细微漂移。

没有水星轨道运动的实际情况与牛顿理论对其预言之间的差异，没有那些牛顿理论无法解释的当物体以极高速运动时所发生的状况，我们就无法得到爱因斯坦对于宇宙构造与其内容物之间相互作用的真知灼见。

没有爱因斯坦的方程式，我们就会与祖先们一样，对我们的宇宙具有历史这一事实一无所知。我们就无法建立模型解释我们的宇宙在整体上如何运行。

没有这个模型，你就无法发现暗物质。同样也无法发现暗能量。

为了找到正确，我们需要错误，这样我们才能向前进步。

下一次当你仰望星空，我希望你能够记起这个宇宙是多么的神奇、广袤和美丽。在探索不为人知的美与神秘的同时，正因为我们不断充实自己的知识，放飞想象，才有可能为人类找到一条长久生存下去的道路。

致 谢

写书不是一件容易的事。写书还是一个非常自我的过程，虽然很少有人想到，但事实的确如此。

我要衷心感谢劳伦——我心里闪亮星尘中美丽的奇迹——没有劳伦一如既往的支持和鼓励，我将无法完成这本书的写作。

不过写书是一回事，出版又是一回事。我要向许多人一一表示感谢。

感谢 Smart Quill Editorial 的菲利帕 · 多诺曼。她在读了我提交的那份简陋的项目建议书（写一本有关宇宙从大爆炸之前到今天的很好读的科普书）之后，非但没有把它悄悄扔进垃圾桶，反而把我介绍给了最好的出版代理商。

感谢 Greene & Heaton 文学社的安东尼 · 陶平。他是我见过的最好的出版商。他应该也是作品或者作者最想结识的好朋友。

感谢乔恩 · 巴特勒。我觉得，这本书的成功大部分要归功于他。感谢他给予我的创意、灵感、平和、深刻，以及更重要的理解。很高兴我们之间还有一些悬而未决的理论问题有待讨论，我希望在讨论时我们身边堆满了啤酒。

感谢 Greene & Heaton 文学社的凯特 · 里佐。这本书将要在世界各地发行，感谢她为此出力。

麦克米伦的每个人既聪明又热情。感谢罗宾·哈维、尼古拉斯·布莱克和威尔 · 阿特金斯，没有他们的付出，这本书不会这么好读，我也不会像今天这么引以为豪。

在我能够把这本书送给我以前的上司史蒂芬 · 霍金之前，我必须确保书中不存在任何错误。为此，我邀请了许多科学界的朋友，请他们帮忙审读书稿，他们慷慨地付出了宝贵的时间。这些朋友是：剑桥大学理论物理系教授戴维·唐，牛津大学数学物理教授杰姆斯·斯帕克，美国凯斯西储大学物理系助理教授安德鲁 · 托利，西班牙巴塞罗那大学宇宙科学研究所 Ramon Y Cajal 研究员克里斯蒂亚诺 · 杰曼尼。非常感谢他们。

不用说，如果书中还有什么错误，那么责任完全归咎于我。

我想把这本书送给史蒂芬 · 霍金，借此表达我对他的无限感激：感谢您把我引入了奇妙无穷的理论物理学天地。我所学到的关于我们现实世界的一切，都是从您身上学来的：您教会我如何思考我们这个美丽的世界，正是因为有像您这样的人，这个世界才会变得更加美好。

资料来源

类似《极简宇宙史》这样的书，要准确描述出书中内容的出处是相当困难的。我并不是书中这些理论的发现者，但我会尽我所能对这些理论作出阐释。

本书大部分素材来源于我上史蒂芬 · 霍金及其他一些著名科学家的研究生课程时的教材和讲义。

当然毫无疑问，书中还有一些内容来源于我曾经在剑桥大学应用数学与理论物理系（DAMTP）参加过的讲座或讨论会的资料，以及我访问美国加州理工学院（Caltech）和圣巴巴拉的 Kavli 理论物理研究所时获取的一些材料。以前我每年都会花上一个月的时间待在 Kavli 理论物理研究所，和史蒂芬·霍金及他的博士生托马斯·赫托格、杰姆斯 · 斯帕克、奥西恩 · 麦克康南姆纳在一起。

我无法一一列出在写作本书过程中查阅过的学术文献，这些文献实在是太多太多了。

不过，我还是想列出一些自己经常翻阅的经典著作。注意，这些书都很难啃，但毫无疑问，都是好书。我很高兴列个清单，这些书对我来说实在是太重要了。

Gravitation, by Charles W. Misner, Kip S. Thorne, John Archibald Wheeler (W. H. Freeman, 1973)

General Relativity, by Robert M. Wald (University of Chicago Press, 1984)

The Large Scale Structure of Space-Time, by Stephen W. Hawking and George R. Ellis (Cambridge University Press, 1975)

Black Hole Physics, by Valeri P. Frolov, Igor D. Novikov (Springer, 1998)

The Mathematical Theory of Black Holes, by Subrahmanian Chandrasekhar (Oxford University Press, 1998)

An Introduction to Quantum Field Theory, by Michael E. Peskin, Daniel V. Schroeder (Perseus Books, 1995)

Quantum Field Theory in a Nutshell, by A. Zee (Princeton University Press, 2010)

Quantum Fields in Curved Space, by N. D. Birrell and P. C. W. Davies (Cambridge University Press, 1984)

The Quantum Theory of Fields, vols. 1, 2 & 3, by Steven Weinberg (Cambridge University Press, 1995)

Superstring Theory, vols 1 & 2, by Michael B. Green, John H. Schwarz, Edward Witten (Cambridge University Press, 1987)

String Theory, vols 1 & 2, by Joseph Polchinsky (Cambridge University Press, 2000)

Quantum Gravity, by Carlos Rovelli (Cambridge University Press, 2007)

Euclidean Quantum Gravity, edited by Stephen W. Hawking, Gary W. Gibbons (World Scientific, 1993)

译后记

说实话，我一直觉得译后记这种东西就像盲肠，没有太大用处。

想象起来，它可能有的作用大概是介绍本书如何了不起，但您连译后记都已经愿意读一遍了，这本书的好应该可以想见，您对它的喜欢似乎也不需要我来告诉您了吧？再说了，书都是我译的，王婆还能说自家的瓜不好吗？

译后记的另一个作用大概是说书是好书，但鉴于作者与译者水平，难免有疏漏，望慧眼如炬的读者原谅之类。话当然没错，事实也一定如此，但这于实际并无什么帮助。毕竟，本书只是一本趣味小书，并非学术论文，没有必要事事较真。如果你读来尚觉有趣，那一定是原作者写得好，译者不敢贪功；若有概念错误，肯定是译者的错，毕竟译者于理论物理学是个完完全全的门外汉；若是连有趣都谈不上，那更是译者文笔拙劣之故，至少译者读原文时，还是觉得妙趣横生的，译成中文后干巴无聊，端端是译者的责任，推诿不掉的。

译后记还有一个可能的作用，大多是说译者与作者有什么亲密或熟悉的关系，又或者是在某种机缘下得见这本宝书，若不将其译成中文，介绍给潜在的数亿中文读者，必是文化界或知识界的重大损失。但译者脸皮再厚，也想不出和作者有任何八竿子打得着的关系，译者甚至都不是学物理学的，上次听物理课，还是在二十多年前的大学基础物理学课堂上；至于这本书，果然算写得有趣，让译者在翻译过程中毫无无聊之感，但想想如果错过这本书绝对不会对你的生活和事业带来任何不利影响。如果你是搞理论物理专业的，你应该早对这些概念了如指掌，如果你不是学这个专业的，这本书大概也不够让你成为一个物理学家，甚至找到一个与物理学研究相关的职位。

这本书甚至还有两种可能的危险：如果你是学生，正纠结学文还是学理，学理论还是学应用，本书所展现的理论物理学之美或许会对你产生一些影响。但你需要记得隐藏在这层美丽面纱下的残酷事实：科学之路是艰苦的，书中也反复提到，每个成功的物理学家以及每一次激动人心的发现背后是更多不为人知的默默无名的科学家以及沉闷无聊而且完全失败的实验和演算。搞科学的人（包括译者的许多朋友）有一种普遍认知，如果这些声名显赫名利双收的科学明星们愿意将他们的才智与刻苦，还有那些给他们带来成功所必不可少的些许运气用在其他任何一个商业领域，都能获得更大更令人羡慕的成就，他们唯一失去的就是那种揭开自然之谜时的兴奋。你愿不愿意为这种短暂的兴奋付出一生的代价，这是你在投身科学界前应该仔细思考的事。本来这并不是一个太大的问题，但译者以为，这本书的作者将理论物理学描述得太美太好，让这种科学的诱惑性变得危险起来，所以在这里做一个善意的提醒。

另一种危险是，宇宙如此之大，粒子又如此之小，仔细想想这些概念和它们所含的意义，会让某些人（包括译者在内）的人生观世界观发生一些微妙的变化。在宇宙尺度上，一切以光年、亿年为单位，人类的一切，更不要说个人的努力和活动，究竟有多少意义？当你面对宇宙这个尺度思考时，或许会变得消极起来，至少在物质追求上。而在另一个意义上，正是蕴含在这物理学和宇宙学本质里的宏大让我们的生命变得更可贵，我们又应该如何行动，才能不辜负在这个宇宙里自己独特而奇妙的生命。译者从来不是心灵鸡汤的拥趸，但在翻译本书面对浩瀚宇宙时，发现究竟是向下沉沦还是向上飞升，全在自我一念之间。

当然，从宇宙的尺度上说，这样一本书，又算得了什么，对译者来说，翻译完成两个月后，编辑让我写篇译后记，译者在翻译当时尚觉强烈的感受现在就已开始变得模糊了，书都如此，何况译后记了。所以就让译者就此打住，结束这篇不像译后记的译后记。

童文煦

2015 年 11 月

图书在版编目（CIP）数据

极简宇宙史 / (法) 克里斯托弗 · 加尔法德著 ; 童文煦译 . -- 北京 : 北京联合出版公司 , 2022.3（2023. 12 重印）
ISBN 978-7-5596-3139-8

Ⅰ . ①极… Ⅱ . ①克… ②童… Ⅲ . ①宇宙－普及读物 Ⅳ . ① P159-49

中国版本图书馆 CIP 数据核字 (2019) 第 066988 号

北京市版权局著作权合同登记 图字：01-2021-6263
The Universe in Your Hand: A Journey Through Space, Time and Beyond
by Christophe Galfard
Copyright © 2015 by Christophe Galfard
This edition arranged with Greene & Heaton Limited
through Big Apple Agency, Inc., Labuan, Malaysia.
Simplified Chinese edition copyright © 2022 THINKINGDOM MEDIA GROUP LIMITED
All rights reserved.

极简宇宙史

作　　者：[法] 克里斯托弗 · 加尔法德
译　　者：童文煦
出 品 人：赵红仕
责任编辑：牛炜征
特邀编辑：孙　腾　白　雪
营销编辑：刘治禹
封面设计：李照祥
内文排版：田小波

北京联合出版公司出版
（北京市西城区德外大街 83 号楼 9 层　100088）
新经典发行有限公司发行
电话（010）68423599　邮箱 editor@readinglife.com
山东韵杰文化科技有限公司印刷　新华书店经销
字数 280 千字　640 毫米 ×980 毫米 1/32　12.5 印张
2022 年 3 月第 1 版　2023 年 12 月第 4 次印刷
ISBN 978-7-5596-3139-8
定价：68.00 元

版权所有，侵权必究
未经书面许可，不得以任何方式转载、复制、翻印本书部分或全部内容。
本书若有质量问题，请与本公司图书销售中心联系调换。电话：010-68423599